TensorFlow 与
Keras
——Python深度学习应用实战

陈允杰　著

中国水利水电出版社

www.waterpub.com.cn

·北京·

内 容 提 要

《TensorFlow与Keras——Python深度学习应用实战》是一本使用Python+TensorFlow+Keras实现深度学习的入门图书,全书秉持"先图解、再实现,而后实战应用"的精神,带你实际训练自己的深度学习模型。其中第1篇详细介绍了人工智能、机器学习、深度学习基础,TensorFlow和Keras开发环境的搭建;第2篇介绍了多层感知器在回归问题和分类问题中的应用;第3篇介绍了卷积神经网络CNN在计算机视觉中的应用;第4篇介绍了循环神经网络RNN在自然语言处理中的应用;第5篇介绍了深度学习模型的构建。全书内容丰富,并通过大量的图形和案例进行讲解,可以让读者快速看懂学会,特别适合大中专院校人工智能相关专业学生、机器学习/深度学习初学者作为参考书学习。

著作权声明

北京市版权局著作权合同登记号:图字01-2020-4769

图书在版编目(CIP)数据

TensorFlow与Keras:Python深度学习应用实战 / 陈允杰著.
— 北京:中国水利水电出版社,2021.11
　　ISBN 978-7-5170-9056-4

　　Ⅰ.①T… Ⅱ.①陈… Ⅲ.①人工智能—算法—研究 Ⅳ.
① TP18

　　中国版本图书馆 CIP 数据核字 (2020) 第 228620 号

书　　名	TensorFlow 与 Keras——Python 深度学习应用实战 TensorFlow YU Keras — Python SHENDU XUEXI YINGYONG SHIZHAN
作　　者	陈允杰　著
出版发行	中国水利水电出版社 （北京市海淀区玉渊潭南路 1 号 D 座 100038） 网址：www.waterpub.com.cn E-mail：zhiboshangshu@163.com 电话：（010）62572966-2205/2266/2201（营销中心）
经　　售	北京科水图书销售中心（零售） 电话：（010）88383994、63202643、68545874 全国各地新华书店和相关出版物销售网点
排　　版	北京智博尚书文化传媒有限公司
印　　刷	河北华商印刷有限公司
规　　格	170mm×230mm　16 开本　26.5 印张　533 千字
版　　次	2021 年 11 月第 1 版　2021 年 11 月第 1 次印刷
印　　数	0001—4000 册
定　　价	108.00 元

前 言 PREFACE

深度学习属于机器学习，使用模仿人类大脑功能的类神经网络（Artificial Neural Networks，ANNs），或称为人工神经网络，能够处理所有感知问题（Perceptual Problems），如听觉问题和视觉问题。

本书介绍了使用 Python3+TensorFlow+Keras 实现深度学习的相关知识，可以作为大中专院校人工智能、机器学习或深度学习相关课程的教材。在内容上，本书是**图解**和**实际操作**并重，不仅用大量图例、通俗易懂的语言来详解深度学习的理论基础，更强调实际操作的重要性，能够让读者通过使用 TensorFlow+Keras 实现常见的深度学习应用。

对于初学者来说，学习深度学习的最大障碍是数学理论和众多相关的技术名词，所以笔者在编写本书时，希望只需让读者了解一些最基础的数学知识，就能够从大量的图解说明中了解学习深度学习必须了解的神经网络类型，包含**多层感知器**（Multilayer Perceptron，MLP）、**卷积神经网络**（Convolutional Neural Network，CNN）和**循环神经网络**（Recurrent Neural Network，RNN）3 种基础神经网络。

不仅如此，为了让拥有基础 Python 编程知识的初学者都可以学习并实现深度学习，本书使用高阶 Keras（是架构在 TensorFlow 上的高阶函数库）构建各种 MLP、CNN 和 RNN 神经网络模型。

本书先从图解说明 MLP、CNN 和 RNN 开始，然后实际编写 Python 程序时使用 TensorFlow+Keras 实现神经网络来进行分类、图片识别和语意分析，最后是更多的实战案例，希望让读者能够真正了解这些最基础的神经网络类型和应用实例。

了解各种神经网络类型后，在第 5 篇详细讲解如何进行数据预处理、数据增强、调整神经网络和迁移学习，以便读者真正构建出自己的神经网络模型。

如何阅读本书

本书从 3 种主要神经网络模型开始，先图解，再实现，最后是更多的实战应用案例，循序渐进地进行讲解，不仅可以让读者实际使用 Python 语言来实现深度学习，更可以了解各种神经网络的来龙去脉，深入且真正了解神经网络的理论基础。

第 1 篇：人工智能与深度学习的基础
....
第 1 篇是人工智能与深度学习的基础。第 1 章阐述什么是人工智能与机器学习。第 2 章使用 Python 语言的集成安装包 Anaconda 创建本书 TensorFlow+Keras 的深度学习开发环境。第 3 章是深度学习的基础，详细阐述 ANN 种类、神经元、方向图、基础数学和张量。

第2篇：多层感知器 —— 回归与分类问题

第2篇是最基础的神经网络——多层感知器（MLP）。第4章图解多层感知器（MLP），从线性不可分问题开始，逐步讲解如何从单一感知器构建出多层感知器，并且详细阐述神经网络的学习过程（正向传播与反向传播）、激活函数与损失函数，接着学习神经网络必须了解的反向传播算法与梯度下降法，最后是训练神经网络的样本数据和标签数据。第5章实际使用 Keras 实现多层感知器的糖尿病预测和波士顿房价预测。第6章是多层感知器应用案例——鸢尾花数据集的多元分类和泰坦尼克号数据集的生存分析。

第3篇：卷积神经网络 —— 计算机视觉

第3篇是计算机视觉的卷积神经网络 CNN。第7章从图像数据的稳定性问题开始，详细说明卷积运算与池化运算，然后用一个完整实例详细说明卷积神经网络的图像识别过程，接着分层详细解说卷积层、池化层与 Dropout 层。第8章分别使用 MLP 和 CNN 实现 MNIST 手写识别。第9章是卷积神经网络应用案例，包含识别 Cifar-10 数据集的彩色图片和使用自编码器去除图片噪声。

第4篇：循环神经网络 —— 自然语言处理

第4篇是自然语言处理的循环神经网络 RNN。第10章从序列数据和自然语言处理开始，使用图解详细介绍循环神经网络（RNN）、长短期记忆神经网络（LSTM）和门控循环单元神经网络（GRU），最后是文字数据向量化。第11章在介绍文字数据预处理与 Embedding 层后，首先使用 MLP 和 CNN 实现 IMDb 情绪分析，然后使用 RNN、LSTM 和 GRU 实现 IMDb 情绪分析。第12章是循环神经网络的应用案例，包含 MNIST 手写识别、预测 Google 股价和路透社数据集的新闻主题分类。

第5篇：创建深度学习模型

第5篇讲述如何灵活运用这些神经网络类型创建深度学习模型。第13章是数据预处理与数据增强，详细介绍 Keras 关于数据预处理的相关模块。第14章讲述如何调整参数与超参数来优化神经网络和加速神经网络训练。第15章内容是如何让读者使用已训练的神经网络解决其他问题。第16章详细介绍模型可视化、获取神经层信息与 CNN 中间层可视化、Functional API 的共享层模型和多输入与多输出模型。

本书资源下载及服务方式

本书中所介绍的示例文件，可通过下面的方式下载：

（1）扫描右侧的二维码，或在微信公众号中直接搜索"人人都是程序猿"，关注后输入ptk564并发送到公众号后台，即可获取资源下载链接。

（2）将链接复制到计算机浏览器的地址中，按Enter键即可下载资源。注意，在手机中不能下载，只能通过计算机浏览器下载。

（3）读者可加入QQ群1168052567，与其他读者交流学习。

本书作者、编辑及所有出版人员虽力求完美，但因时间有限，谬误和疏漏之处在所难免，请读者不吝指正，多多包涵。如果您对本书有什么意见或建议，请直接将信息反馈到2096558364@QQ.com邮箱，我们将根据你的意见或建议及时做出调整。

祝您学习愉快，一切顺利！

编　者

hueyan@ms2.hinet.net

目 录 CONTENTS

■ 第 1 篇　人工智能与深度学习的基础

第1章　认识人工智能与机器学习

第 2 章　构建TensorFlow与Keras开发环境

V

第 3 章　深度学习的基础

■ 第 2 篇　多层感知器——回归与分类问题

第 4 章　图解神经网络——多层感知器

第 5 章　构建神经网络——多层感知器

第6章　多层感知器的应用案例

第3篇　卷积神经网络 —— 计算机视觉

第7章　图解卷积神经网络

第8章　创建一个卷积神经网络

第 9 章　卷积神经网络的应用案例

■ 第 4 篇　循环神经网络——自然语言处理

第 10 章　图解RNN、LSTM和GRU

第11章 构建循环神经网络

第12章 循环神经网络的实现案例

■ 第 5 篇　构建深度学习模型

第13章　数据预处理与数据增强

第14章　调整深度学习模型

第15章　预训练模型与迁移学习

第16章　Functional API 与模型可视化

第1章

认识人工智能与机器学习

1-1 人工智能概论

随着数据科学的兴起，人工智能和机器学习成为信息科学界炙手可热的研究项目，事实上，人工智能本身只是一个泛称，所有能够让计算机产生如人类般智慧的技术都可以称为**人工智能**（Artificial Intelligence，AI）。

1-1-1 人工智能简介

人工智能在信息科技界并不能算是一个很新的领域，因为早期计算机的运算能力不佳，人工智能受限于此，实际应用也非常的有限，直到 CPU 效能大幅提升和 GPU 绘图在人工智能中的广泛应用，再加上深度学习的重大突破，才让人工智能的梦想逐渐成真。

1. 认识人工智能

人工智能是让机器变得更聪明的一种科技，也就是让机器具备和人类一样的思考逻辑与行为模式。简单地说，人工智能就是让机器展现出人类的智慧，像人类一样思考。基本上，人工智能是一个让计算机执行人类工作的广义名词术语，其衍生的应用和变化至今仍然没有定论。

人工智能基本上属于计算机科学领域的范畴，其发展过程包括**学习**（大量读取信息和判断何时与如何使用该信息）、**感知**、**推理**（使用已知信息来作出结论）、**自我校正**和**操纵或移动物品**等。

知识工程（Knowledge Engineering）是以前人工智能主要研究的核心领域，能够让机器大量读取数据后自行判断对象、进行归类、分群和统整，并且找出**规则**来判断数据之间的关联性，进而创建知识，在知识工程的发展下，人工智能可以让机器具备专业知识。

事实上，我们现在开发的人工智能系统都属于**弱人工智能**（Narrow AI）的形式，机器拥有能力做一件或几件事情，而且做这些事的智能程度与人类相当，甚至可能超越人类，如无人驾驶、人脸识别、下棋和自然语言处理等（请注意，只限于这些事），当然，我们在计算机游戏中加入的人工智能或机器学习，也都属于弱人工智能。

2. 从原始数据转换成智能的过程

人工智能是研究如何从原始数据转换成智能的过程，这需要经过多个不同层次的处理步骤, 如图 1-1 所示。

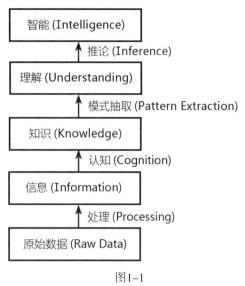

图1-1

从图1-1中可以看出原始数据经过处理后成为信息; 信息在认知后成为知识; 知识在经过模式抽取后, 即可被理解; 最后进行推论, 就成为智能。

3. 图灵测试

图灵测试(Turing Test)是计算机科学和人工智能之父——**艾伦·图灵**(Alan Turing)在 1950 年提出的, 它是一个定义机器是否拥有智能的测试, 用来判断机器是否能够思考的著名试验。

图灵测试提出了人工智能的概念, 让我们相信机器是有可能具备智慧的能力的, 简单地说, 图灵测试是在测试机器是否能够表现出与人类相同或无法区分的智能表现, 如图 1-2 所示。

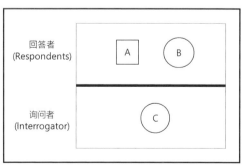

图1-2

图中正方形 A 代表一台机器, 圆形 B 代表人类, 这两位是回答者(Respondents),

人类 C 是一位询问者（Interrogator），展开与 A 和 B 的对话，对话是通过文字模式的键盘输入和屏幕输出进行的，如果 A 没有被辨别出是一台机器，就表示这台机器具有智慧。

很明显，建造一台具备智慧的机器 A 并不是一件简单的事，因为在整个对话的过程中会遇到很多情况，机器 A 至少需要拥有下列能力。

- **自然语言处理**（Natural Language Processing）：机器 A 因为需要和询问者进行文字内容的对话，需要对输入的文字内容进行句子剖析、抽出内容进行分析，然后组成合适且正确的句子来回答询问者。
- **知识表示法**（Knowledge Representation，KR）：机器 A 在进行对话前需要存储大量知识，并且从对话过程中学习和追踪信息，让程序能够处理知识，能够如同人类一般地回答问题。

1-1-2 人工智能的应用领域

目前人工智能在真实世界应用的领域有很多，一些比较普遍的应用领域如下。

- **手写识别**（Handwriting Recognition）：这是大家常常使用的人工智能应用领域，智能手机或平板电脑的手写输入法，这就是手写识别，系统可以识别写在纸上或触控屏幕上的笔迹，依据外形和笔划等特征来转换成可编辑的文字内容。
- **语音识别**（Speech Recognition）：这是能够听懂和了解语音说话内容的系统，还能分辨出人类口语的不同音调、口音、背景杂音或感冒鼻音等。例如，Apple 公司智能语音助理系统 Siri 等。
- **计算机视觉**（Computer Vision）：一个处理多媒体图片或影片的人工智能系统，能够依需求抽取特征来了解这些图片或影片的内容是什么。例如，用 Baidu 搜索相似图片、人脸识别犯罪预防和公司门禁管理等。
- **专家系统**（Expert Systems）：这是使用人工智能技术提供建议和作决策的系统，通常是使用数据库存储大量财务、营销、医疗等不同领域的专业知识，以便依据这些知识来提供专业的建议。
- **自然语言处理**（Natural Language Processing）：能够了解自然语言（即人类语言）的文字内容，我们可以输入自然语言的句子和系统直接对谈，如 Baidu 搜索引擎。
- **计算机游戏**（Game）：人工智能早已应用在计算机游戏中，只要是拥有计算机代理（Agents）的各种棋类游戏，都属于人工智能的应用，最著名的是 AlphaGo 人工智能围棋程序。
- **智能机器人**（Intelligent Robotics）：机器人通常需要涉及多个领域的人工智

能，才能完成不同任务，依赖安装在机器人上的多种感测器来侦测外部环境，从而让机器人模拟人类的行为或表情等。

1-1-3 人工智能的研究领域

人工智能的研究领域非常广泛，一些主要的人工智能研究领域如下。

- **机器学习和模式识别**（Machine Learning and Pattern Recognition）：这是目前人工智能最主要和普遍的研究领域，可以让我们使用机器学习算法来设计软件，在输入数据进行训练并创建模型后，使用此模型来预测未知的数据，其最大限制是数据量，机器学习需要大量数据来进行学习，如果数据量不大，预测准确度就会大幅下降。

- **基于逻辑的人工智能**（Logic-based Artificial Intelligence）：基于逻辑的人工智能程序是针对特别问题领域的一组逻辑格式的事实和规则描述，简单地说，就是使用数学逻辑来执行计算机程序，特别适用于**模式匹配**（Pattern Matching）、**语言剖析**（Language Parsing）和**语法分析**（Semantic Analysis）等。

- **搜索**（Search）：搜索技术也常常应用在人工智能，可以在大量可能的结果中找出一条最佳路径。例如，下棋程序找到最佳的下一步、最佳化网络资源配置和调度等。

- **知识表示法**（Knowledge Representation）：知识表示法是研究世界上围绕在我们身边的各种信息和事实如何表示，以便计算机系统可以了解和看得懂，如果知识表示法有效率，机器将会变得聪明且有智慧来解决复杂的问题。例如，诊断疾病情况或进行自然语言的对话。

- **AI 规划**（AI Planning）：正式的名称是**自动化规划和调度**（Automated Planning and Scheduling），规划（Planning）是一个决定动作顺序的过程，以此成功执行所需的工作；调度（Scheduling）是在特定时间限制下，组成充足的可用资源来完成规划。自动化规划和调度专注于使用**智能代理**（Intelligent Agents）来最优化动作顺序，简单地说，就是创建最小成本和最大回报的最优化规划。

- **启发法**（Heuristics）：启发法应用于快速反应，可以依据有限知识（不完整数据）在短时间内找出问题可用的解决方案，但不保证是最佳方案。例如，搜索引擎和智能机器人。

- **遗传编程**（Genetic Programming，GP）：遗传编程又称基因编程，是一种能够找出最优化结果的程序技术，使用基因组合、突变和自然选择的进化方式，从输入数据的可能组合，经过如同基因般的进化后，找出最优的输出结果。例如，超市找出最优的商品上架排列方式，以提升超市的业绩。

1

1-2 认识机器学习

机器学习（Machine Learning）是应用**统计学习技术**（Statistical Learning Techniques）来自动找出数据中隐藏的规则和关联性，可以创建预测模型来准确地进行预测。

1-2-1 机器学习简介

机器学习的定义是**从过往数据和经验中自我学习并找出其运行的规则，以达到人工智能的方法**。而机器学习就是目前人工智能发展的核心研究领域。

1. 什么是机器学习

机器学习是一种人工智能，可以让计算机使用现有数据来进行训练和学习，以便创建预测模型，当成功创建模型后，我们就可以使用此模型来预测未来的行为、结果和趋势，如图 1-3 所示。

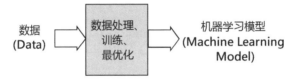

图1-3

图 1-3 中机器学习的核心概念是数据处理、训练和最优化，通过机器学习的帮助，我们可以处理常见的分类问题和回归问题（属于监督式学习，详见第 1-3-1 节的说明）。

- **分类问题**：将输入数据区分成不同类别。例如，垃圾邮件过滤可以区分哪些是垃圾邮件，哪些不是。
- **回归问题**：从输入数据找出规律，并且使用统计的回归分析来创建对应的程序，借此可以作出准确的预测。例如，预测假日的饮料销售量等。

请注意！ 机器学习是通过数据来训练机器可以自行识别出运行模式，并不是将这些规则固定地写在代码中。机器学习是一种弱人工智能（Narrow AI），可以从数据得到复杂的函数或程序来学习创建出算法的规则，然后通过预测模型来帮助我们进行预测。

2. 从数据中自我训练学习

机器学习的主要目的是预测数据，其过人之处在于可以自主学习并找出数据之间的关系和规则，如图 1-4 所示。

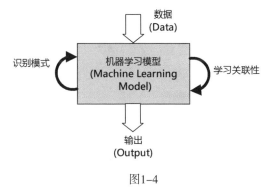

图1-4

图 1-4 中，当数据输入机器学习模型后，就会自行找出数据之间的**关联性**（Relationships）和识别出**模式**（Pattern），其输出结果是已经学会的模型。机器学习主要是通过下列方式来进行训练。

- 需要大量数据训练模型。
- 从数据中自行学习来找出关联性并识别出模式。
- 根据自行学习和识别模式获得的经验，即可替我们将未来的新数据进行分类，并且推测其行为、结果和趋势。

1-2-2 机器学习可以解决的问题

机器学习在实战上可以帮助我们解决分类、异常值判断、预测性分析、分群和协助决策 5 种问题。

1. 分类

分类算法是用来解决两种或多种结果的问题。

二元分类（Two-class Classification）算法是区分成 A 或 B 类、是或否、开或关、抽烟或不抽烟等两种结果。一些常见示例如下：

- 客户是否会续约？
- 图片中是猫还是狗？
- 回馈 10 元或打 75 折，哪一种促销方法更能提升业绩？

多元分类（Multi-class Classification）是二元分类的扩充，可以用来解决有多种结果的问题。例如，哪种口味、哪家公司或哪一位参选人等。常见示例如下：

- 哪种动物的图片？哪种植物的图片？
- 雷达信号来自哪一种飞机？
- 录音里的说话者是谁？

2. 异常值判断

异常值判断算法用来侦测异常情况（Anomaly Detection），简单地说，就是辨认出不正常数据，找出奇怪的地方。基本上，异常值判断和二元分类看起来十分相似，不过，二元分类一定有两种结果，而异常值判断可以只有一种结果。常见示例如下：

- 侦测信用卡盗刷。
- 网络信息是否正常？
- 这些消费和之前的消费行为是否差异很大？
- 管路压力大小是否有异常？

3. 预测性分析

预测性分析算法解决的问题是数值而非分类，也就是预测量有多少，需要多少钱，未来是涨价还是降价等，此类算法称为回归（Regression）。常见示例如下：

- 下星期四的气温是多少摄氏度？
- 第二季度的图书销量是多少？
- 下周微博会新增几位粉丝？
- 下周日可以卖出多少产品？

4. 分群

分群算法用于解决数据是如何组成的问题，属于非监督式学习（详见第 1-3-2节），其基本做法是测量数据之间的距离或相似度，即**距离度量**（Distance Metric）。例如，智商的差距、相同基因组的数量、两点之间的最短距离。然后根据这些信息来分成均等的群组。常见示例如下：

- 哪些消费者对水果有相似的喜好？
- 哪些观众喜欢同一类型的电影？
- 哪些型号的手机有相似的故障？
- 博客访客可以分成哪些不同类别的群组？

5. 协助决策

协助决策算法决定下一步做什么，属于强化学习内容（详见第 1-3-4 节），其基本原理是模仿大脑对惩罚和奖励的反应机制，可以决定奖励最高的下一步和避开惩罚的选择。常见示例如下：

- 网页广告放在哪个位置才最容易吸引消费者点击？
- 看到黄灯时，应该保持目前速度、刹车还是加速通过？
- 温度是调高、调低，还是维持现状？
- 下围棋时，下一步棋的落子位置应该在哪里？

1-3 机器学习的种类

机器学习根据训练方式的不同，可以分为需要答案的监督式学习、不需答案的非监督式学习、半监督式学习和强化学习。

1-3-1 监督式学习

监督式学习（Supervised Learning）是一种机器学习方法，可以从**训练数据**（Training Data）创建**学习模型**（Learning Model），并且依据此模型来推测新数据是什么。

在监督式学习的训练过程中，我们需要告诉机器答案，也就是在输入的数据上标上标签，称为**有标签数据**（Labeled Data），因为仍然需要老师提供答案，所以称为**监督式学习**。例如，垃圾邮件过滤的机器学习，在输入 1000 封电子邮件且告知每一封是（Y）或不是（N）垃圾邮件后，即可从这些训练数据创建出学习模型，然后我们可以询问模型一封新邮件是否是垃圾邮件，如图 1-5 所示。

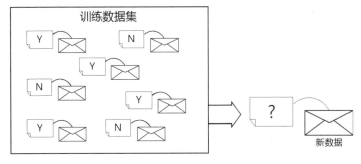

图1-5

监督式学习主要可以分成两大类，其主要差异是预测的响应数据不同。

1. 分类（Classification）

分类问题是在尝试预测可分类的响应数据，这是一些**有限**集合。

- **是非题**：只有 True 或 False 两种类别。例如，上述垃圾邮件过滤只有是垃圾和不是垃圾两种类别，人脸识别的结果是他或不是他等。
- **分级**：虽然不止两种类别，但仍然是有限集合。例如，癌症分成第 1~4 期，满意度分成 1~10 级等。

2. 回归（Regression）

回归问题是在尝试预测连续的响应数据，即一种数值数据，在一定范围之内拥有无限个数的值。

- **价格**：预测薪水、价格和预算等。例如，给予一些二手车基本数据即可预测其售价。
- **温度**（单位是摄氏或华氏度）。
- **时间**（单位是秒或分）。

以二手车估价系统为例，我们只需提供车辆特征（Features）如品牌、里程和年份等信息，称为**预测器**（Predictors）。当使用回归来训练机器时，可使用多台现有二手车辆的特征和标签（即价格）来找出符合的程序，如图 1-6 所示。

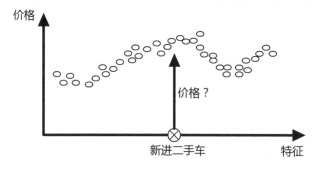

图1-6

当机器从训练数据找出规律并成功使用统计的回归分析创建对应的程序后，只要输入新进的二手车特征，就可以帮助我们预测二手车的价格。

1-3-2　非监督式学习

非监督式学习（Unsupervised Learning）和监督式学习的最大差异是训练数据不需要答案，也就是不用标签，所以，机器是在没有老师告知答案的情况下进行学习的。例如，博客访客的训练数据集只有特征，但是没有属于哪一类的标签数据，如图 1-7 所示。

图 1-7 训练数据集是博客的多位访客，并没有标准答案，也没有任何标签，在训练时只需提供上述输入数据，机器就会自动从这些特征数据中找出潜在的规则和关

联性。例如，使用**分群**（Clustering）算法将博客访客分成几个相似的群组，如图 1-8 所示。

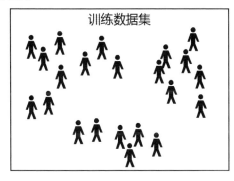
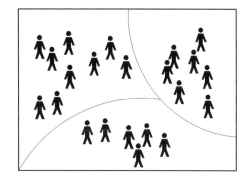

图1-7   图1-8

  简单来说，如果训练数据有标签，需要老师提供答案，就是监督式学习；训练数据没有标签，不需要老师，机器能够自行摸索出数据的规则和关联性，称为非监督式学习。

1-3-3 半监督式学习

  半监督式学习（Semisupervised Learning）是介于监督式学习与非监督式学习之间的一种机器学习方法，此方法使用的训练数据大部分是没有标签的数据，只有少量数据有标签。

  机器学习的研究者发现，如果同时使用少量有标签数据和大量无标签数据时，可以大幅改善机器学习的正确度，如图 1-9 所示。

  在图 1-9 中，先使用少量有标签数据分割出一条分隔线来分成群组，然后将大量无标签数据依整体分布来调整成两个群组，创建出新的分隔线，这样，我们只需通过少量的有标签数据，就可以大幅增加分群的正确度。

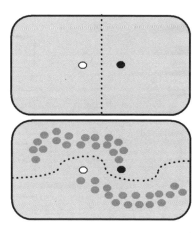

图1-9

  Google 相册就是半监督式学习的案例，当我们上传家庭全部成员的照片后，Google 相册就会学习分辨照片。例如，照片 1、2、5、11 拥有成员 A，照片 4、5、11 有成员 B，照片 3、6、9 有成员 C 等，这是使用非监督式学习的分群结果，在我们输入成员 A 的姓名后（有标签数据），Google 相册马上就可以在有此成员的照片上标示姓名，这就是一种半监督式学习。

1-3-4 强化学习

机器学习并没有明确的答案，而是一系列（一连串有顺序性）的连续决策，决定下一步做什么。例如，下棋时需要依据对手的棋路来决定我们的下一步棋，决定是否需要改变战略，也就是说，我们需要根据环境的变化来改变我们的做法，此时使用的就是**强化学习**（Reinforcement Learning）。

强化学习基本上就是边做边学和使用尝试错误方式进行学习，如同玩猜数字游戏，会随机产生一个 0~100 的整数，玩家输入数字后，系统会响应太大、太小或猜中。当太大或太小时，机器需要依目前的情况来改变猜测策略。

- **猜测值太大**：因为猜测值太大，机器需要调整策略，决定下一步输入一个更小的值。
- **猜测值太小**：因为猜测值太小，机器需要调整策略，决定下一步输入一个更大的值。

最后机器可以在猜测过程中累积输入值的经验，学习创建猜数字的最佳策略，这就是强化学习的基本原理。

1. 人类作决策的方式

事实上，强化学习是在模拟人类作决策的方式，人类进行决策时会根据所处环境的状态来执行所需的动作，其流程如图 1-10 所示。

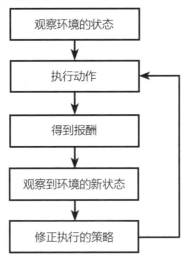

图1-10

该流程首先根据目前环境的状态执行第 1 次动作，在得到环境的回馈，即**报酬**（Reward）后，因为执行动作已经改变目前环境，成为一个新环境，我们需要观察新环境的状态，并且修正执行策略后，执行下一次动作，这个流程会重复执行，直到满足预期报酬，人类决策的主要目的就是在试图最大化预期的报酬。

2. 强化学习的代理

强化学习是让**代理**（Agents）模拟人类的决策，采用边做边学的方式，在获得报酬后，更新自己的策略模型，然后使用目前模型来决定下一步动作，下一步动作获得报酬后，再次更新模型，不断重复，直到这个模型创建完成。

在强化学习的一系列决策过程中，一个好的代理需要具备如下 3 项元素。

- **政策**（Policy）：代理执行动作的依据，执行此动作可以将价值函数最大化。
- **价值函数**（Value Function）：评估我们执行动作后目前环境的价值，实际上，价值函数是一个未知函数，我们需要通过不断地执行动作来获取报酬，也就是收集数据，然后使用这些数据来重新估计价值函数。
- **模型**（Model）：模型用来预测环境的走势，以下棋为例，就是下一步棋的走法，因为代理在执行动作后，会发生两件事——一是环境状态的改变，二是报酬。我们的模型就是在预测这个走势。

不仅如此，强化学习还有下列两个非常重要的概念。

- **探索**（Exploration）：如果是从未执行过的动作，可以让机器来探索出更多的可能性。
- **开发**（Exploitation）：如果是已经执行过的动作，可以根据已知动作来更新模型，以开发出更完善的模型。

例如，小朋友学走路时可能有多种不同的走法，如小步走、大步走、滑步走、踮起脚尖走、转左走、转右走、直行和往后退等，当在马路、楼梯、山坡和有障碍的环境中练习走路时，因为这些环境有不同的状态，需要探索环境来尝试不同的动作，但是不能常常跌倒，我们需要开发出一种走路方法，让小朋友走得顺利，这就是机器学习中的强化学习。

课后检测

1. 请简单说明什么是人工智能，什么是知识工程。
2. 请举例说明什么是图灵测试。
3. 请回答人工智能的应用领域和研究领域有哪些。
4. 请简单说明什么是机器学习，机器学习可以解决的问题有哪些。
5. 请回答机器学习的种类有哪些。

TensorFlow与Keras——Python深度学习应用实战

1

第2章

构建TensorFlow与
Keras开发环境

2-1 认识 TensorFlow 与 Keras

目前支持 Python 语言的深度学习函数库有很多种，最著名的就是 Google 的 TensorFlow，而 Keras 是架构在 TensorFlow 上的高阶函数库，可以让我们更容易地使用 Python 语言来实现深度学习的神经网络。

2-1-1 Google 的 TensorFlow

TensorFlow 是一套开放源码和高效能的数值计算函数库，是一个创建机器学习的框架。事实上，TensorFlow 是机器学习完整的学习平台，提供大量工具和社群资源，可以帮助开发者加速机器学习的研究与开发，并轻松部署机器学习的大型应用程序。

TensorFlow 由 Google Brain Team 开发，于 2005 年年底开放，2017 年推出第一个正式版本，之所以被称为 TensorFlow，是因为其输入 / 输出的运算数据是向量、矩阵等多维度的数值数据，这些运算数据称为**张量**（Tensor），我们创建的机器学习模型需要使用流程图来描述训练过程的所有数值运算操作，这些流程图称为**计算图**（Computational Graphs），这是一种低阶运算描述的图形，张量 Tensor 就是经过这些流程 Flow 的数值运算来产生输出结果，故称为 Tensor + Flow = TensorFlow。

在实战上，我们可以使用 Python 语言搭配 TensorFlow 来开发机器学习项目，基于效能考量，实际的数值运算是使用 C++ 语言实现，在硬件运算部分不仅支持 CPU，也支持显卡 GPU 和 Google 定制化 TPU（TensorFlow Processing Unit）来加速机器学习的训练，如图 2-1 所示。

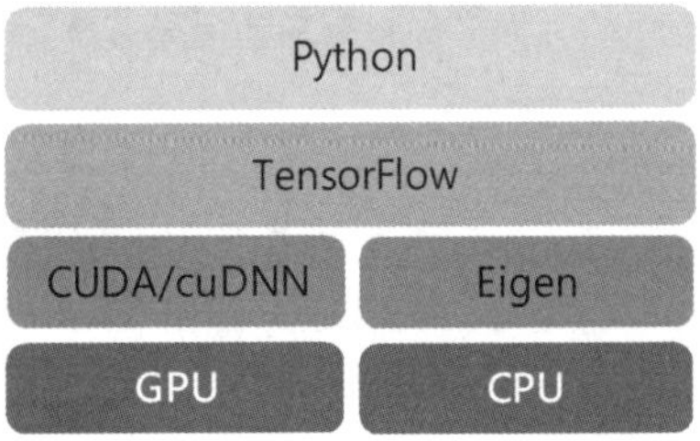

图2-1

图 2-1 中的 TensorFlow 如果是在 CPU 上执行，TensorFlow 使用低阶 Eigen 函数库来执行张量运算；如果是在 GPU 上执行，使用的是 NVIDA 开发的深度学习运算函数库 cuDNN。

不仅如此，TensorFlow 在 2.0 版已经内置 Keras 高阶函数库 tf.keras 模块，我们不仅可以使用低阶 TensorFlow API 创建深度学习的计算图，还可以使用高阶 Keras APIs 直接新增 Keras 预置神经层，来构建高阶计算图的各种神经网络结构，轻松创建深度学习所需的神经网络。

2-1-2 Keras

Keras 是 Google 工程师 François Chollet 使用 Python 开发的一套开放源码的高阶神经网络函数库，支持多种**后台**（Backend）的神经网络计算引擎，其默认引擎是 TensorFlow。基本上，Keras 的主要目的是让初学者也能够方便且快速构建和训练各种深度学习模型，其特点如下：

- Keras 能够使用相同的 Python 代码在 CPU 或 GPU 上执行。
- Keras 提供高阶 APIs 来快速构建深度学习模型的神经网络。
- Keras 预置全连接、卷积、池化、RNN、LSTM 和 GRU 等多种神经层，可以如同烘焙多层蛋糕般轻松堆砌出每一层蛋糕，来创建多层感知器、卷积神经网络和循环神经网络。

Python 语言虽然可以直接使用 TensorFlow Core API 的张量、计算图和运算操作等低阶 API 来创建深度学习模型和进行调试，但是对于初学者来说，Keras 是架构在 TensorFlow 上的高阶函数库，可以使用更人性化的方式来构建深度学习模型，如图 2-2 所示。

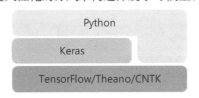

图2-2

图 2-2 中的 Keras 函数库架构在 Google TensorFlow、Theano 和微软 CNTK 等神经网络计算引擎之上，Python 语言可以直接使用 TensorFlow 或通过 Keras 来开发深度学习模型。

2-2 构建 Python 深度学习的开发环境

Python 深度学习的开发环境需要使用 NumPy、TensorFlow、Keras 等多种包，为了方便管理各种包和虚拟环境，建议使用 Anaconda 整合安装包来构建 Python 深度学习的开发环境。

2-2-1 使用 Anaconda 创建开发环境

Anaconda 是 Python 语言著名的整合安装包，内置 Spyder 集成开发环境和 Jupyter Notebook，除了标准模块外，还包含 Scipy、NumPy、Pandas 和 Matplotlib 等数据科学

和机器学习的相关包。

Anaconda 整合安装包的下载与安装步骤和 Python 基础语法说明请参阅附录 A（电子版需下载后使用）。

1. 安装 TensorFlow 和 Keras

在成功安装 Anaconda 整合安装包后，我们可以依序安装 TensorFlow 和 Keras 包。请执行"开始 /Anaconda3 (64-bits)/Anaconda Prompt"命令打开 Anaconda Prompt 命令提示符窗口，首先使用 pip install 指令安装 TensorFlow 包，结果如图 2-3 所示。

```
(base) C:\Users\JOE>pip install tensorflow  Enter
```

图2-3

然后，输入 pip install 指令安装 Keras 包，结果如图 2-4 所示。

```
(base) C:\Users\JOE>pip install keras  Enter
```

图2-4

Tips　　在安装 TensorFlow 和 Keras 后，如果 Python 代码导入 Keras 时显示 NumPy 包错误的信息，通常是因为与 NumPy 目前版本不兼容，请执行下列指令更新 NumPy 包，"--"是 2 个减号，结果如图 2-5 所示。

```
(base) C:\Users\JOE>pip install --upgrade numpy  Enter
```

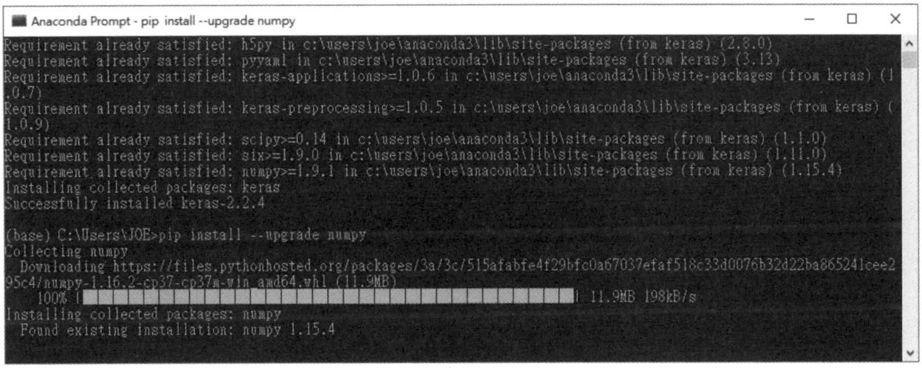

图2-5

2. 使用 Anaconda 编辑与执行本书的 Python 程序

当成功安装 TensorFlow 和 Keras 包后，我们有两种方式来编辑与执行本书 Python
程序和 Keras 深度学习的程序示例。

- **使用 Spyder 集成开发环境**：我们可以启动 Spyder 集成开发环境打开本书配套
  资源包的 Python 程序示例来测试执行深度学习程序，详见第 2-3 节的说明。
- **使用 Jupyter Notebook**：Jupyter Notebook 是网页界面的文件编辑器，我们可以在
  浏览器编写和逐行执行 Python 代码，不仅可以输出程序的执行结果，还可以加
  上文字描述、表格和数据可视化图表等丰富文件内容，详见 第 2-4 节的说明。

2-2-2 是否需要安装 GPU 独立显卡

当读者准备使用本书开始 Python 深度学习时，请确认计算机满足执行 Keras 程序
示例的需求，笔者编写本书使用的计算机配置如下：

- CPU：Intel Core i5。
- RAM：16MB。
- 显卡：NVIDA GTX 1060 6MB 独立显卡。
- 操作系统：Windows 10 家用版。

对于深度学习来说，为了得到更佳的执行效能，Windows 计算机需要安装独立显卡
来提供足够的计算能力，建议选购 NVIDA GTX 1060 6MB 内存以上的独立显卡，如果
预算充裕，可以考虑购买更高阶 NVIDA 显卡和内置更多内存。

> **Tips** **请注意！** 对于本书深度学习的 Keras 程序示例来说，计算机并不是一定需要
> 有 GPU，如果读者的计算机的执行效能不佳，执行本书 Keras 示例程序可
> 能需要等待很长的时间。

2-3 使用 Spyder 集成开发环境

Spyder 是一套开源且跨平台的 Python 集成开发环境（Integrated Development Environment，IDE）。这是功能强大的互动开发环境，支持代码编辑、互动测试、调试和执行 Python 程序。

1. 启动与结束 Spyder

我们可以在 Anaconda Navigator 中启动 Spyder，也可以直接从开始菜单来启动 Spyder，其步骤如下。

（1）执行"开始 /Anaconda3 (64-bit)/Spyder" 命令，可以看到欢迎界面。

（2）稍等一下，如果是第 1 次使用 Python，会显示"Windows 安全警报" 窗口。

（3）单击"**允许访问**" 按钮继续，如果有新版本，可以看到 Spyder 升级信息的 Spyder updates 信息窗口。

（4）如果信息指出使用 Anaconda 内置的 Spyder，请不要自行升级，建议 Spyder 随着 Anaconda 来更新，单击 OK 按钮，即可看到 Spyder 执行的界面如图 2-6 所示。

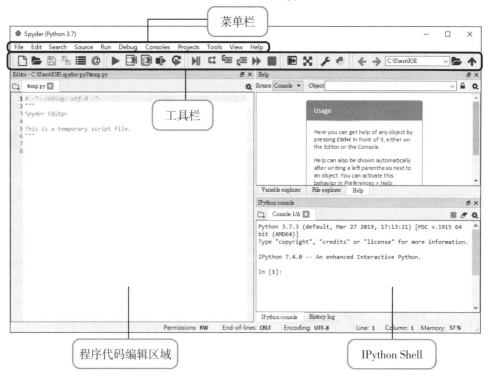

图2-6

图 2-3 所示的 Spyder 界面上方是菜单栏和工具栏，左下方是程序代码编辑区域，右下方是 IPython console 的 IPython Shell。关闭 Spyder 请执行"File/Quit"命令。

2. 使用 IPython console

Spyder 集成开发环境内置 IPython，这是功能强大的互动运算和测试环境，在启动 Spyder 后，可以在右下方看到 IPython console 窗口，这就是 IPython Shell，如图 2-7 所示。

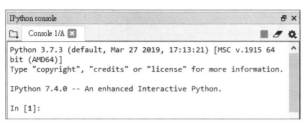

图2-7

因为 Python 是一种解释性语言，IPython Shell 提供互动模式，可以让我们在"In [?]:"提示文字后输入 Python 代码来测试执行。例如，输入 5+10，按 Enter 键，可以马上看到执行结果 15，如图2-8所示。

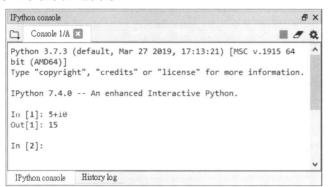

图2-8

不仅如此，我们还可以定义变量 num = 10，然后执行 print() 函数来显示变量值，如图 2-9 所示。

同理，我们一样可以测试 if 条件，在输入 if num >= 10: 后，按 Enter 键，就会自动缩排 4 个空白字符，按两次 Enter 键，可以看到执行结果，如图 2-10 所示。

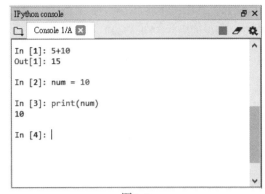

图2-9

图2-10

3. 使用 Spyder 新增、编辑和执行 Python 程序文件

在 Spyder 集成开发环境中可以新增和打开存在的 Python 程序文件来编辑和执行，执行 "File/New file" 命令新增 Python 程序文件，可以看到名为 "untitled1.py*" 的 Python 代码编辑器的标签页，如图 2-11 所示。

图2-11

请在上述代码编辑标签页输入之前在 IPython Shell 中输入的 Python 代码，在完成 Python 代码的编辑后，执行 "File/Save" 命令，然后在 Save file 对话框切换路径，单击 "保存" 按钮，保存名为 Ch2_3.py 的 Python 程序文件。

在 Spyder 执行 Python 程序，可执行 "Run/Run" 命令或按 F5 键，如图 2-12 所示。

当执行 Python 程序后，可以在右下方 IPython console 看到 Python 程序 Ch2_3.py 的执行结果，如图 2-13 所示。

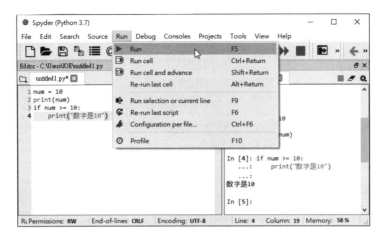

图2-12

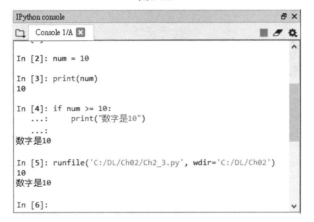

图2-13

对于本书 Python 和 Keras 程序示例，执行 "File/Open" 命令打开 Python 程序文件后，即可编辑和解释执行 Python 程序。

2-4 Jupyter Notebook 的基本使用

Jupyter Notebook 是一个在服务器上执行的 Web 应用程序，可以让我们通过浏览器在笔记本（Notebook）上编辑代码和创建丰富的文件内容，包含代码、段落、标题文字、图片和超链接等。

笔记本就是 Jupyter 中产生的一份包含代码和丰富文件内容的可执行文件，扩展名是 .ipynb，可以方便我们呈现和分享数据科学、机器学习或深度学习等数据分析的图表和训练结果。

1. 启动 Jupyter 创建第一份笔记本

我们可以在 Anaconda Navigator 中启动 Jupyter，也可以直接从开始菜单启动 Jupyter，其步骤如下。

（1）执行"开始 /Anaconda3 (64-bit)/Jupyter Notebook"命令，可以看到在"命令提示符"窗口启动了 Jupyter Notebook App，如图 2-14 所示。

图2-14

（2）在成功启动后，此 App 是 Web 服务器（请注意，不可关闭此窗口），其默认网址是 http://localhost:8888/，然后就会自动启动浏览器进入此网址，默认显示 Jupyter 文件管理界面，可以显示目录与文件列表，如图 2-15 所示。

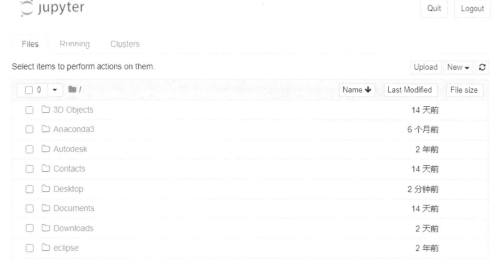

图2-15

（3）单击 Documents 文件夹，这是 Windows 的"文档"文件夹（Desktop 是桌

面），然后单击右方的 **New** 按钮，执行 **Python 3** 命令新增笔记本文件，如图 2-16 所示。

图2-16

（4）默认创建名为 Untitled 的笔记本，之后的（unsaved changes）表示尚未存储，如图 2-17 所示。

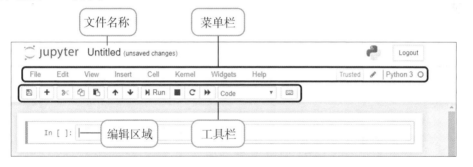

图2-17

图 2-17 中 Jupyter 后是此笔记本文件的名称，在下方依次是菜单栏、工具栏和编辑区域，可以看到绿色框线的编辑框，这是显示焦点区域的编辑框，称为**单元**（Cell），也是 Jupyter 的基本编辑单位。

（5）单击 **Untitled** 更改文件名称，可以看到 Rename Notebook 对话框，如图 2-18 所示。

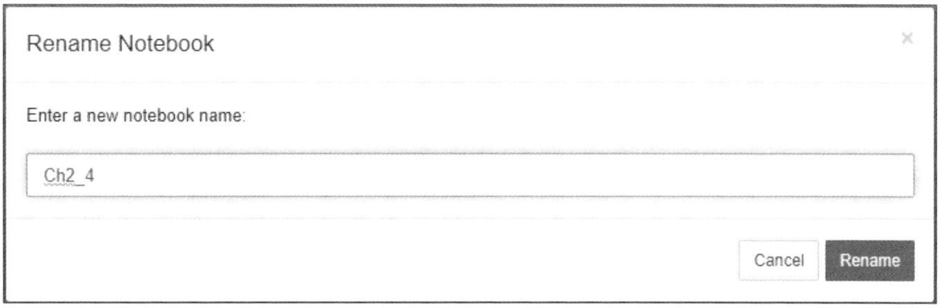

Rename Notebook

Enter a new notebook name:

Ch2_4

Cancel　Rename

图2-18

（6）输入新文件名 Ch2_4，单击 Rename 按钮重命名，可以看到上方文件名称已经更改，且成为**自动存储**（autosaved）状态，如图 2-19 所示。

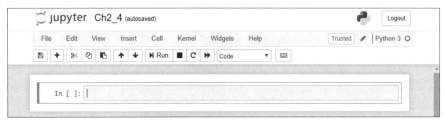

图2-19

Jupyter Notebook 文件的默认保存路径为 C:\Users\Administrator。在 Windows 系统下，打开此路径，即可看到我们创建的笔记本文件 Ch2_4.ipynb，如图 2-20 所示。

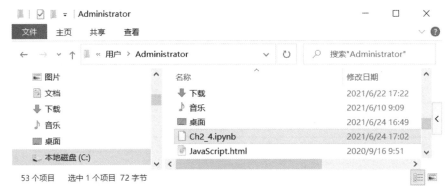

图2-20

同理，如果将笔记本文件复制到**"文档"**文件夹，就可以在 Jupyter 的文件管理界面，通过单击 Documents 文件夹中的文件名来打开笔记本文件。

2. 在 Jupyter 中编辑和执行 Python 代码

成功新增第一个笔记本文件后，单击左上角的 Jupyter 可以回到文件管理界面，在目录和文件列表中双击 Documents，可以看到新创建的笔记本文件 Ch2_4.ipynb，如图 2-21 所示。

图2-21

单击 Ch2_4.ipynb 打开 Jupyter 笔记本后，可以在绿色框运行中的单元输入程序，如果输入的内容超过一行，按 Enter 键换行。例如，在 In[?] 提示文字后的代码单元输入表达式 5+10，如图 2-22 所示。

图2-22

单击 Run 按钮，可以看到执行结果为 15 并在下方新增一个运行中的代码单元。同时，在表达式前的 In[?] 改为 In[1]，输出是红色 Out[1]，如图 2-23 所示。

```
In [1]: 5+10
Out[1]: 15

In [ ]:
```

图2-23

在新增的代码单元输入两行代码，依次是定义变量 num = 10，print() 函数显示变量 num 值，因为代码有 print() 函数，所以执行结果没有之前的红色 Out[]，只显示 10，如图 2-24 所示。

```
In [1]: 5+10
Out[1]: 15

In [2]: num = 10
        print(num)

            10

In [ ]: |
```

图2-24

我们也可以在新增的代码单元输入 if 条件，在输入 if num >= 10: 后，按 Enter 键，就会自动缩排 4 个空白字符，然后输入 print() 函数的代码，除了使用工具栏按钮来执行，我们也可以按 Shift + Enter 键来执行运行中的单元并在下方新增一个单元，如图 2-25 所示。

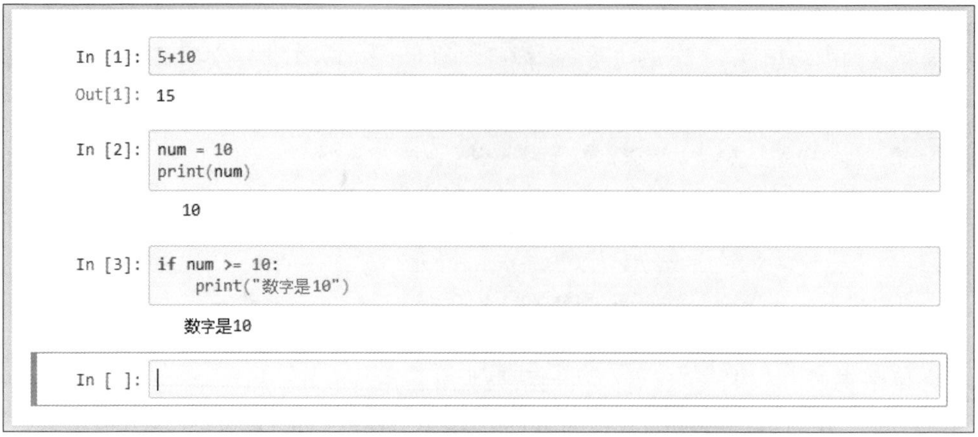

图2-25

不仅如此，Jupyter 还可以随时修改 Python 代码来重复执行。例如，单击第 2 个单元成为运行中的代码单元后，将 num 变量的值改为 9，如图 2-26 所示。

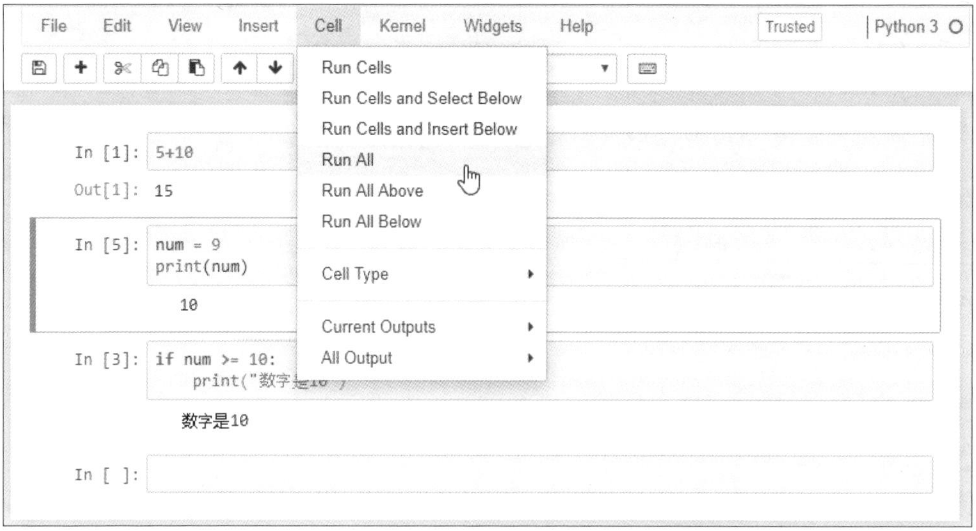

图2-26

在更改后，执行"Cell/Run All"命令重新执行全部代码（Run Cells 只会执行当前运行中的单元），可以显示执行整个 Python 文件代码的结果，输出从 10 改为 9，而且 if 条件并不成立，所以没有显示任何文字信息，如图 2-27 所示。

Jupyter 默认会定时自动存储文件，如果在上方文件名后显示（unsaved changes）尚未存储信息文字，我们也可以自行单击工具栏的第 1 个按钮来存储笔记本文件。

```
In [6]:  5+10

Out[6]:  15

In [7]:  num = 9
         print(num)

            9

In [8]:  if num >= 10:
             print("数字是10")

In [ ]:
```

图2-27

3. Jupyter 编辑和命令模式与常用按键

不知你是否注意到，在运行中的单元输入 Python 代码时，单元的外框是绿色的，这是**编辑模式**（Edit Mode）；执行命令时，外框会改为蓝色，这是**命令模式**（Command Mode）。Jupyter 切换模式的按键说明如下。

■ **切换至编辑模式**：在命令模式单击指定单元成为运行中的单元或按 `Enter` 键。

■ **切换至命令模式**：在编辑模式按 `Esc` 键。

Jupyter 命令模式常用按键的说明（完整按键说明请执行 "Help/Keyboard Shortcuts" 命令）见表 2-1。

表 2-1　Jupyter 命令模式常用按键及说明

按　　键	说　　明
`↑` 和 `↓`	移至上一个单元和下一个单元
`A` 和 `B`	在上方和下方新增一个运行中的单元
`M`	将运行中的单元转换为 Markdown 单元，这是用来创建丰富内容的单元，可输入 HTML 标签
`Y`	设置运行中的单元为 Code 代码单元
`D` + `D`	连按两次 D 键可以删除运行中的单元
`Z`	恢复删除的单元
`Shift` + `Enter`	执行运行中的单元并移至下一个单元
`Ctrl` + `Enter`	执行选择的单元
`Alt` + `Enter`	执行运行中的单元并在下方新增一个单元
`Ctrl` + `S`	存储笔记本文件

4. 在 Jupyter 上显示 Matplotlib 图表

Jupyter 笔记本与 Word 文件一样，可以在文件中显示 Matplotlib 绘制的图表，执行 Jupyter 菜单 "File/New Notebook/Python 3" 命令新增一个笔记本，然后重命名为 Ch2_4a.ipynb。

接着，使用 Windows 记事本或 Spyder 打开书附 Ch2_4a.py 文件，复制和粘贴 Python 代码至当前运行中的代码单元（在单元上右击执行快捷菜单的**粘贴**命令），可以看到我们粘贴到笔记本的 Python 代码，如图 2-28 所示。

图2-28

按 Ctrl + Enter 键执行选择单元，在执行结果中并没有看到图表，如图 2-29 所示。

```
In [1]:   import matplotlib.pyplot as plt
          import numpy as np

          x = np.linspace(0, 10, 50)
          sinus = np.sin(x)
          cosinus = np.cos(x)
          plt.plot(x, sinus, x, cosinus)
          plt.show()

          <Figure size 640x480 with 1 Axes>
```

图2-29

上述执行结果只有一段信息文字，说明的是图表的尺寸和轴。请注意，在 Jupyter 笔记本显示 Matplotlib 图表需要加上一行代码，如下所示：

```
%matplotlib inline
```

请在导入包的 Python 代码后新增输入上述代码后，再执行此单元，就可以显示 Matplotlib 图表，如图 2-30 所示。

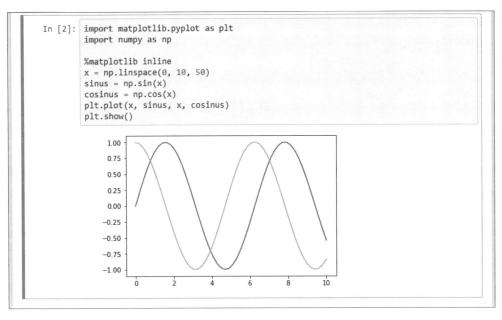

```
In [2]:  import matplotlib.pyplot as plt
         import numpy as np

         %matplotlib inline
         x = np.linspace(0, 10, 50)
         sinus = np.sin(x)
         cosinus = np.cos(x)
         plt.plot(x, sinus, x, cosinus)
         plt.show()
```

图2-30

同理，我们只需将本书 Python 代码粘贴到笔记本的代码单元中，就可以改用 Jupyter 测试本书的 Python 示例程序。

5. 关闭笔记本和结束 Jupyter 服务器

对于编辑中的笔记本文件，我们可以直接关闭浏览器标签，或执行"File/Close and Halt"命令关闭编辑中的笔记本。当回到 Jupyter 文件管理界面时，请单击右上角的 **Quit** 按钮停止 Jupyter 服务器的运行。

2-5 创建与管理 Python 虚拟环境

Python 虚拟环境可以针对不同 Python 项目创建专属的开发环境。例如，特定 Python 版本和不同包的需求，特别是那些需要特定版本包的 Python 项目，我们可以针对此项目创建专属的虚拟环境，而不会因为特别版本的包而影响其他 Python 项目的开发环境。

Anaconda 可以使用 conda 指令来创建、启动、删除与管理 Python 虚拟环境。

1. 创建 Python 虚拟环境

我们准备新增执行名为 keras 的虚拟环境，执行"开始 /Anaconda3 (64-bits)/

Anaconda Prompt"命令打开 Anaconda Prompt 命令提示符窗口后，输入下列指令创建虚拟环境：

```
(base) C:\Users\JOE>conda create --name keras anaconda Enter
```

上述 conda create 指令的 --name 参数之后是虚拟环境名称 keras，最后的 anaconda 表示默认安装 Anaconda 数据科学包，如果没有最后的 anaconda，我们创建的是完全空白、没有任何包的虚拟环境，如图 2-31 所示。

在解析环境后，可以显示包计划 Package Plan，如果没有问题，按 Y 键创建虚拟环境，如图 2-32 所示。

图2-31

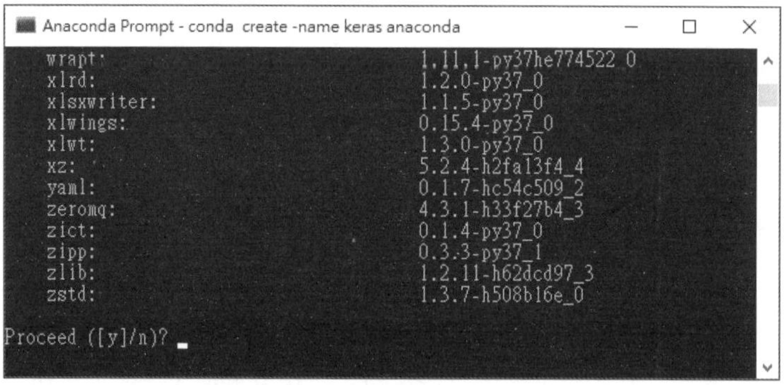

图2-32

请等待包的下载和安装，在完成创建后，最后会显示启动此虚拟环境的指令说明，如图 2-33 所示。

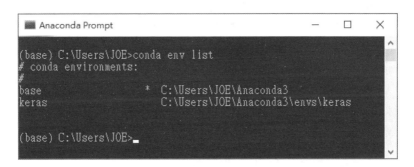

图2-33

 Tips 如果创建的虚拟环境需要指定 Python 版本。例如，keras36 虚拟环境是使用 Python 3.6 版，其指令如下所示：

```
conda create --name keras36 python=3.6 anaconda Enter
```

在创建 keras 虚拟环境后，我们可以输入下列指令显示目前 Anaconda 已经创建的虚拟环境列表，如图 2-34 所示。

```
(base) C:\Users\JOE>conda env list Enter
```

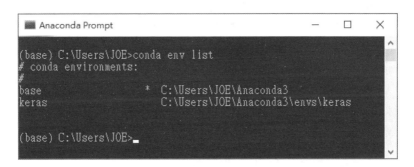

图2-34

上述列表除了 base 基底环境外，可以看到新增的 keras 虚拟环境。

2. 启动与使用 Python 虚拟环境

当成功新增 keras 虚拟环境后，在使用前我们需要使用 activate 指令来启动虚拟环境，在指令后是虚拟环境名称 keras，如图 2-35 所示。

```
(base) C:\Users\JOE>activate keras  [Enter]
```

图2-35

在成功启动 keras 虚拟环境后，可以看到前方（base）已经改成虚拟环境名称（keras），然后，我们可以输入下列指令来查看虚拟环境已经安装了哪些包：

```
(keras) C:\Users\JOE>conda list  [Enter]
```

从上述指令的执行结果可以看到虚拟环境安装的应用程序和包列表，如图 2-36 所示。

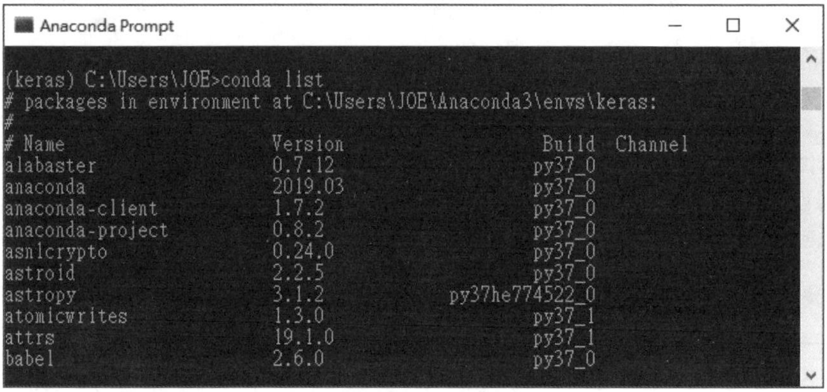

```
■ Anaconda Prompt                                          —    □    ×

(keras) C:\Users\JOE>conda list
# packages in environment at C:\Users\JOE\Anaconda3\envs\keras:
#
# Name                    Version                   Build  Channel
alabaster                 0.7.12                    py37_0
anaconda                  2019.03                   py37_0
anaconda-client           1.7.2                     py37_0
anaconda-project          0.8.2                     py37_0
asn1crypto                0.24.0                    py37_0
astroid                   2.2.5                     py37_0
astropy                   3.1.2             py37he774522_0
atomicwrites              1.3.0                     py37_1
attrs                     19.1.0                    py37_1
babel                     2.6.0                     py37_0
```

图2-36

当 Anaconda 成功创建虚拟环境后，因为指令之后有 anaconda 参数，会在虚拟环境中默认安装 Spyder 和 Jupyter Notebook，同时在开始菜单的 Anaconda 子菜单会新增启动 keras 虚拟环境的命令提示符窗口，也可以用命令来启动 Spyder 和 Jupyter Notebook 等应用程序。

3. 在 Python 虚拟环境安装 Python 包

Python 虚拟环境可以使用与第 2-2-1 节相同的方式来安装 TensorFlow 和 Keras，启动虚拟环境 keras 后，就可以输入下列指令来安装 TensorFlow 和 Keras：

```
(keras) C:\Users\JOE>pip install tensorflow  [Enter]
```
```
(keras) C:\Users\JOE>pip install keras  [Enter]
```

Tips **请注意！** Anaconda 的 Python 虚拟环境如果是全空没有任何安装包的虚拟环境，请使用 conda install 指令安装包，并不能使用 pip install（因为虚拟环境并没有安装 pip）。

4. 关闭与移除 Python 虚拟环境

关闭 Python 虚拟环境是直接在启动的 Python 虚拟环境下，执行 deactivate 指令。例如，关闭已经启动的 keras 虚拟环境，如下所示：

```
(keras) C:\Users\JOE>deactivate Enter
```

上述指令关闭 keras 虚拟环境回到（base）基底环境。移除 Python 虚拟环境的指令如下所示：

```
(base) C:\Users\JOE>conda env remove --name keras Enter
```

上述指令可以移除名为 keras 的 Python 虚拟环境。

课后检测
1. 请说明什么是 TensorFlow 和 Keras，说明它们是什么关系。
2. 请回答什么是 Anaconda。
3. 试着在安装 Anaconda 后，再安装 TensorFlow 和 Keras 包。
4. 请简单说明本书可以使用哪两种方式来编辑和执行深度学习的 Python 程序。
5. 请回答什么是 Spyder 集成开发环境。
6. 请回答 Jupyter Notebook 是什么。
7. 请回答什么是 Python 虚拟环境。举例说明如何在 Anaconda 中创建 Python 虚拟环境。

MEMO

2

第**3**章

深度学习的基础

3-1 认识深度学习

深度学习（Deep Learning）是机器学习的分支，其使用的算法是模仿人类大脑功能的**类神经网络**（Artificial Neural Networks，ANNs），或称为**人工神经网络**。

3-1-1 人工智能、机器学习与深度学习的关系

人工智能的概念最早可以溯及20世纪50年代，到了1980年，机器学习开始受到欢迎，大约到了2010年，深度学习在弱人工智能系统方面终于有了重大突破。2012年，多伦多大学Geoffrey Hinton领导的团队提出基于深度学习的AlexNet，一举将ImageNet图片数据集的识别准确率提高了十几个百分点，让机器的图像识别率正式超越人类，其发展年代的关系如图3-1所示。

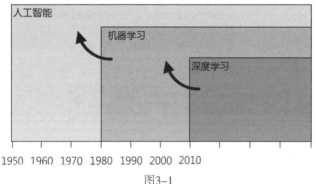

图3-1

从图3-1中可以看出人工智能包含机器学习，机器学习包含深度学习。人工智能、机器学习和深度学习的关系（在最下层是各种算法和神经网络简称）如图3-2所示。

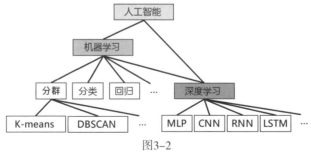

图3-2

从图3-2中可以发现人工智能、机器学习和深度学习三者之间的关联性。基本上，它们彼此互为子集。简单地说，深度学习驱动了机器学习的快速发展，最后帮助

我们实现人工智能。

3-1-2 什么是深度学习

深度学习的定义很简单：**一种实现机器学习的技术**。所以，深度学习就是一种机器学习。记得长辈常说的一句话："我吃过的盐比你吃过的米还多。" 这句话的意思是指老人家的经验更丰富，因为经验丰富，看的东西多，他的直觉更准确，但并不表示长辈真的更聪明，或更有学问。

以人脸识别的深度学习为例，为了进行深度学习，我们需要使用大量现成的人脸数据。想想看，当输入机器训练的数据比你一辈子看过的人脸还多很多时，深度学习训练出来的机器当然经验丰富，在人脸识别的准确度上，就会比你还强。

 Tips 深度学习是在训练机器的直觉，**请注意！这是直觉训练，并非知识学习**。例如，训练深度学习识别一张狗的图片，我们是训练机器知道这张图片是狗，并不是训练机器学习到狗有 4 只脚、会吠或是一种哺乳动物等关于狗的知识。

1. 深度学习是一种神经网络

深度学习就是模仿人类大脑**神经元**（Neuron）传输的一种**神经网络架构**（Neural Network Architectures），如图 3-3 所示。

图 3-3 是多层神经网络，圆形点是一个神经元，也是一个节点，垂直排列的多个神经元是一层神经层，整个神经网络包含**输入层**（Input Layer）、中间的**隐藏层**（Hidden Layers）和最后的**输出层**（Output Layer）共 3 层，数据输入层输入神经网络，经过隐藏层后，最后由输出层输出结果。

深度学习使用的神经网络称为**深度神经网络**（Deep Neural Networks，DNNs），其中间的隐藏层有很多层，可能高达 150 层。基本上，神经网络只需拥有两层隐藏层，加上输入层和输出层共 4 层，就可以称为深度神经网络，即所谓的深度学习，如图 3-4 所示。

3

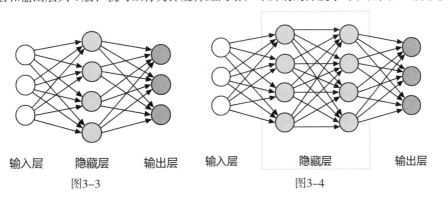

| 输入层 | 隐藏层 | 输出层 | 输入层 | 隐藏层 | 输出层 |

图3-3   图3-4

深度学习的深度神经网络就是一种神经网络，早在 1950 年就已经出现，只是受限于早期计算机的硬件性能和技术不成熟，传统多层神经网络并没有成功，吸取了之前失败的经验，将其重新包装并取了一个好听的名称——深度学习。

深度学习在实际操作中只有三步： 构建神经网络、设置目标和导入数据进行学习。例如，在 TensorFlow 示例网站展示的深度学习示例，如图 3-5 所示，其 URL 网址如下：

http://playground.tensorflow.org/

图 3-5 是神经网络，在中间共有 5 层隐藏层的非线性处理单元，每一层（Layer）拥有多个小方框的**神经元**（Neuron）来进行**特征抽取**（Feature Extraction） 和**转换**（Transformation），上一层的输出结果就是下一层的输入数据，直到最终得到一组输出结果。

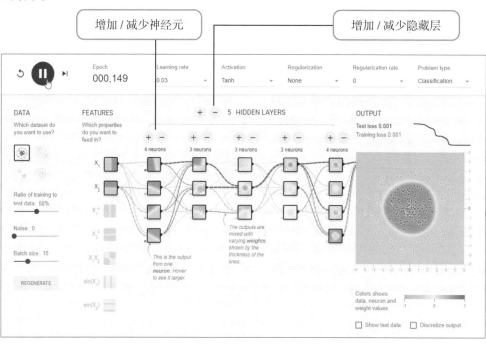

图3-5

2. 深度学习能做什么

深度学习可以处理所有的**感知问题**（Perceptual Problems），如听觉和视觉问题。很明显，这些技能对于人类来说，只不过是一些直觉和与生俱来的能力，但是这些看似简单的技能，却早已困扰传统机器学习多年且无法解决。

事实上，深度学习已经成功解决传统机器学习的如下一些困难：

■ 模仿人类的图片分类、语音识别、手写识别和自动驾驶。
■ 大幅改进机器翻译和文字转语音的正确率。
■ 大幅改进数字助理、搜索引擎和网页广告投放的效果。
■ 自然语言对话的问答系统，如聊天机器人。

3-1-3　深度学习就是一个函数集

深度学习的神经网络是使用一个函数集来执行多次矩阵相乘的非线性转换运算，这个函数集如果已经完成训练，那么我们将特征数据输入神经网络，经过每一层神经元的输入和输出（将一个向量映射至另一个向量的过程），整个神经网络就可以输出最后结果的最优解，如图3-6所示。

图3-6

上述深度学习是手写识别的神经网络，一个已经训练好的函数集，当输入一张手写数字5的图片，特征数据经过神经网络每一层神经元的运算后，最后函数集的输出结果就是此函数集提出的最优结果，此例是数字5，成功识别出手写数字5的图片。

当然，深度学习的函数集需要先使用大量数据进行训练来完成学习，我们需要构建神经网络、设置目标和输入数据开始学习，如果输出的学习结果不佳。例如，输入神经网络的手写数字图片是4、5、1、0，其识别结果是6、2、3、1，这样就有很大的误差，此时，我们需要依据误差反过来调整神经网络函数集的参数，以便修正误差来产生更接近正确答案的识别结果，如图3-7所示。

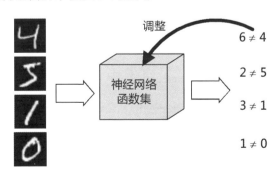

图3-7

上述依据识别结果的误差来调整函数集参数的过程，就是神经网络在进行学习，在经过大量数据的重复训练和学习后，误差可以逐渐缩小，最终神经网络可以找出一个最优参数的函数集，即得到最优解，能够成功识别出数字 4、5、1、0。换句话说，深度学习的主要目的就是找出可以得到最优解的函数集。

例如，Google DeepMind 开发的人工智能围棋软件 AlphaGo，我们需要将大量现成棋谱数据输入网络，让 AlphaGo 自行学习下围棋的方法，在训练完成后，AlphoGo 可以独自判断围棋盘上的各种情况，根据对手的落子来作出最佳响应。

3-2 深度学习的基础知识

深度学习算法是一种神经网络，而神经网络就是数据结构的图形结构，函数集的运算是向量和矩阵运算，调整函数集的参数需要使用微分和偏微分来找出最优解，本节将进一步说明深度学习必备的基础知识。

3-2-1 图形结构

在日常生活中，我们常常会将复杂的观念或问题使用图形（Graph）来表达。例如，进行系统分析、电路分析、网络配置和企划分析等，而深度学习的神经网络就是一种图形结构。

图形化可以让人更容易了解，图形是信息科学数据结构中一种十分重要的结构。例如，城市之间的公路图和计算机网络配置图，如图 3-8 所示。

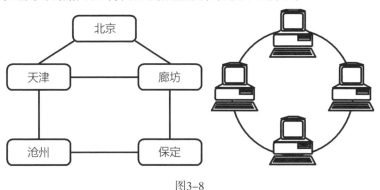

图3-8

1. 认识图形结构

图形基本上是由有限的**顶点**（Vertex）和**边线**（Edge）集合所组成，我们通常

42

使用圆圈代表顶点，在顶点之间的连线是边线。例如，上述公路图绘成的图形 G1 和另一个树状图形 G2，如图 3-9 所示。

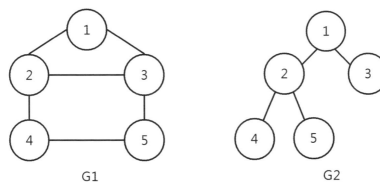

图3-9

图 3-9 中的圆圈代表顶点，这两个图形都有 5 个顶点，图形 G1 顶点和顶点之间的边线有 6 条，G2 共有 4 条。

2. 图形的种类

图形结构由顶点和边线组成，根据边线是否具有方向性可以分为以下两种图形。

- **无方向性图形**（Undirected Graph）：图形边线没有标示方向的箭头，边线只代表顶点之间是相连的。例如，前述的图形 G1 和 G2 是无方向性图形，从顶点 1 至顶点 2 和从顶点 2 至顶点 1 代表同一条边线。

- **方向性图形**（Directed Graph）：在图形的边线加上箭号标示顶点之间的循序性。例如，图形 G3，如图 3-10 所示。

图 3-10 中 G3 是方向性图形，顶点 1 和顶点 2 的关系是从顶点 1 到顶点 2，不是从顶点 2 到顶点 1。

在图形中各顶点之间相连的边线称为**路径**（Path），例如，如果顶点 1 到顶点 5 需要经过 n 条边线，n 就是顶点 1 到顶点 5 的**路径长度**（Length）。

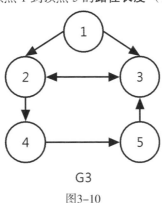

G3

图3-10

3. 加权图形

图形在解决问题时通常需要为边线加上一个数值，这个数值称为**权重**（Weights），常见的权重有时间、成本或长度等。如果图形拥有权重，称为**加权图形**（Weighted Graph）。例如，方向性图形 G4 在边线上的数值是权重，这就是一个加权图形，如图3-11所示。

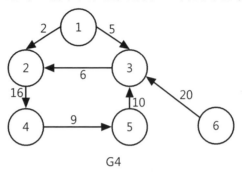

G4

图3-11

4. 方向性循环图

在方向性图形的顶点之间可能会有路径的循环。例如，方向性图形 G5 拥有循环 $5 \rightarrow 6 \rightarrow 7 \rightarrow 5$，如图 3-12 所示。

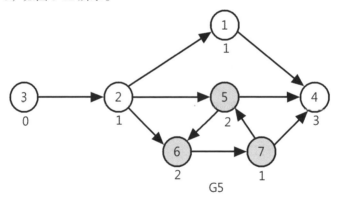

G5

图3-12

图 3-12 中因为有循环，所以是一种方向性循环图，如果图形结构没有循环，称为**方向性非循环图**（Directed Acyclic Graph，DAG）。深度学习的神经网络是一种方向性图形，一种加权图形，也是一种方向性非循环图。

3-2-2 向量与矩阵

基本上，深度学习从输入层输入的数据以及从输出层输出的数据都称为**张量**

（Tensor），数学上的向量与矩阵就是一种张量，详见第 3-4 节的说明。向量与矩阵的简单说明如下。

- **向量**（Vector）：向量（也称作矢量）是具有大小值与方向性的数学表现，在物理上常常用来表示速度、加速度和动力等。向量是一序列数值，有多种表示方法，一般来说，在程序语言中使用一维数组来表示，如图 3-13 所示。

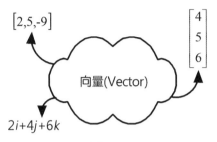

图3-13

- **矩阵**（Matrix）：矩阵类似向量，只是将纯量（数值）排列成二维表格的**行**（Rows）和**列**（Columns）形状，我们需要使用行和列来获取指定元素值，程序语言是使用二维数组方式来表示的，如图 3-14 所示。

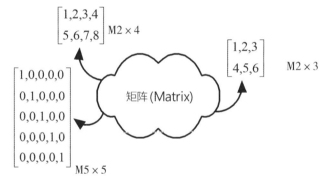

图3-14

数学的向量、矩阵和程序语言中的数组都是使用索引系统（Index System）访问指定元素。注意，对于数学来说，访问第 1 个元素的索引值是从 1 开始；而程序语言大都是从 0 开始。

3-2-3 微分与偏微分

深度学习简单地说就是一个数学模型，它是由许多函数组合而成的，我们只需要调整函数集的参数就能找出最优解，最常使用的就是微分和偏微分。

1. 微分

微分的目的是求瞬间的变化量。例如，照相机的瞬间变化量就是照片。当我们用水的体积对水的重量作微分，找出的瞬间变化量，得到的就是水的密度。因为当水的体积增加时，重量也会增加，而改变水的一个单位体积，可以让水的重量有多少变化，这就产生了瞬间变化量，而水的密度就是单位体积的重量。

函数 $f(x)$ 的微分主要有两种表示方法：$f'(x)$ 或 $\dfrac{\mathrm{d}f(x)}{\mathrm{d}x}$，微分的运算并不困难，常量的微分是 0，单一变量 $f(x)$ 函数的微分如下：

$$f(x) = ax^n$$

$$\frac{\mathrm{d}f(x)}{\mathrm{d}x} = anx^{n-1}$$

以上数学表达式的系数 a 是一个常量，微分后 x 的指数 n 成为 $n-1$，系数成为 an。假设 $f(x) = 2x^3 + 5x + 2$，那么 $f(x)$ 的微分如下：

$$\frac{\mathrm{d}f(x)}{\mathrm{d}x} = 6x^2 + 5$$

上述 $f(x)$ 函数的微分，常量 2 的微分为 0，$5x$ 的微分剩下系数 5，x^3 的微分为 x^2，其系数是 $3 \times 2 = 6$。

2. 偏微分

如果是一个多变量的函数，如 $f(x,y)$，我们可以分别针对 x 和 y 来进行微分，称为偏微分，使用的符号是 ∂（读作 partial）。$f(x,y)$ 函数示例如下：

$$f(x,y) = 2x^3 + 6xy^2 + 4y + 2$$

对变量 x 偏微分，就是将变量 y 视为常量来微分，如下所示：

$$\frac{\partial f(x,y)}{\partial x} = 6x^2 + 6y^2$$

上述偏微分的计算，y 视为常量，所以最后的常量 2 的微分为 0，$4y$ 是 0，$6xy^2$ 的微分剩下常量 6 和 y^2，x^3 的微分为 x^2，其系数是 $2 \times 3 = 6$。同理，我们可以对变量 y 偏微分，也就是将变量 x 视为常量来微分如下：

$$\frac{\partial f(x,y)}{\partial y} = 12xy + 4$$

3. 连锁律

因为深度学习的神经网络有很多层，其产生的函数是一种合成函数（指前一层的输出函数会变成下一层的输入）：$f(x) = g(h(x))$，函数$h(x)$是函数$g(x)$的变量，例如，$f(x)$合成函数示例如下：

假设：$f(x) = (2x^3 + 5x + 2)^4$

函数$g(x)$：$f(h) = h^4$

函数$h(x)$：$h(x) = 2x^3 + 5x + 2$

合成函数$f(x) = g(h(x))$的微分需要使用连锁律，如下所示：

$$\frac{\partial f(x)}{\partial x} = \frac{\partial f(h)}{\partial h} \frac{\partial h(x)}{\partial x}$$

上述连锁律基本上是从外向内一层一层地进行微分，首先是最外层函数的微分，然后是内层函数的微分，如下所示：

函数$g(x)$微分：$\frac{\partial f(h)}{\partial h} = 4h^3$

函数$h(x)$微分：$\frac{\partial h(x)}{\partial x} = 6x^2 + 5$

最后，我们可以使用连锁律执行$f(x)$函数的微分，如下所示：

$$\frac{\partial f(x)}{\partial x} = \frac{\partial f(h)}{\partial h} \frac{\partial h(x)}{\partial x} = (4h^3)(6x^2 + 5) = 4(2x^3 + 5x + 2)^3(6x^2 + 5)$$

3-3 深度学习的神经网络——构建计算图

深度学习的神经网络是一种图形结构，每一个顶点的神经元（感知器）执行矩阵相乘的非线性转换运算。换句话说，我们构建的深度学习神经网络，其结构就是一张执行第 3-4-2 节张量运算的计算图。

3-3-1 神经元

深度学习的神经网络基本上是模仿人类大脑的运作方式，将脑神经细胞的神经元模拟成人工神经元和感知器，感知器就是一种最简单的神经网络。

1. 脑神经细胞的神经元

人类的大脑十分复杂，据估计，大脑拥有超过 300 亿个使用各种方式连接的**神经元**，大脑能够通过神经元之间的连接来传递和处理信息（电子脉冲信号），可以让人类产生记忆、思考、计算和识别的能力，如图 3-15 所示。

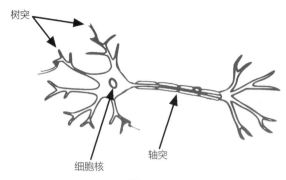

图3-15

图 3-15 中神经元细胞通过树状的多个**树突**（Dendrite）来接收其他神经元传来的电子脉冲信号，神经元的**轴突**（Axon）只有一个，不过，轴突远比树突长得多，用于输出脉冲信号给其他神经元。

换句话说，神经元拥有多个输入，但是只有一个输出，我们可以进一步抽象化脑神经细胞的神经元，如图 3-16 所示。

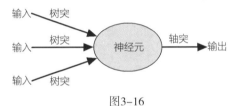

图3-16

图 3-16 中的神经元有多个电子脉冲信号的输入，一般来说，就算同时有多个信号输入，如果信号不够强，神经元也不会有任何输出。但是，当短时间有大量高强度信号输入时，神经元就会被激活，然后通过轴突向其他神经元输出电子脉冲信号。

2. 人工神经元

1943 年，Warren McCulloch 和 Walter Pitts 提出人工神经元的数学模型，这是模仿神经元依据输入信号的强弱来决定是否输出信号，以 1 或 0 的数值来代表信号，并且使用加权图形的权重来加权信号强度，在加总后，即可依据**阈值**（也称**临界值**）判断是否输出信号 1 或 0，如图 3-17 所示。

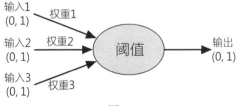

图3-17

上述输入的值是 0 或 1，权重是浮点数，如 2.5、3.0 或 –0.2 等，然后，我们可以计算出信号强度，如下所示：

信号强度 = 输入 1 × 权重 1+ 输入 2 × 权重 2+ 输入 3 × 权重 3

人工神经元的输出是判断加总后的信号强度是否大于或等于**阈值**（Thresholds），**以决定是否激活神经元**，其规则如下：

- 信号强度 ≥ 阈值 → 输出 1。
- 信号强度 < 阈值 → 输出 0。

　　权重（Weights）在神经网络中是一个相当重要的名词，其意思就相当于重要度或信赖度。例如，公司同事志明说最近上映的电影很好看，但同事春娇觉得并不怎么样，我决定晚上自己去看这部电影，看完后，觉得不怎么样，所以对同事志明的信赖度就会下降，下次再听到他说电影好看，就需要打个折扣（降低权重）；反之，对同事春娇的信赖度就会上升（提高权重）。

　　现在你如同是一个神经元，当决定同事志明和同事春娇的权重后，下次有一部新电影上映，依据两位同事的口碑，你就可以自行计算出信号强度是否**超过阈值**，相当于是否**激活神经元**，即可判断是否应该去看这一部电影。

3-3-2 感知器

感知器是 1957 年 Frank Rosenblatt 在康奈尔航空实验室（Cornell Aeronautical Laboratory）提出的一个可以模拟人类感知能力的机器，一种进化版的人工神经元和二元线性分类器。

1. 认识感知器

感知器是神经网络的基本组成元素，单一感知器就是一种最简单形式的二层神经网络，拥有输入层和输出层，如图 3-18 所示。

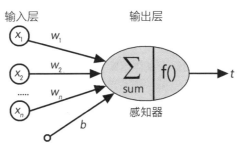

图3–18

上述感知器的输入向量是$[x_1, x_2, \cdots, x_n]$，每一个输入值都有对应的权重w_i，其权重向量是$[w_1, w_2, \cdots, w_n]$，我们需要计算每一个输入值乘以对应权重的总和，然后送至**启动函数**（Activation Function，或称为激活函数）来返回输出结果。感知器计算信号强度的公式如下：

$$z = \left(\sum_{i=1}^{n} w_i x_i\right) + b$$

其中，$\sum$是信号强度求和；最后加上 b，这是一个额外常量值，称为**偏移量**（Bias，或称为**偏量**），可以帮助我们更容易地求出解。

Tips　　　二元线性分类器简单地说就是使用一条线将数据分成两部分，这条线称为**决策边界**（Decision Boundary），偏移量可以让我们移动这条线来得到正确的分类结果，如图 3-19 所示。

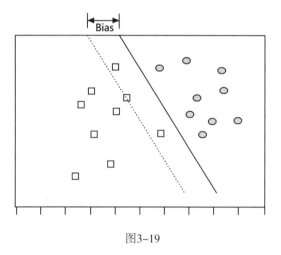

图3-19

图 3-19 中虚线是原来分类的决策边界，偏移量让这条线向右偏移以正确分类小圆形和正方形。

感知器图例的输出 t 是使用$f(n)$激活函数来判断是否激活神经元，如下所示：

$$t = f(z) = f\left(\left(\sum_{i=1}^{n} w_i x_i\right) + b\right)$$

上述激活函数在传统的感知器中是使用**阶梯函数**（Step Function），其定义如下：

$$f(x) \begin{cases} 1 & \text{如果 } wx + b > s \\ \\ 0 & \text{否则} \end{cases}$$

其中，s就是第 3-3-1 节人工神经元的阈值（Thresholds），传统感知器的最初设计是将阈值设为 0（阈值是一个门槛，我们可以自己指定这个门槛值）。如果大于阈值 s，就输出 1；否则输出 0。

2. 感知器示例：AND 逻辑门

数字电路 AND 逻辑门的功能如同程序语言的 AND 逻辑运算符，AND 逻辑门有两个输入（x_1 与 x_2）以及一个输出（out），其符号和真值表如图 3-20 所示。

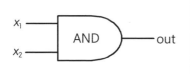

x_1	x_2	out
0	0	0
0	1	0
1	0	0
1	1	1

图3-20

我们准备使用感知器来实现 AND 逻辑门的输入和输出，如图 3-21 所示。

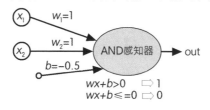

图3-21

图 3-21 中权重 w_1 和 w_2 的初值都是 1，偏移量 b 的初值是 –0.5，$f(n)$ 激活函数的阈值 s 是 0，依据真值表的 4 种输入 / 输出值，我们可以训练感知器来调整权重和偏向量，让 AND 逻辑门感知器可以符合前述的真值表，其训练过程如下。

（1）第一行输入值：$x_1=0$，$x_2=0$。

使用输入值、权重和偏移量计算感知器的信号强度，如下所示：

$$w_1x_1 + w_2x_2 + b = 1×0 + 1×0 + (-0.5) = -0.5$$

上述表达式的计算结果是 –0.5，因为值小于 0，所以输出 0，和真值表的输出 0 相同，输出正确，不用调整权重和偏移量。

（2）第二行输入值：$x_1=0$，$x_2=1$。

感知器信号强度的计算如下：

$$w_1x_1 + w_2x_2 + b = 1×0 + 1×1 + (-0.5) = 0.5$$

上述表达式的计算结果是 0.5，因为值大于 0，所以输出 1。与真值表的输出 0 不同，因为输出不正确，我们需要调整权重或偏移量。首先调整偏移量 b 值，增加 0.5 成为 0，然后重新计算感知器的信号强度，如下所示：

$$w_1 x_1 + w_2 x_2 + b = 1 \times 0 + 1 \times 1 + 0 = 1$$

上述表达式的计算结果是 1，比原来的 0.5 更大，因为值大于 0，所以输出 1，输出仍然不正确。很明显，因为我们增加 b 的值，同时也增加了信号强度。事实上，我们需要减小信号强度，让感知器不激活，而不是增加信号强度来激活感知器，所以需要减小偏移量 b 值，将 b 值减 0.5 成为 –1，然后重新计算感知器的信号强度，如下所示：

$$w_1 x_1 + w_2 x_2 + b = 1 \times 0 + 1 \times 1 + (-1) = 0$$

上述表达式的计算结果是 0，成功将信号强度从 0.5 降至 0，因为值等于 0，所以输出 0，和真值表的输出 0 相同，输出正确，不用再调整权重或偏移量。

现在，因为我们调整偏移量 b 的值为 –1，需要重新使用新的偏移量来计算第一行的感知器信号强度，如下所示：

$$w_1 x_1 + w_2 x_2 + b = 1 \times 0 + 1 \times 0 + (-1) = -1$$

上述表达式的计算结果是 –1，因为值小于 0，所以输出 0。与真值表的输出 0 相同，输出正确，偏移量 b 值的调整没有问题。

（3）第三行输入值：x_1=1，x_2=0。

目前偏移量 b 的值是 –1，感知器信号强度的计算如下所示：

$$w_1 x_1 + w_2 x_2 + b = 1 \times 1 + 1 \times 0 + (-1) = 0$$

上述表达式的计算结果是 0，因为值等于 0，所以输出 0。与真值表的输出 0 相同，输出正确，不用再调整权重和偏移量。

（4）第四行输入值：x_1=1，x_2=1。

目前偏移量 b 的值是 –1，感知器信号强度的计算如下所示：

$$w_1 x_1 + w_2 x_2 + b = 1 \times 1 + 1 \times 1 + (-1) = 1$$

上述表达式的计算结果是 1，因为值大于 0，所以输出 1。与真值表的输出 1 相同，输出正确，不用再调整权重和偏移量。

经过 4 次输入 / 输出数据的训练过程，我们可以找出 AND 逻辑门感知器的权重 w_1=1、w_2=1 和偏移量 b=–1，如图 3-22 所示。

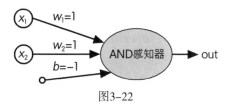

图3-22

本节我们是以手动方式来调整权重和偏移量，其目的是说明感知器的学习过程，这就是第 3-1-3 节介绍的观念，我们是在调整深度学习函数集的参数。

注意，在第 2 章曾经说过机器学习能够自己从数据中学习，以深度学习来说，就是使用第 4 章的**反向传播**（Backpropagation）来自动调整权重和偏移量。

3. 使用 Python 实现感知器

现在，我们已经找出 AND 逻辑门感知器的权重和偏移量，接着我们可以使用 Python 实现 Perceptron 类别的 AND 逻辑门感知器（Ch3_3_2.py），如下所示：

```python
import numpy as np


class Perceptron:
    def __init__(self, input_length, weights=None, bias=None):
        if weights is None:
            self.weights = np.ones(input_length) * 1
        else:
            self.weights = weights
        if bias is None:
            self.bias = -1
        else:
            self.bias = bias

    @staticmethod
    def activation_function(x):
        if x > 0:
            return 1
        return 0

    def __call__(self, input_data):
        weighted_input = self.weights * input_data
        weighted_sum = weighted_input.sum() + self.bias
        return Perceptron.activation_function(weighted_sum)
```

上述 Perceptron 类声明的 __init__()（实际输入时是两个短下划线，读者学习时请注意。余同。）构造函数初始输入值的数量、权重和偏移量，activation_function() 函数就是激活函数的静态方法（使用 @staticmethod 修饰），__call__() 函数可以让对象实例如同函数方式来调用，在计算出加总的信号强度后，调用激活函数返回感知器输出值。

在初始化权重和偏移量的变量后，创建 Perceptron 对象 AND_Gate，如下所示：

```
weights = np.array([1, 1])
bias = -1
AND_Gate = Perceptron(2, weights, bias)

input_data = [np.array([0, 0]), np.array([0, 1]),
              np.array([1, 0]), np.array([1, 1])]
for x in input_data:
    out = AND_Gate(np.array(x))
    print(x, out)
```

上述 input_data 变量是 4 种输入值的列表，for 循环调用 AND 逻辑门感知器 AND_Gate() 函数（即调用 __call__() 函数）来输出结果，其执行结果就是 AND 逻辑运算符的真值表，如下所示：

```
[0 0] 0
[0 1] 0
[1 0] 0
[1 1] 1
```

4. 感知器示例：OR 逻辑门

同理，我们可以创建 OR 逻辑门感知器，其符号和真值表如图 3-23 所示。

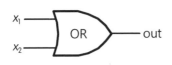

x_1	x_2	out
0	0	0
0	1	1
1	0	1
1	1	1

图3-23

依据 4 种输入 / 输出值，我们可以找出 OR 逻辑门感知器的权重 w_1=1、w_2=1 和偏移量 b= -0.5，如图 3-24 所示。

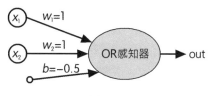

图3-24

Python 程序 Ch3_3_2a.py 使用相同的 Perceptron 类别，只是指定不同的权重和偏移量来创建对象实例 OR_Gate，如下所示：

```
......
weights = np.array([1, 1])
bias = -0.5
OR_Gate = Perceptron(2, weights, bias)
input_data = [np.array([0, 0]), np.array([0, 1]),
             np.array([1, 0]), np.array([1, 1])]
for x in input_data:
    out = OR_Gate(np.array(x))
    print(x, out)
```

上述 input_data 变量是 4 种输入值的列表，for 循环调用 OR 逻辑门感知器 OR_Gate() 函数（即调用 __call__() 函数）来输出结果，其执行结果就是 OR 逻辑运算符的真值表，如下所示：

```
[0 0] 0
[0 1] 1
[1 0] 1
[1 1] 1
```

用同样的方式我们可以创建 NAND 和 NOR 逻辑门感知器，这部分的操作留在习题部分让读者自行练习。

3-3-3 深度学习的神经网络种类

在了解了感知器是如何学习解决问题后，为了解决更复杂的问题，一个感知器不够用，我们需要将多个感知器组合成单一层的神经层（如同生日蛋糕的一层），然后将多个神经层连接起来创建成神经网络（多层生日蛋糕），如图 3-25 所示。

3

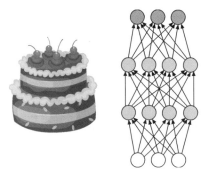

图3-25

图 3-25 是深度学习的**类神经网络,**是将第 3-1-2 节的图 3-4 逆时针转了 90°, 最下方是输入层,中间是两层隐藏层,最上方是输出层。

因为生日蛋糕的每一层有不同的口味(不同功能的感知器)和尺寸(感知器的数量),神经网络针对不同的问题也有多种不同的排列组合,本书内容会详细说明深度学习一定需要知道和了解的几种主要神经网络结构,其简单说明如下。

 请注意! 类神经网络 ANNs 是一个泛称,如同一把大雨伞,所有各种不同种类的神经网络都是一种类神经网络,位于这把大雨伞之下,如图 3-26 所示。

图3-26

1. 多层感知器

多层感知器(Multilayer Perceptron,MLP)就是传统类型的类神经网络,可以用来处理传统机器学习的分类与回归问题。多层感知器也是一种前馈神经网络(Feedforward Neural Network,FNN),前馈神经网络是指从输入层向输出层单向传播的神经网络。

基本上,多层感知器是扩充第 3-3-2 节的感知器,增加一层隐藏层来解决感知器无法处理的线性不可分问题(详见第 4 章的说明),如果多层感知器有两层隐藏层(整个超过 4 层),这个多层感知器就是一种**深度神经网络(DNN)**。在多层感知器的数据输入输入层后,接着是一至多层的隐藏层,最后从输出层输出结果如图 3-27 所示。

3

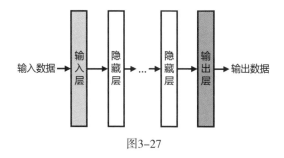

图3-27

2. 卷积神经网络

卷积神经网络（Convolutional Neural Network，CNN）是模仿人脑视觉处理局部的神经回路，对图像识别有卓越的效能，如同人类的视觉般能够对所见之物进行区分，也是一种前馈神经网络，如进行分类图片、人脸识别和手写识别等。

当图像数据输入卷积神经网络的输入层后，使用多组**卷积层**（Convolution Layers）和**池化层**（Pooling Layers）来自动提取图像特征，再送入**全连接层**，最后在输出层输出图像处理结果，如图 3-28 所示。

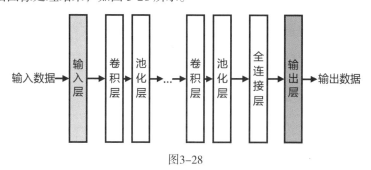

图3-28

3. 循环神经网络

循环神经网络（Recurrent Neural Network，RNN）是一种处理声音、语言和视频等序列数据的神经网络，基本上，循环神经网络是一种**拥有短期记忆能力的神经网络**。例如，一篇文章在取样后，将特征数据输入循环神经网络，循环神经网络可以凭借短期记忆能力来学习各单字之间的关系，了解文章脉络，并且进行文章内容的预测，如图 3-29 所示。

图 3-29 中的隐藏层拥有圆形箭头结构，可以让前一次的输出成为下一次的输入，让学习成果保留至下一次，如此神经网络就拥有记忆能力，不过，因为结构上的缺失，RNN 只拥有短期记忆能力，没有长期记忆能力，在实战上已经被后继改良的 LSTM 和 GRU 神经网络所取代。

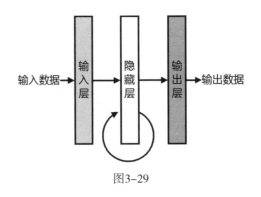

图3-29

3-4 深度学习的数据 —— 张量

现在，我们已经知道神经网络就是一张使用感知器作为计算单元所组成的图形结构，一张说明如何执行运算（张量运算）的计算图，当构建好计算图后，我们需要将数据送进神经网络来进行学习，这是一种多维度的数组数据，称为**张量**（Tensors）。

3-4-1 张量的种类

一般来说，所有机器学习（包含深度学习）都使用张量作为基本数据结构，也就是我们送入机器学习进行学习的特征数据。张量是一个数据容器，正确地说，张量是一种数值数据的容器，如第 3-2-2 节的向量和矩阵，向量是一维张量，矩阵是二维张量。

以程序语言来说，张量就是不同大小维度（Dimension），也称为**轴**（Axis）的多维数组，其基本**形状**（Shape）如下所示：

```
（样本数，特征 1，特征 2,……）
```

上述逗号分隔的是维度，第 1 维是样本数，即输入神经网络训练的数据数，之后是数据特征数的维度，视处理问题而不同。例如，图片数据是 4 维张量，拥有 3 个特征（宽、高和色彩数），如下所示：

```
（样本数，宽，高，色彩数）
```

上述张量的维度数是 4，也称为**轴数**，或称为**等级**（Rank）。

1. 零维张量

零维张量就是**纯量值**（Scalar）（也称为标量），或称为**纯量值张量**（Scalar Tensor），以 NumPy 来说，零维张量就是 float32 或 float64 的数值数据（Python 程序 Ch3_4_1.py），如下所示：

```
import numpy as np


x = np.array(10.5)
print(x)
print(x.ndim)
```

上述代码创建值为 10.5 的纯量值，从其执行结果可以看到一个纯量值 10.5，轴数是 0（ndim 属性），如下所示：

```
10.5
0
```

2. 一维张量

一维张量就是向量，即一个维度的一维数组（Python 程序 Ch3_4_1a.py），如下所示：

```
x = np.array([1.2, 5.5, 8.7, 10.5])
print(x)
print(x.ndim)
```

上述代码使用列表（List，或称为清单）创建 4 个元素的一维数组，从其执行结果可以看到一维数组的向量共有 4 个元素，轴数是 1（ndim 属性），如下所示：

```
[ 1.2  5.5  8.7 10.5]
1
```

3. 二维张量

二维张量就是矩阵，即维度为 2 的数组，有 2 个轴（Python 程序 Ch3_4_1b.py），如下所示：

```
x = np.array([[1.2, 5.5, 8.7, 8.5],
```

```
                    [2.2, 4.3, 6.5, 9.5],
                    [6.2, 7.3, 1.5, 3.5]])
print(x)
print(x.ndim)
print(x.shape)
```

上述代码使用嵌套列表创建二维数组，从其执行结果可以看到一个一维的向量，每一个元素是一个向量，轴数是 2（ndim 属性），最后显示形状（shape 属性），如下所示：

```
[[1.2 5.5 8.7 8.5]
 [2.2 4.3 6.5 9.5]
 [6.2 7.3 1.5 3.5]]
2
(3, 4)
```

上述执行结果中最后的 (3, 4) 是形状，第 1 个是行（Rows），第 2 个是列（Columns），简单地说，此特征数据共有 3 个样本，每一个样本是一个一维数组，拥有 4 个特征值。

简单地说，二维张量就是一个一维的向量（每一行）。第 1 个轴是样本数，第 2 个轴是一维数组的特征值，也就是说，每一个样本是一个向量。一些真实特征数据的示例如下：

- 全球跨国公司的员工数据，包含年龄、国家 / 地区和薪水，每一位员工的数据是一个 3 个元素的向量，如果公司有 10000 名员工，就是二维张量 (10000, 3)。
- 学校的线上文件库中共有 500 篇文章，如果我们需要计算 5000 个常用字的出现频率，每一篇文章可以编码成 5000 个出现频率值的向量，整个线上文件库是二维张量 (500, 5000)。

4. 三维张量

三维张量就是 3 个维度的三维数组，即一维的矩阵，每一个元素是一个矩阵，共有 3 个轴（Python 程序 Ch3_4_1c.py），如下所示：

```
x = np.array([[[1.2, 5.5, 3.3],
               [8.7, 8.5, 4.4]],
              [[2.2, 4.3, 5.5],
               [6.5, 9.5, 6.6]],
              [[6.2, 7.3, 7.7],
               [1.5, 3.5, 8.8]]])
print(x)
```

```
print(x.ndim)
print(x.shape)
```

上述代码使用嵌套列表创建三维数组,从其执行结果可以看到轴数是 3(ndim 属性),最后显示形状(shape 属性),如下所示:

```
[[[1.2 5.5 3.3]
  [8.7 8.5 4.4]]

 [[2.2 4.3 5.5]
  [6.5 9.5 6.6]]

 [[6.2 7.3 7.7]
  [1.5 3.5 8.8]]]
3
(3, 2, 3)
```

三维张量就是一维的矩阵,对于真实的特征数据来说,通常是特征数据拥有**时间间距**(Timesteps)和循序性,如图 3-30 所示。

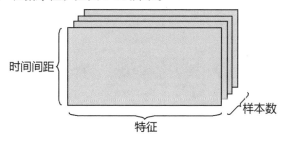

图3-30

上述特征数据的第 1 个轴是样本数,第 2 个轴是时间间距,第 3 个轴是特征值。例如,台积电的股价数据集,我们收集了前 1000 天的股价信息,在每一个交易日共有 240 分钟,每一分钟有 3 个价格,即当前价格、最高价和最低价,所以,每一天是一个二维张量(240, 3),整个数据集是三维张量(1000, 240, 3)。

5. 四维张量

四维张量就是 4 个维度的四维数组,共有 4 个轴,真实的特征数据图片就是一种四维张量,如图 3-31 所示。

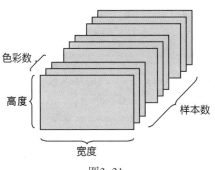

色彩数

高度

样本数

宽度

图3-31

图3-31中每一张图片是一个三维张量（宽度，高度，色彩数），宽度和高度特征是用来定位每一个像素，整个图片集是四维张量（样本数，宽度，高度，色彩数）。例如，100 张 256×256 像素的彩色图片，每一个像素的色彩数是 RGB 三原色，四维张量是（100, 256, 256, 3），如果是 128 阶的灰阶图片，四维张量是（100, 256, 256, 1）。

6. 五维张量与更高维度的张量

同理，五维张量是 5 个维度的五维数组，共有 5 个轴，更高维度拥有更多轴，以五维张量来说，真实的特征数据视频就是一种五维张量，比图片多了一个轴，即每一秒有多少个**画面**（Frames），如下所示：

（样本数，画面数，宽度，高度，色彩数）

例如，一部 256×144 的影片，每秒有 240 个画面，现在有 10 部影片，其五维张量是（10, 240, 256, 144, 3）。

3-4-2 张量运算

感知器输出 t 是一个张量运算的表达式结果，最后使用激活函数 $f()$ 判断是否激活神经元 / 感知器，如下所示：

$$t = f(z) = f\left(\left(\sum_{i=1}^{n} w_i x_i\right) + b\right)$$

其中，$w_i x_i$ 是张量的点积运算；$+b$ 是张量加法。换句话说，神经网络就是使用张量运算，从输入数据开始，一层神经层接着一层神经层逐步计算出神经网络的输出结果。

1. 逐元素运算

逐元素运算（Element-Wise Operations）是指运算套用在每一个张量的元素，可以执行张量的加、减、乘、除四则运算，以二维张量（即矩阵）为例，二维张量的对应元素可以执行加、减、乘、除的四则运算。

我们准备使用加法的张量运算为例，例如，二维张量 a 有元素 $a1 \sim a4$，s 有元素 $s1 \sim s4$，公式如下：

$$a = \begin{bmatrix} a1, a2 \\ a3, a4 \end{bmatrix} \qquad a = \begin{bmatrix} 1, 2 \\ 3, 4 \end{bmatrix}$$

$$s = \begin{bmatrix} s1, s2 \\ s3, s4 \end{bmatrix} \qquad s = \begin{bmatrix} 5, 6 \\ 7, 8 \end{bmatrix}$$

$$c = a + s = \begin{bmatrix} a1 + s1, a2 + s2 \\ a3 + s3, a4 + s4 \end{bmatrix} \qquad c = a + s = \begin{bmatrix} 1 + 5, 2 + 6 \\ 3 + 7, 4 + 8 \end{bmatrix}$$

上述加法运算过程产生张量 c，其元素是张量 a 的元素加上张量 s 的对应元素（Python 程序 Ch3_4_2.py），如下所示：

```
a = np.array([[1, 2], [3, 4]])
print("a=")
print(a)
s = np.array([[5, 6], [7, 8]])
print("s=")
print(s)
b = a + s
print("a+s=")
print(b)
b = a - s
print("a-s=")
print(b)
b = a * s
print("a*s=")
print(b)
b = a / s
print("a/s=")
print(b)
```

上述程序代码中变量 a 和 s 是 NumPy 二维数组的二维张量，我们可以使用运算符 +、-、*、/ 进行二维张量的四则运算，其执行结果如下所示：

```
a=
[[1 2]
 [3 4]]
s=
[[5 6]
 [7 8]]
a+s=
[[ 6  8]
 [10 12]]
a-s=
[[-4 -4]
 [-4 -4]]
a*s=
[[ 5 12]
 [21 32]]
a/s=
[[ 0.2         0.33333333]
 [ 0.42857143  0.5        ]]
```

2. 点积运算

点积运算是两个张量对应元素的行和列的乘积和，例如，使用之前相同的两个二维张量来执行点积运算，公式如下：

$$a = \begin{bmatrix} a1, & a2 \\ a3, & a4 \end{bmatrix}$$

$$s = \begin{bmatrix} s1, & s2 \\ s3, & s4 \end{bmatrix}$$

$$c = a \cdot s = \begin{bmatrix} a1s1 + a2s3, & a1s2 + a2s4 \\ a3s1 + a4s3, & a3s2 + a4s4 \end{bmatrix}$$

上述二维张量 *a* 和 *s* 的点积运算结果是另一个二维张量（Python 程序 Ch3_4_2a. py），如下所示：

```
a = np.array([[1, 2], [3, 4]])
print("a=")
print(a)
s = np.array([[5, 6], [7, 8]])
print("s=")
print(s)
b = a.dot(s)
print("a.dot(s)=")
print(b)
```

上述程序代码中变量 a 和 s 是 NumPy 二维数组的张量，点积运算是 a.dot(s) 函数，其执行的表达式如下：

$$\begin{bmatrix} 1\times5+2\times7, 1\times6+2\times8 \\ 3\times5+4\times7, 3\times6+4\times8 \end{bmatrix}$$

上述运算结果的二维张量是点积运算结果，其执行结果如下所示：

```
a=
[[1 2]
 [3 4]]
s=
[[5 6]
 [7 8]]
a.dot(s)=
[[19 22]
 [43 50]]
```

课后检测

1. 请简单说明什么是深度学习，深度学习能做什么。
2. 请回答什么是数据结构的图形结构。
3. 请使用图例说明向量和矩阵是什么，如何表示向量和矩阵。
4. 请举例说明什么是微分、偏微分和连锁律。
5. 请回答什么是神经网络、神经元、人工神经元、感知器。
6. 请简单说明主要的神经网络结构有哪几种。
7. 请参考第 3-3-2 节的内容创建 NAND 和 NOR 逻辑门感知器和 Python 程序，其真值表如图 3-35 所示。

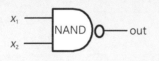

x_1	x_2	out
0	0	1
0	1	1
1	0	1
1	1	0

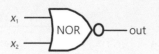

x_1	x_2	out
0	0	1
0	1	0
1	0	0
1	1	0

图3-35

8. 请说明什么是张量，张量的种类有哪些以及如何执行张量运算。

第4章

图解神经网络——多层感知器

4-1 线性不可分问题

　　第 3 章介绍的单一感知器有一个大问题，就是无法解决线性不可分问题，简单地说，线性不可分问题就是不能用一条线将数据分成两类的问题。首先让我们来看一看什么是线性可分问题，例如，第 3-3-2 节的 OR 逻辑门感知器，如图 4-1 所示。

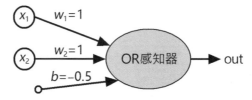

图4-1

上述 OR 逻辑门感知器的输入和输出值，即真值表，如图 4-2 所示。

x_1	x_2	out
0	0	0
0	1	1
1	0	1
1	1	1

图4-2

　　将输入值看成坐标 (x_1, x_2)，输出值 0 和 1 分成两类 A 和 B，A 是方形图示，B 是圆形图示，如图 4-3 所示。

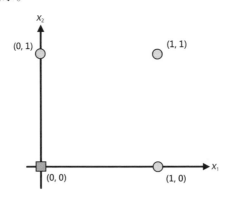

图4-3

图 4-2 中可以使用一条线 $x_1 + x_2 - 0.5 = 0$ 将 4 个点分成两类，3 个圆形图示是一

类，一个方形图示是一类，这是线性可分问题，如图 4-4 所示。

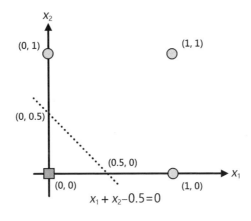

图4-4

如果有两个圆形图示和两个方形图示，但是，我们无法使用一条线来分成两类，这种问题就是线性不可分问题，如图 4-5 所示。

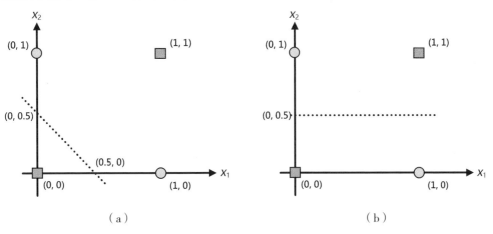

图4-5

上述问题不论是斜线还是水平线都无法使用一条线来进行分类，换句话说，使用单一感知器并无法解决这种问题，因此我们需要使用多层感知器来解决线性不可分问题。

4-2 认识多层感知器

多层感知器事实上就是神经网络，本节将介绍如何使用多层感知器来解决 XOR

问题、构建神经网络的基本准则，了解每一层神经层的功能是在进行空间坐标的数据转换。

4-2-1 使用二层感知器解决 XOR 问题

第 4-1 节谈到的线性不可分问题针对的就是 XOR 逻辑门感知器，在第 3 章我们已经创建了 AND 和 OR 逻辑门感知器，现在，我们准备使用二层感知器来实现 XOR 逻辑门。

1. 感知器实示例：XOR 逻辑门

XOR 逻辑门有两个输入 x_1 与 x_2，和一个输出 out，其符号和真值表如图 4-6 所示。

x_1	x_2	out
0	0	0
0	1	1
1	0	1
1	1	0

图4-6

在绘出 x_1 轴和 x_2 轴的各点坐标后，很明显地，我们无法使用单一感知器来实现 XOR 逻辑门，因为一条线不够，我们需要两条线才能分成两类，如图 4-7 所示。

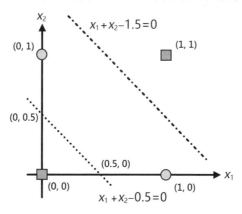

图4-7

上述坐标中有两条线，下方 $x_1 + x_2 - 0.5 = 0$ 是 OR 逻辑门，上方 $x_1 + x_2 - 1.5 = 0$ 是另一条线，位于两条线之外是方形图示，之内是圆形图示，如下所示：

```
h1(x1, x2)=x1+x2-0.5
```

```
h2(x1, x2)=x1+x2-1.5
```

上述两个 h1() 和 h2() 函数就是两个感知器的 *wx+b* 权重表达式，我们可以分别通过两个感知器来产生新的输出，首先是 h1() 函数，如下所示：

```
h1(0, 0)=f(1*0+1*0-0.5)=f(-0.5)=0
h1(0, 1)=f(1*0+1*1-0.5)=f(0.5)=1
h1(1, 0)=f(1*1+1*0-0.5)=f(0.5)=1
h1(1, 1)=f(1*1+1*1-0.5)=f(1.5)=1
```

然后是 h2() 函数，如下所示：

```
h2(0, 0)=f(1*0+1*0-1.5)=f(-1.5)=0
h2(0, 1)=f(1*0+1*1-1.5)=f(-0.5)=0
h2(1, 0)=f(1*1+1*0-1.5)=f(-0.5)=0
h2(1, 1)=f(1*1+1*1-1.5)=f(0.5)=1
```

现在，我们可以创建新函数 o1(h1, h2) 来绘出各点坐标，从 (x1, x2) 转换成 o1(h1, h2) 的新坐标，如下所示：

```
(x1, x2)=(0, 0) → o1(h1, h2)=(0, 0)
(x1, x2)=(0, 1) → o1(h1, h2)=(1, 0)
(x1, x2)=(1, 0) → o1(h1, h2)=(1, 0)
(x1, x2)=(1, 1) → o1(h1, h2)=(1, 1)
```

上述 (0,1) 和 (1,0) 两个点都是转换成 (1,0)，所以最后剩下 3 个点，如图 4-8 所示。

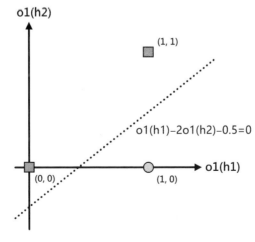

图4-8

图 4-8 显示的是转换后的坐标，现在，我们可以画一条线将 3 个点分成两类，换句话说，我们是将两个感知器的输出作为下一层感知器的输入，如图 4-9 所示。

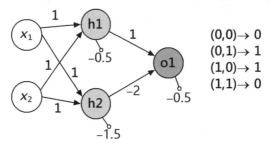

图4-9

图 4-9 是 XOR 逻辑门的二层感知器，在边线上的数值是权重，顶点下方是偏移量（手动推导过程请参考第 3-3-2 节），其输出结果的运算过程如下所示：

(x1, x2)=(0, 0) → o1(h1, h2)=(0, 0) → f(1*0-2*0-0.5)=f(-0.5)=0

(x1, x2)=(0, 1) → o1(h1, h2)=(1, 0) → f(1*1-2*0-0.5)=f(0.5)=1

(x1, x2)=(1, 0) → o1(h1, h2)=(1, 0) → f(1*1-2*0-0.5)=f(0.5)=1

(x1, x2)=(1, 1) → o1(h1, h2)=(1, 1) → f(1*1-2*1-0.5)=f(-1.5)=0

看懂了吗？虽然最初 (x1, x2) 的 4 个点无法分成两类，但是，我们可以使用一层感知器来转换坐标，如果一层不行，再加一层，最后转换成的新坐标，就可以使用一条线来分成两类。

2. 使用 Python 实现二层感知器

同样地，我们可以修改第 3 章的 Perceptron 类，创建 3 个对象实例 h1、h2 和 o1 来实现 XOR 逻辑门的二层感知器（Ch4_2_1.py），如下所示：

```
class Perceptron:
    def __init__(self, input_length, weights=None, bias=None):
        if weights is None:
            self.weights = np.ones(input_length) * 1
        else:
            self.weights = weights
        if bias is None:
            self.bias = -1
        else:
            self.bias = bias
```

```
    @staticmethod
    def activation_function(x):
        if x > 0:
            return 1
        return 0

    def __call__(self, input_data):
        w_input = self.weights * input_data
        w_sum = w_input.sum() + self.bias
        return Perceptron.activation_function(w_sum), w_sum
```

上述 Perceptron 类修改 __call__() 函数多返回 wx+b 计算结果 w_sum，在下方初始化权重和偏移量后，创建 Perceptron 对象 h1、h2 和 o1，如下所示：

```
weights = np.array([1, 1])
bias = -0.5
h1 = Perceptron(2, weights, bias)


weights = np.array([1, 1])
bias = -1.5
h2 = Perceptron(2, weights, bias)


weights = np.array([1, -2])
bias = -0.5
o1 = Perceptron(2, weights, bias)


input_data = [np.array([0, 0]), np.array([0, 1]),
              np.array([1, 0]), np.array([1, 1])]
for x in input_data:
    out1, w1 = h1(np.array(x))
    out2, w2 = h2(np.array(x))
    new_point = np.array([w1, w2])
    new_input = np.array([out1, out2])
    out, w = o1(new_input)
    print(x, new_point, new_input, out)
```

上述 for 循环调用 h1() 和 h2() 函数返回两个感知器的输出结果和 wx+b 的值, 然后将输出结果 out1 和 out2 创建成数组作为 Perceptron 对象 o1 的输入, 其执行结果就是 XOR 逻辑门的真值表, 如下所示:

```
[0 0] [-0.5 -1.5] [0 0] 0
[0 1] [ 0.5 -0.5] [1 0] 1
[1 0] [ 0.5 -0.5] [1 0] 1
[1 1] [1.5 0.5] [1 1] 0
```

上述执行结果的第 1 列是输入值, 第 2 列是第 1 层感知器 wx+b 的计算结果, 然后是 f(wx+b) 激活函数转换的新坐标, 最后是第 2 层感知器的输出结果。

4-2-2　多层感知器就是神经网络

第 4-2-1 节创建的是二层 XOR 逻辑门感知器, 其中第 1 层感知器就是隐藏层, 加上前后的输入层和输出层, 这就是一种 3 层神经网络, 如图 4-10 所示。

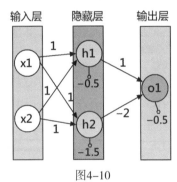

图4-10

1. 深度神经网络

如果多层感知器有两层隐藏层共 4 层神经网络, 这就是第 3 章介绍的深度神经网络, 即深度学习, 如图 4-11 所示。

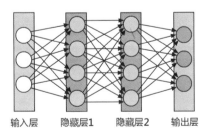

输入层　　隐藏层1　　隐藏层2　　输出层

图4-11

上述神经网络的每一层神经层, 其每一个顶点都会连接下一层的所有顶点, 称为**全连接**（Full Connected）, 这种神经层称为**密集层**（Dense Layer）, 而这种神经网络称为**密集连接神经网络**（Dense Connected Neural Network）。

2. 构建神经网络

神经网络输入层的神经元数量需要根据数据集的特征数而定（为了方便介绍，本书后面提到的神经元，就是指感知器）。输出层的神经元数量视输出结果和解决的问题而定。

- **回归问题**：使用一个神经元。
- **二元分类问题**：使用一个或两个神经元。例如，XOR 逻辑门可以使用一个神经元，也可以使用两个神经元（其标签数据需使用第 4-6-1 节的 One-hot 编码）。
- **多元分类问题**：神经元数量视分成几类而定，5 类是 5 个，10 类是 10 个。例如，识别手写数字图片 0~9，因为有 10 类，需使用 10 个神经元。

神经网络构建的最大问题在隐藏层，我们需要决定有几层隐藏层和每一层隐藏层有几个神经元，在实战上，神经网络的隐藏层和神经元数量需视问题和数据集而定，并没有标准答案，只有一些准则可供参考。

- 每一个隐藏层的神经元数量建议是一致的。
- 隐藏层的神经元位于输入层和输出层之间。
- 隐藏层的神经元数量应该是 2/3 输入层的神经元数再加上输出层的神经元数。
- 隐藏层的神经元数量应该少于 2 倍的输入层神经元数。

为了方便说明，本书构建的神经网络并没有完全符合上述准则。

3. 再谈神经网络的权重与偏移量

现在回到 XOR 二层感知器，我们在第 4-2-1 节已经找出一组权重和偏移量，事实上，我们可以找出的解不止一个，还能找出更多组不同的权重和偏移量值（如同函数有多个解）。我们可以结合 OR、NAND 和 AND 逻辑门来创建 XOR 二层感知器，如图 4-12 所示。

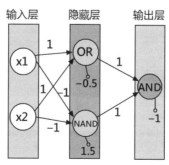

图4–12

图 4-12 中的 OR 和 AND 逻辑门使用的是第 3 章示例的权重和偏移量，NAND 逻

辑门见第 3 章的习题，其权重分别是 –1 和 –1，偏移量是 1.5，Python 程序 Ch4_2_2.py 使用和第 4-2-1 节相同的 Perceptron 类，如下所示：

```
...
weights = np.array([1, 1])
bias = -1
AND_Gate = Perceptron(2, weights, bias)

weights = np.array([-1, -1])
bias = 1.5
NAND_Gate = Perceptron(2, weights, bias)

weights = np.array([1, 1])
bias = -0.5
OR_Gate = Perceptron(2, weights, bias)
input_data = [np.array([0, 0]), np.array([0, 1]),
              np.array([1, 0]), np.array([1, 1])]
for x in input_data:
    out1, w1 = OR_Gate(np.array(x))
    out2, w2 = NAND_Gate(np.array(x))
    new_point = np.array([w1, w2])
    new_input = np.array([out1, out2])
    out, w = AND_Gate(new_input)
    print(x, new_point, new_input, out)
```

上述 for 循环分别调用 OR_Gate() 和 NAND_Gate() 函数返回感知器的输出结果，即 wx+b 的值，然后用输出结果 out1 和 out2 创建成阵列作为 Perceptron 对象 AND_Gate 的输入，其执行结果就是 XOR 逻辑门的真值表，如下所示：

```
[0 0] [-0.5 -1.5] [0 0] 0
[0 1] [ 0.5 -0.5] [1 0] 1
[1 0] [ 0.5 -0.5] [1 0] 1
[1 1] [1.5 0.5] [1 1] 0
```

深度学习的神经网络通常都拥有多层神经层和众多神经元，权重和偏移量就是神经网络的参数（Parameters），是一种多变量的数学函数，也是一种高维度空间，我们不可能直接解数学函数来找出解，更不可能手动来找出解，以深度学习的神经网络来说，就是

4

使用反向传播算法和梯度下降法来找出最佳的神经网络参数，详见第 4-5 节的介绍。

4-2-3 深度学习的几何解释

在第 4-2-1 节的 XOR 问题中，隐藏层有两个神经元，以几何学来说，深度学习就是一种平面坐标的转换，如果问题更复杂，隐藏层有 3 个神经元，就是空间坐标的转换，深度学习的神经层如果超过 3 个神经元，就是一种高维度空间坐标的转换。

现在，我们可以使用三维空间来说明深度学习，想象手上有红色和蓝色两张正方形色纸，将两张色纸先弄皱，再相互卷起滚成一个小纸球，这个小纸球就是深度学习的输入数据。很明显，这是一个分类问题，我们需要将小纸球分成红色和蓝色两类。

神经网络的工作就是转换这个小纸球，还原成原始状态的两张色纸，深度学习是使用多个神经层构建的神经网络来转换 三维空间，每一层神经层转换一些数据，一层一层转换下去，直到小纸球转换成红色与蓝色的两张色纸，如同使用手指来慢慢打开这个小纸球，一步一步逐渐摊平展开成两张色纸，如图 4-13 所示。

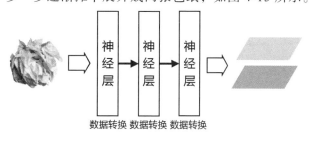

图4-13

4-3 神经网络的学习过程——正向与反向传播

现在，我们已经了解了什么是神经网络，但是，到目前为止我们都是手动找出权重和偏移量，不要忘了机器学习可以自行从数据中学习，下面就来看一看神经网络是如何自行学习的。

4-3-1 神经网络的学习方式与学习目标

神经网络的学习目标就是找出正确的权重值来缩小**损失**（Loss，也就是实际值与预测值之间的差距），为了方便说明，在本书谈到权重，默认都包含偏移量，这些权重也称为神经网络的**参数**，如图 4-14 所示。

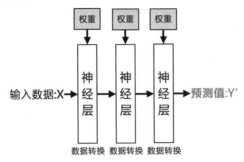

图4-14

上述神经网络的输入值 X，在经过每一层 $f(wx+b)$ 数据转换的计算后，可以得到**预测值 Y'**（Predictions Y'），因为是监督式学习，输入数据 X 有对应的**真实目标值 Y**（True Targets Y），也称为标签，我们可以使用**损失函数**（Loss Function）计算 Y'和 Y 之间差异的**损失分数**（Loss Score），即可使用**优化器**（Optimizer）来更新权重，以便缩小预测值与目标值之间的差异，如图 4-15 所示。

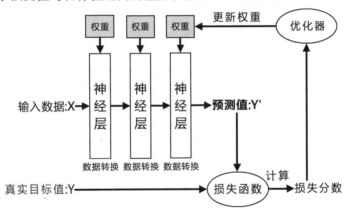

图4-15

图 4-15 就是神经网络的学习方式，学习目标是找出更好的权重来尽量减少损失分数，其最优结果是让预测值符合目标值。

4-3-2 神经网络的训练循环

基本上，神经网络可以自行使用数据来自我训练，这个训练步骤不是只进行一次，而是一个**训练循环**（Training Loop），其需要重复输入数据来训练很多次，也称为**迭代**（Iterations）。一般来说，训练循环会进行到训练出最优的预测模型为止。

在神经网络的训练循环可以分为**正向传播**（Forward Propagation）、**评估损失**（Estimate the Loss）和**反向传播**（Backward Propagation）三大阶段，如图 4-16 所示。

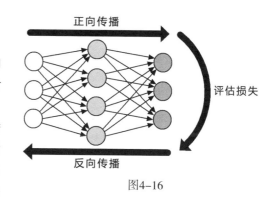

图4-16

图 4-16 的输入数据经过正向传播计算出**预测值**，在与**真实目标值**比较后计算出损失，接着使用反向传播计算出每一层神经层的错误比例，即可使用梯度下降法来更新权重。

因为神经网络本身是一张计算图，决定如何从输入数据计算出预测值，并反过来计算各层权重的更新比例。事实上，整个训练循环的步骤都是围绕着权重的初始化、使用和更新操作，如图 4-17 所示。

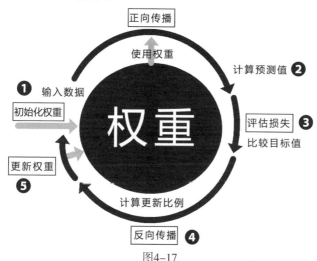

图4-17

上述训练循环会一直重复执行，直到符合一定条件才会停止训练循环，其步骤如下所示。

Step 1 **初始化权重。**

整个训练循环是从初始化权重开始，通常是使用**随机数**来初始化每一层的权重，简单地说，这些权重就是神经网络的参数。

Step 2 **使用正向传播计算预测值。**

现在，我们才真正进入神经网络的训练循环，使用输入数据以正向传播的方式，通过整个神经网络来计算出预测值，我们需要使用目前的权重来计算出这些预测值，使用的是 $f(wx+b)$，wx 是点积运算，$f()$ 是激活函数。

请注意！通常训练的数据集（Dataset）十分庞大，我们每一次只会使用**批次**（Batch）的部分样本数据来进行训练，当整个数据集都通过一次正向和反向传播阶段的神经网络，即称为一个**训练周期**（Epoch），在第 4-6-2 节会有进一步的说明。

Step 3 **评估预测值与真实值误差的损失。**

在经过正向传播计算出预测值后，使用**损失函数**计算这些预测值和真实目标值之间的误差，依据不同问题，可以使用不同的损失函数进行计算，详见第 4-4-2 节的说明。

Step 4 **使用反向传播计算更新权重的比例。**

当使用损失函数计算出损失分数后，我们可以使用连锁律和偏微分反向从输出层到输入层，使用反向传播计算出每一层神经网络的权重所造成的损失比例，即**梯度**。

Step 5 **更新权重继续下一次训练。**

在使用反向传播计算出各层权重的梯度后，就可以使用**梯度下降法**更新权重，也就是更新整个神经网络的参数，来减少整体损失并创建出更好的预测模型。最后，我们可以使用更新参数进行下一次训练，即重复 Step 2~Step 5 直到训练出最佳的预测模型。

事实上，上述神经网络训练循环的 Step 2 ~ Step 5 就是著名的**反向传播算法**，第 4-5-2 节有进一步的说明。

4-3-3 神经网络到底学到了什么

当我们在训练神经网络时，并不是进行越多次训练循环就越能够训练出更佳的预测模型，随着训练循环次数的增加，神经网络更新权重的数量和次数也会增加，整个神经网络的学习曲线会从**低度拟合**（Underfitting）到**最优化**（Optimum），最后到**过度拟合**（Overfitting），如图 4-18 所示。

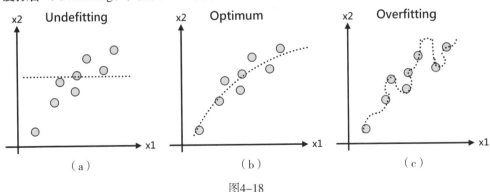

图4-18

图 4-18（a）是低度拟合，因为误差太大，表示神经网络根本还没有学成功，图 4-18（b）是最优化，这是我们训练神经网络的目标。最大的问题是图 4-18（c）的过度拟合，表示神经网络已经过度学习，造成神经网络创建的预测模型缺乏**泛化性**（Generalization）。

Tips 　　**拟合**（Fitting）是将获取的数据集吻合一个连续函数（即一条曲线），此过程称为拟合。

　　泛化性是指预测模型对于未知且从没有看过的数据也能够有很好的预测性。例如，当我们使用 500 张猫的照片训练神经网络后，将这 500 张照片输入预测模型，可以成功识别出是一只猫，问题是有一张预测模型从未见过的猫照片（不属于训练数据），如果预测模型依然可以成功识别出是一只猫，这种对于未知数据也能有很好预测性的模型，就是一个具有泛化性的预测模型。

　　反过来说，**如果对已知数据的预测有很高的正确性，但是对未知数据的预测很差，就称为过度拟合，即一个没有泛化性的预测模型。**过度拟合主要是因为神经网络过度拟合数据中的杂讯，保留太多输入数据的信息，而没有融会贯通，如同将神经网络的众多参数学成了一个输入与输出数据的对照表，所以，对于训练数据有很高的预测力，如果是非训练数据就无可奈何，因为在对照表上找不到。

　　如果神经网络一开始就马上从低度拟合训练成了过度拟合，这是神经网络本身计算图的问题，我们需要最优化神经网络本身模型的参数，称为**超参数**（Hyperparameters），简单地说，最优化神经网络这个模型的目的就是在对抗过度拟合，详见第 14 章的说明。

Tips 　　神经网络到底学到了什么？我们可以用学生准备考试来比拟。例如，学生准备期末考，刚开始一定疯狂背书，尽可能将书本知识和考试题一股脑地都记在大脑中。随着多次复习，慢慢越读越了解，逐渐融会贯通，能够举一反三，这时记住的知识是核心观念，而不是细节，而且很可能根本就忘了这些细节，这就是之前所谓的**泛化性**。相反，如果是读死书，无法融会贯通、举一反三，就是过度拟合。

4-4 激活函数与损失函数

　　对神经网络的神经元使用激活函数，是为了让神经元可以执行非线性的数据转换，损失函数的目的是评估神经网络的学习结果。

4-4-1　激活函数

神经网络如果没有使用激活函数，其上一层神经层的输出是张量的点积运算，不论经过多少层神经层，其创建的函数都是一种线性函数，在拟合数据时，只能用来处理线性问题（就是使用一条直线来进行分类）。例如，年龄与体重是线性关系，一般来说，年龄越大，体重也越重。

激活函数（Activation Function）是一种非线性函数，可以打破线性关系，将数据转换成 0~1 或 –1~1 等范围来创建非线性转换，让神经网络拟合更多非线性问题（即可以使用曲线来拟合，将直线弄弯成曲线）。例如，收入和体重是非线性关系，收入越高，不代表体重也越重。

在第 3 章和本章介绍的传统感知器，其激活函数是**阶跃函数**（Step Function），目前深度学习的神经网络已不使用阶跃函数，常用的激活函数如下。

- **隐藏层**：最常使用 ReLU() 函数。
- **输出层**：使用 Sigmoid() 函数、Tanh() 函数和 Softmax() 函数，Sigmoid() 和 Tanh() 函数使用在二元分类，Softmax() 函数使用在多元分类。

1. Sigmoid() 函数

Sigmoid() 函数是早期神经网络最常使用的激活函数，可以将数据转换成 0~1 的概率，而且大部分的输出都非常接近 0 或 1。看出来了吗？这和大脑激活神经元的操作十分类似，其公式如下：

$$f(x) = \frac{1}{(1 + e^{-x})}$$

上述 Sigmoid() 函数可以使用 NumPy 实现，然后使用 Matplotlib 绘出图形（Ch4_4_1.py），如下所示：

```
def sigmoid(x):
    return 1/(1+(np.e**(-x)))


x = np.arange(-6, 6, 0.1)


plt.plot(x, sigmoid(x))
plt.title("sigmoid function")
plt.show()
```

上述 Python 程序代码中的 Sigmoid() 函数实现上面的公式，从其执行结果可以看到 Sigmoid() 函数的图形，一条值在 0~1 的曲线，如图 4-19 所示。

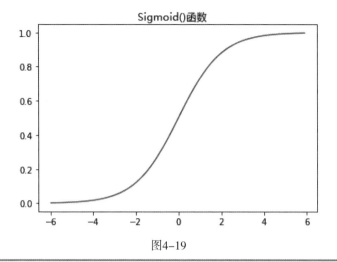

图4-19

 Tips　　因为 Sigmoid() 函数微分的最大值只有 1/4（Sigmoid() 函数的微分说明
详见 第 4-5-2 节），Python 程序 Ch4_4_1a.py 可以绘出 Sigmoid() 函数的微
分图，如图 4-20 所示。

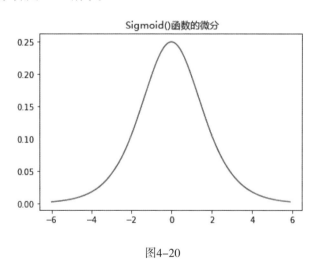

图4-20

　　上述 Sigmoid() 函数微分后的值小于或等于 1/4，当神经网络反向传播
使用连锁律计算梯度时，多个小于 1/4（应该更小）的值相乘，只需几层就
接近 0，所以无法反向传播至整个神经网络，只能传递几层，这个问题称为
梯度消失问题（Vanishing Gradient Problem）。

　　因为神经网络的权重只能反向更新几层的损失，就算是再深的深度学习
也只能训练到几层，因此，目前在深度学习的隐藏层通常是使用 ReLU() 函
数，只有在输出层会使用 Sigmoid() 函数。

2. ReLU() 函数

ReLU 的全称是 Rectified Linear Unit，当年 AlexNet 神经网络就是使用 ReLU() 函数取代 Sigmoid() 激活函数，一举将 ImageNet 图片数据集的识别准确率提高十几个百分点，进而带动深度学习的风潮。

ReLU() 函数是当输入小于 0 时，输出 0；输入大于 0 时则为线性函数，直接输出输入值，其公式如下：

$$f(x) = \max(0, x)$$

上述 ReLU() 函数可以使用 NumPy 实现（Ch4_4_1b.py），如下所示：

```
def relu(x):
    return np.maximum(0, x)


x = np.arange(-6, 6, 0.1)


plt.plot(x, relu(x))
plt.title("relu function")
plt.show()
```

上述 Python 程序代码中的 ReLU() 函数实现上面的公式，从其执行结果可以看到 ReLU() 函数的图形，如图 4-21 所示。

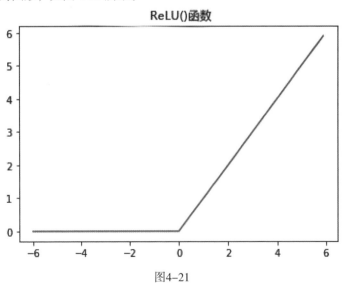

图4-21

上述 ReLU() 函数在大于的 0 部分的微分是 1，可以避免 Sigmoid() 函数的梯度消失问题。

3.Tanh() 函数

Tanh() 函数（hyperbolic tangent function）是一种三角函数，其输出范围是 –1~1，对于神经网络来说，其优点是更容易处理负值（Sigmoid() 和 ReLU() 函数没有负值），Tanh() 函数的公式如下：

$$f(x) = \frac{\sin x}{\cos x}$$

上述 Tanh() 函数使用 NumPy 实现（Ch4_4_1c.py），如图 4-22 所示。

```
def tanh(x):
    return np.tanh(x)


x = np.arange(-6, 6, 0.1)


plt.plot(x, tanh(x))
plt.title("tanh function")
plt.show()
```

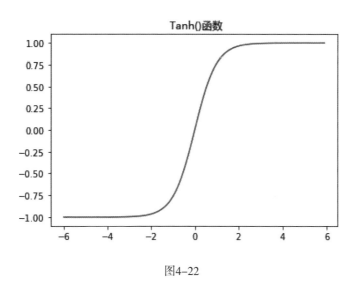

图4-22

4. Softmax() 函数

Softmax() 函数是将输入值转换成 0~1 的实数，如同是对应输入值的概率呈现。例如，输入向量 [1, 2, 3, 4, 1, 2, 3]，Softmax() 函数的输出值是 [0.024, 0.064, 0.175, 0.475, 0.024, 0.064, 0.175]，可以看出元素 4 的概率最大。Softmax() 函数的公式有些复杂，故不再列出。

Python 程序 Ch4_4_1d.py 是使用 NumPy 实现 Softmax() 函数，如下所示：

```
def softmax(x):
    return np.exp(x)/sum(np.exp(x))


x = np.array([1, 2, 3, 4, 1, 2, 3])

y = softmax(x)
print(y)
```

上述代码创建 softmax() 函数，其执行结果如下所示：

```
[0.02364054 0.06426166 0.1746813 0.474833 0.02364054 0.06426166
 0.1746813 ]
```

4-4-2 损失函数

机器学习算法基本上都希望最大化或最小化一个函数，以帮助我们来测量模型的质量，这个函数被称为**目标函数**（Object Function），而在深度学习使用的目标函数就是**损失函数**（Loss Function），损失函数可以评估预测值和真实值之间的差异，这是一个非负实数的函数，损失函数越小，表示预测模型越好。

一般来说，深度学习的**回归问题经常使用均方误差，而分类问题则是使用交叉熵**。

1. 均方误差

均方误差（Mean Square Error，MSE）是计算预测值和真实值之间的差异平方，其公式如下：

$$E = \frac{1}{2}\sum_n (y_n - t_n)^2$$

其中，y 是输出的默认值，t 是目标值，在相减后计算平方和，平方的目的是避免负值，最后乘以 1/2，就是均方误差。

为什么乘以 1/2？只是为了方便反向传播计算梯度的微分，可以抵消平方的 2。使用 Python 实现的 MSE 函数 （Ch4_4_2.py），如下所示：

```
def MSE(y, t):
    return 0.5*np.sum((y-t)**2)
```

2. 交叉熵

在学习交叉熵（Cross-Entropy）前，我们需要先了解**熵**（Entropy）和**信息熵**（Information Entropy）。基本上，熵是源于物理学的名词，主要是用来测量混乱的程度，熵低表示混乱程度低；熵高表示混乱程度高，信息论中的熵就是用来测量不确定性的。

● 信息量。

信息量是信息的量化值，其值的大小和事件发生的概率有关，很少发生的事才会引起关注；反之，司空见惯的事，根本就不会引起注意。所以，不常发生的事，信息量就大，信息量的大小与事件概率刚好相反。

信息量使用对数表示，通常多使用底数为 2，也可以使用 ln，其公式如下：

$$H(X_i) = -\log_2 P$$

其中，X_i 是发生的事件，P 是之前发生此事件的概率，负号是因为 P 的范围是 0~1，求对数后是负值，加负号后成为正值。例如，小明和小华在之前共下了 64 次象棋，小明赢了 63 次，63/64 是小明之前赢的概率，我们可以计算这次小明和小华下象棋谁赢的信息量，其单位是比特（Bit），公式如下：

■ 小明**赢的**信息量：$H(X_i) = -\log_2 P = -\log_2 \dfrac{63}{64} = 0.023$

■ 小华**赢的**信息量：$H(X_i) = -\log_2 P = -\log_2 \dfrac{1}{64} = 6$

从上述结果可以看出小华赢的概率低，所以小华赢的信息量比较大。

● 信息熵。

信息熵（Information Entropy）的主要目的是量化信息的混乱程度，其公式如下：

$$H(\boldsymbol{X}) = -\sum_x P(x)\log_2 P(x)$$

上述公式是所有 X 可能概率乘以该概率的信息量总和。例如，之前小明和小华下象棋的问题，公式如下：

$$H(X) = 0.023 \times \frac{63}{64} + 6 \times \frac{1}{64} \approx 0.116644$$

上述计算结果是小明和小华下象棋的信息熵，因为信息确定，小华一定输，所以混乱程度低，信息熵小；反之，信息熵就大，如下所示：

■ 当信息确定时，越不混乱，信息熵越小，如一面倒的情况。

■ 当信息越不确定时，越混乱，信息熵越大，如五五开。

● 交叉熵。

交叉熵是使用信息熵来评估两组概率向量之间的差异程度，交叉熵越小，就表示2组概率向量越接近，其公式如下：

$$H(X,Y) = -\sum_{i=1}^{n} P(x_i) \log_2 P(y_i)$$

上述公式是计算 X 和 Y 两组概率向量之间的误差。例如，我们有一组概率向量的目标值：X=[1/4, 1/4, 1/4, 1/4]，在深度学习得到两组预测值的概率向量，如下所示：

```
Y₁=[1/4, 1/2, 1/8, 1/8]
```

```
Y₂=[1/4, 1/4, 1/8, 1/2]
```

现在，我们可以使用交叉熵计算两组预测值中，哪一组预测值和目标值的误差比较小，首先计算 X 和 Y_1 的交叉熵，公式如下：

$$H(X,Y_1) = -\left(\frac{1}{4}\log_2\frac{1}{4} + \frac{1}{4}\log_2\frac{1}{2} + \frac{1}{4}\log_2\frac{1}{8} + \frac{1}{4}\log_2\frac{1}{8} \right)$$

$$= -\left(\frac{1}{4}\times(-2) + \frac{1}{4}\times(-1) + \frac{1}{4}\times(-3) + \frac{1}{4}\times(-3) \right)$$

$$= \frac{9}{4} = 2.25$$

然后是计算 X 和 Y_2 的交叉熵，公式如下：

$$H(X,Y_2) = -\left(\frac{1}{4}\log_2\frac{1}{4} + \frac{1}{4}\log_2\frac{1}{4} + \frac{1}{4}\log_2\frac{1}{8} + \frac{1}{4}\log_2\frac{1}{2} \right)$$

$$= -\left(\frac{1}{4}\times(-2) + \frac{1}{4}\times(-2) + \frac{1}{4}\times(-3) + \frac{1}{4}\times(-1) \right)$$

$$= \frac{8}{4} = 2$$

上述 X 和 Y_2 这组的交叉熵 2 比较小，因此 Y_2 比 Y_1 更接近目标值 X，在深度学习的分类问题就是使用交叉熵作为损失函数，来计算预测值和目标值之间的损失分数。

4-5 反向传播算法与梯度下降法

神经网络使用优化器来更新神经网络的权重，**优化器使用反向传播计算出每一层权重需要分担损失的梯度，然后再使用梯度下降法更新神经网络每一个神经层的权重。**

4-5-1 梯度下降法

梯度下降法（Gradient Descent）是最优化理论中一种找出最佳解的方法，我们可以使用梯度下降法找出函数中的局部最小值，因为梯度（Gradient）是函数在该点往局部最大值走的方向（如果是曲线，就是指该点的斜率），梯度下降法就是往梯度的反方向走来找出局部最小值，如图 4-23 所示。

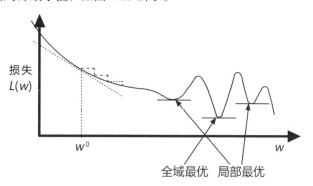

图4-23

图 4-23 中的 w^0 点计算出梯度的斜率，就可以知道往低点的方向，顺着方向一步一步在函数曲线上修建出楼梯的虚拟阶梯，我们就可以走下楼梯找到一个低点，这个低点是一个局部最优的低点，即局部最小值。**请注意！梯度下降法找到的是一个相对的最优解（局部最优），不一定能够找到全域最优解，即函数真正的最低点。**

1. 认识梯度下降法

例如，我们准备从山顶开始建造一条能最快下山的步道，因为步道是使用模块化部件来组装的，每一件部件的长度是固定值，长度有 1m、3m、5m 或 10m 等不同尺寸的选择，为了节省建造经费，我们需要找出一条能够最快下山的路径，梯度下降法可以帮助我们修建这样一条步道，如图 4-24 所示。

步道

图4-24

首先我们在山顶位置使用测量仪器找出最陡峭的地方（即计算出梯度），然后朝着此方向安装步道部件，在安装好后，再从步道尾端的新位置测量出下一个最陡峭的地方，然后再次朝此方向安装部件，重复操作直到到达山脚，即可成功修建出一条下山的步道。

问题是修建步道有完工的时间压力，如果选择 1m 长度的部件，每 1m 需测量一次方向，很耗时，但保证下山方向不会错误，可以找出一条最短的下山路径，但可能无法准时完工。选择 10m 部件，只需每 10m 测量一次，比较省时，但步道可能偏离下山的方向，反而可能浪费更多的材料来修建。

所以，如何选择适当长度的部件（影响测量方向的频率），可以让我们在不超过工时下修建出一条方向正确的步道，这就是梯度下降法需要考量的重要因素：**学习率**（Learning Rate）。

2. 梯度下降法的数学公式

梯度下降法另一种常见的比拟是登山者从山顶最快走下山，我们需要使用梯度决定从最陡峭的地方往下走，学习率就是行走的步伐大小。而在神经网络调整权重就是使用梯度下降法，其公式如下：

$$w^1 = w^0 - \alpha \frac{\partial L(w)}{\partial w^0}$$

其中，$L(w)$ 是损失函数，这是 w 权重的函数，目前位置的权重值为 w^0，负号是指 $\frac{\partial L(w)}{\partial w^0}$ 微分计算出的梯度的反方向，就是从目前位置减掉学习率 α 乘以梯度，可走到下一个位置的权重值为 w^1，即调整后的新权重。梯度意义的说明如下。

- **单变量函数**：梯度是函数的微分，即函数在某特定点的斜率。
- **多变量函数**：梯度是各变量偏微分的向量，向量是有方向的，梯度就是该点变化率最大的方向。

α 是学习率，也可以使用 η（读作 eta）符号，我们可以通过学习率来决定每一步走的距离，如果学习率太小，如图 4-25（a）所示，就需花费更多时间走更多步（以神经网络来说，就是需要更多次的训练循环来调整权重）；学习率太大，有可能错过全域最小值，如图 4-25（b）所示。

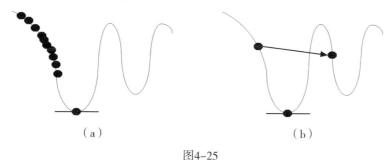

（a）   （b）

图4-25

3. 单变量函数的梯度下降法实例

现在，我们以单变量函数 $L(w)$ 为例，来说明梯度下降法的运算过程，公式如下：

■ 单变量函数： $L(w) = w^2$

■ 函数的微分： $\dfrac{\partial L(w)}{\partial w} = 2w$

假设起点 w^0 是 5，学习率是 0.4，使用上述梯度下降法的数学公式，我们可以得到运算过程，公式如下：

$$w^0 = 5$$

$$w^1 = w^0 - \alpha \frac{\partial L(w)}{\partial w^0} = 5 - 0.4 \times 10 = 1$$

$$w^2 = w^1 - \alpha \frac{\partial L(w)}{\partial w^1} = 1 - 0.4 \times 2 = 0.2$$

$$w^3 = 0.04$$

$$w^4 = 0.008$$

$$w^5 = 0.0016$$

上述运算过程共走了 5 步，最后的 0.0016 就几乎已经到达函数的最低点（0 就是最低点），Python 程序 Ch4_5_1.py 实现单变量函数的梯度下降法，如下所示：

```
import numpy as np
import matplotlib.pyplot as plt

def L(w):
```

```
    return w * w
```

```
def dL(w):
    return 2 * w
```

上述代码中的 L() 和 dL() 函数分别是 $L(w)$ 函数和其微分。下面是梯度下降法 gradient_descent() 函数，其参数依次是起点、微分函数名称、学习率和走几步的训练周期，如下所示：

```
def gradient_descent(w_start, df, lr, epochs):
    w_gd = []
    w_gd.append(w_start)
    pre_w = w_start

    for i in range(epochs):
        w = pre_w - lr * df(pre_w)
        w_gd.append(w)
        pre_w = w
    return np.array(w_gd)
```

上述 w_gd 变量使用列表保留每一步计算的新位置，在指定初始位置后，使用 for 循环重复步数来计算下一步梯度下降的新位置，w 是目前位置；pre_w 是前一个位置，最后返回每一步的位置值。下面的代码定义初始起点、训练周期和学习率变量，如下所示：

```
w0 = 5
epochs = 5
lr = 0.4
w_gd = gradient_descent(w0, dL, lr, epochs)
print(w_gd)
```

上述代码调用 gradient_descent() 函数后，显示每一步的位置值，其执行结果如下所示：

```
[5.0e+00 1.0e+00 2.0e-01 4.0e-02 8.0e-03 1.6e-03]
```

然后使用 Matplotlib 绘出梯度下降法的图表，如下所示：

```
t = np.arange(-5.5, 5.5, 0.01)
plt.plot(t, L(t), c='b')
plt.plot(w_gd, L(w_gd), c='r', label='lr={}'.format(lr))
plt.scatter(w_gd, L(w_gd), c='r')
plt.legend()
plt.show()
```

上述代码除了绘出 $L(w)$ 函数的图形外，同时依次绘出梯度下降法找出的各位置点和各点之间连接的直线，其执行结果如图 4-26 所示。

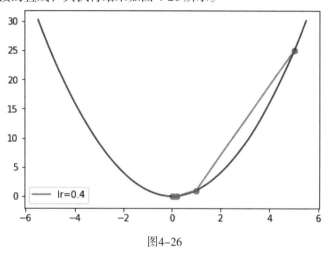

图4-26

4. 多变量函数的梯度下降法实例

对于多变量函数来说，我们以双变量函数 $L(w_1, w_2)$ 为例，来说明梯度下降法的运算过程，公式如下。

■ **双变量函数：** $\qquad L(w_1, w_2) = w_1{}^2 + w_2{}^2$

■ **函数的微分是向量：** $[\dfrac{\partial L(w_1, w_2)}{\partial w_1}, \dfrac{\partial L(w_1, w_2)}{\partial w_2}] = [2w_1, 2w_2]$

假设：起点 w^0 是 [2, 4]，学习率是 0.1，使用上述梯度下降法的数学公式，我们可以得到运算过程，公式如下：

$$w^0 = [2, 4]$$

$$w^1 = w^0 - a \frac{\partial L(w_1, w_2)}{\partial w^0} = [2,4] - 0.1 \times [4,8] = [1.6, 3.2]$$

$$w^2 = w^1 - \alpha \frac{\partial L(w_1, w_2)}{\partial w^1} = [1.6, 3.2] - 0.1 \times [3.2, 6.4] = [1.28, 2.56]$$

$$w^3 = [1.024, 2.048]$$

$$w^4 = [0.8192, 1.6384]$$

$$w^5 = [0.65536, 1.31072]$$

…

$$w^{40} = [2.65845599 \times 10^{-4}, 5.31691198 \times 10^{-4}]$$

上述运算过程共有 40 次，最后的坐标就几乎已经到达函数的最低点，Python 程序 Ch4_5_1a.py 实现双变量函数的梯度下降法，并且使用二维来模拟三维的函数图形，如图 4-27 所示。

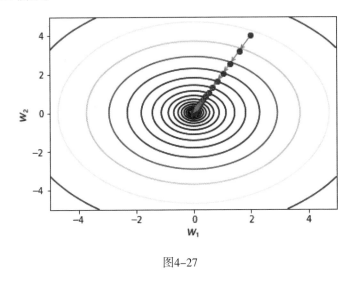

图4-27

4-5-2 反向传播算法

基本上，本章前面说明的反向传播只是神经网络反向计算梯度的阶段，整个神经网络的训练循环事实上就是**反向传播算法**（Backpropagation，BP）。

反向传播算法是一种训练神经网络常用的优化方法，整个算法可以分成如下 3 个阶段。

- **前向传播阶段**：输入值经过神经网络，计算出预测值。
- **反向传播阶段**：将预测值与真实值计算出误差后，反向传播计算出各层权重误差比例的梯度。

■ **权重更新阶段**：依据计算出的各层权重比例的梯度，使用梯度下降法来更新权重，也就是更新神经网络的参数。

现在，我们准备修改第 4-2 节的二层 XOR 感知器来说明反向传播阶段的梯度计算，激活函数改用 Sigmoid() 函数，如图 4-28 所示。

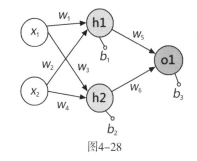

图4-28

图 4-28 中共有权重 w_1~w_6 和偏移量 b_1~b_3 共 9 个参数，因为反向传播阶段的梯度计算方法都十分相似，这里只以输出层 w_5 权重的梯度计算为例，如图 4-29 所示。

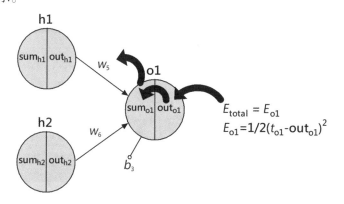

图4-29

上述 sum 是前一层 $wx+b$ 的值，out 是启动函数 $f(wx+b)$ 的输出，E 是使用均方误差损失函数计算出的损失分数，t 是目标值，因为输出层只有 1 个 o1 神经元，所以损失分数的总和 E_{total} 就是 E_{o1}，如果输出层有多个神经元，就是各神经元损失的总和。例如，输出层有两个神经元 E_{o1} 和 E_{o2}，E_{total} 就是 $E_{o1}+E_{o2}$。

我们需要使用第 3-2-2 节的连锁律来计算 w_5 的梯度，即反向依次从 $E_{total} \rightarrow$ $out_{o1} \rightarrow sum_{o1} \rightarrow w_5$，其连锁律的微分表达式如下：

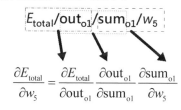

$$\frac{\partial E_{total}}{\partial w_5} = \frac{\partial E_{total}}{\partial out_{o1}} \frac{\partial out_{o1}}{\partial sum_{o1}} \frac{\partial sum_{o1}}{\partial w_5}$$

上述微分表达式一共分成 3 部分，首先计算第一部分，请将其视为函数，可以再使用连锁律拆成两个，公式如下：

$$\frac{\partial E_{total}}{\partial out_{o1}} = \frac{\partial \frac{1}{2}(t_{o1} - out_{o1})^2}{\partial out_{o1}} = \frac{\partial \frac{1}{2}(t_{o1} - out_{o1})^2}{\partial(t_{o1} - out_{o1})} \frac{\partial(t_{o1} - out_{o1})}{\partial out_{o1}}$$

$$= 2 \times \frac{1}{2}(t_{o1} - out_{o1})^{2-1} \frac{\partial(t_{o1} - out_{o1})}{\partial out_{o1}}$$

$$= (t_{o1} - out_{o1}) \times (-1) = out_{o1} - t_{o1}$$

第二部分是 Sigmoid() 函数的微分，公式如下：

$$out_{o1} = \frac{1}{(1 + e^{-sum_{o1}})}$$

$$\frac{\partial out_{o1}}{\partial sum_{o1}} = \frac{\partial}{\partial sum_{o1}} \frac{1}{(1 + e^{-sum_{o1}})} = \frac{\partial(1 + e^{-sum_{o1}})^{-1}}{\partial sum_{o1}}$$

上述微分是指数微分，其推导过程有些复杂，故不再列出，有兴趣的读者请自行参考网络说明或相关书籍，其最后结果如下：

$$\frac{\partial out_{o1}}{\partial sum_{o1}} = out_{o1}(1 - out_{o1})$$

最后一个部分是计算 *wx+b* 的微分如下：

$$sum_{o1} = w_5 out_{h1} + w_6 out_{h2} + b_3$$

$$\frac{\partial sum_{o1}}{\partial w_5} = \frac{\partial(w_5 out_{h1} + w_6 out_{h2} + b_3)}{\partial w_5} = out_{h1}$$

现在，我们可以计算出权重 w_5 的梯度，公式如下：

$$\frac{\partial E_{total}}{\partial w_5} = (out_{o1} - t_{o1})(out_{o1}(1 - out_{o1}))out_{h1}$$

在成功计算出权重 w_5 的梯度后，就可以使用梯度下降法来更新权重 *w* 成为 *w+*，α 是学习率，公式如下：

$$w+ = w_5 - \alpha \frac{\partial E_{total}}{\partial w_5}$$

4-6 神经网络的样本和标签数据

神经网络的样本（Samples）是用来训练神经网络的数据集，标签是每一个样本对应的真实目标值，基本上，这些数据都是不同维度的张量。

4-6-1 标签数据 —— One-hot 编码

标签（Label）是监督式学习训练所需样本对应的**答案**，神经网络在训练时才能计算预测值和真实目标值之间的损失分数。对于分类数据来说，因为交叉熵是使用概率向量来计算损失，我们需要先对标签执行 One-hot 编码，才能和 Softmax() 函数输出的概率向量进行损失分数的计算。例如，识别手写数字图片 3（从左至右每一格依次代表数字 0~9，其值是此数字的概率。例如，第 4 格是数字 3，预测值为 0.78，即 78% 的可能是 3；标签值是 1，100% 是 3），如图 4-30 所示。

图4-30

图 4-30 上部是神经网络计算出的预测值，输出层使用 Softmax() 函数，输出的是概率向量，下部是数字 3 的 One-hot 编码向量，使用 0~9 共 10 个状态进行编码，数字 3 是第 4 个位置，值 1 表示概率 100%，在转换成 One-hot 编码后，就可以使用交叉熵来计算损失分数。

我们准备使用 NumPy 创建 one_hot_encoding() 函数，可以对 NumPy 数组的元素执行 One-hot 编码（Ch4_6_1.py），如下所示：

```python
import numpy as np


def one_hot_encoding(raw, num):
    result = []
    for ele in raw:
        arr = np.zeros(num)
        np.put(arr, ele, 1)
        result.append(arr)

    return np.array(result)
```

上述 one_hot_encoding() 函数有两个参数，第 1 个参数是要编码的数组，第 2 个参数是分类数，函数使用 for 循环取出数组的每一个元素后，创建第 2 个参数大小的全零数组，然后使用 np.put() 函数将数组元素值的位置指定成 1，就完成 One-hot 编码。变量 digits 是要编码的数字标签数组，如下所示：

```
digits = np.array([1, 8, 5, 4])
```

```
one_hot = one_hot_encoding(digits, 10)
print(digits)
print(one_hot)
```

上述代码调用 one_hot_encoding() 函数执行 One-hot 编码后，显示原始数组和编码后的二维数组，其执行结果如下所示：

```
[1 8 5 4]
[[0. 1. 0. 0. 0. 0. 0. 0. 0. 0.]
 [0. 0. 0. 0. 0. 0. 0. 0. 1. 0.]
 [0. 0. 0. 0. 0. 1. 0. 0. 0. 0.]
 [0. 0. 0. 0. 1. 0. 0. 0. 0. 0.]]
```

4-6-2 样本数据 —— 特征标准化

神经网络的样本是一个数据集，在送入神经网络训练前，我们需要执行特征标准化，将样本切割成训练、验证和测试数据集，并决定训练周期、批次与批次尺寸。

1. 特征标准化

如果样本数据的特征值区间范围差异太大。例如，样本 X 有两个特征，特征 A 值的范围是 10000~100000、特征 B 值的范围是 0.1~1，在使用梯度下降法训练神经网络时，特征 B 的影响力非常小；在计算梯度时，特征 B 的变化量也大幅小于特征 A，这会导致损失函数最小化更加难以收敛。

特征标准化的目的就是在平衡特征值的贡献，主要有以下两种方法：

■ 归一化：将数据缩放至 0~1 的范围，如果数据范围固定，没有极端的最大或最小值，请使用正规化方法。

■ 标准化：将数据转换成平均值为 0、标准差是 1，如果数据多杂讯且存在极端值，请使用标准化方法。

● 归一化。

归一化（Normalization）也称为**最小最大值缩放**（Min-Max Scaling），这是一种特征标准化，可以将样本数据集的特征按比例缩放，让数据落在一个特定区间。例如，将数值数据转换成 0~1 区间，基本上，归一化是使用公式执行最小最大值缩放，公式如下：

$$X_{norm} = \frac{X - X_{min}}{X_{max} - X_{min}}$$

上述公式的分母是最大和最小值的差，分子特征值是与最小值的差。我们准备使用色彩值 0~255 范围的数据来执行归一化（Ch4_6_2.py），如下所示：

```
import numpy as np

def normalization(raw):
    max_value = max(raw)
    min_value = min(raw)
    norm = [(float(i)-min_value)/(max_value-min_value) for i in raw]
    return norm

x = np.array([255, 128, 45, 0])

print(x)
norm = normalization(x)
print(norm)
print(x/255)
```

用上述 normalization() 函数实现上面的公式，变量 x 是样本数据数组，其范围是 0~255，然后调用 normalization() 函数执行数据转换，即归一化 x 数组。因为已经知道色彩值的范围，也可以直接除以 255 来归一化数据，其执行结果如下所示：

```
[255 128  45   0]
[1.0, 0.5019607843137255, 0.17647058823529413, 0.0]
[1.         0.50196078 0.17647059 0.        ]
```

上述执行结果的第 1 行是原始数据，第 2 行是调用 normalization() 函数的结果，

4

最后 1 行是直接除以 255 的结果。

● 标准化。

标准化（Standardization）也称为 **Z 分数**（Z-score），可以位移数据分布成为平均值是 0，标准差是 1 的数据分布，其公式如下：

$$X_{z分数} = \frac{X - 平均值}{标准差}$$

Python 程序可以使用 scipy.stats 模块的 zscore() 函数来执行标准化（Ch4_6_2a.py），如下所示：

```
import numpy as np
from scipy.stats import zscore

x = np.array([255, 128, 45, 0])

z_score = zscore(x)
print(z_score)

print(zscore([[1, 2, 3],
              [6, 7, 8]], axis=1))
```

上述代码导入 zscore() 函数后，就可以执行向量和矩阵数据的标准化，其执行结果如下所示：

```
[ 1.52573266  0.21648909 -0.63915828 -1.10306348]
[[-1.22474487  0.          1.22474487]
 [-1.22474487  0.          1.22474487]]
```

2. 训练、验证和测试数据集

神经网络的样本数据并不会全部用来训练神经网络的权重，而是会切割成训练、验证和测试三种数据集，如图 4-31 所示。

从图 4-31 中可以看出，样本数据集会先切割成训练和测试数据集，训练数据集在训练时会再切割成训练和验证数据集，训练、验证和测试数据集的常见比例约为 70%、20% 和 10%，视具体问题而定。三种数据集的说明如下。

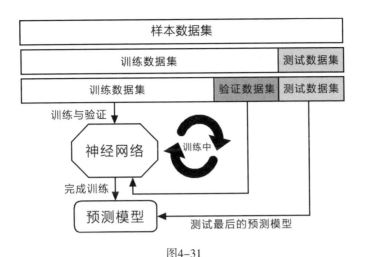

图4-31

- **训练数据集** (Training Dataset)：这些样本数据用来训练神经网络的预测模型，也就是调整神经网络的权重。

- **验证数据集** (Validation Dataset)：验证数据集用于在神经网络的训练过程中评估和优化模型（最小化过度拟合），如果训练数据集的正确率提升，同时验证数据集的正确率持平或降低，表示神经网络已经过度拟合，我们需要停止训练来调整神经网络本身的参数和超参数（不是权重）。例如，增加隐藏层数，以便能够最小化过度拟合。

- **测试数据集** (Testing Dataset)：测试数据集用来评估神经网络训练完成后最终的预测模型，而且测试数据集只会使用一次。

3. 训练周期、批次与批次尺寸

神经网络使用反向传播算法进行训练，这是一种**迭代优化算法**（Iterative Optimization Algorithm），迭代的意思是需要重复很多次训练，才能得到最优的结果。

一般来说，因为训练数据集都太大，无法一次将整个训练数据集输入神经网络，为了执行效能考量，我们会将训练数据切割成较小单位的**批次**（Batches），每一个批次的样本数，称为**批次尺寸**（Batch Size）。如同将一篇很长的文章根据主题分成多个小节，以便读者阅读和吸收。

当整个训练数据集（分成多个批次）从前向传播至反向传播通过整个神经网络一次，称为一个**训练周期**（Epochs）。

注意，**迭代**（Iterations）的重复次数是指需要多少个批次来完成一个训练周期。例如，训练数据集的样本数为 2000，批次尺寸为 500，我们需要 4 次迭代来完成一个训练周期，4 × 500=2000。

课后检测

1. 请说明什么是线性不可分问题。

2. 请举例说明什么是多层感知器。

3. 请使用图例说明深度学习的学习过程。

4. 请说明深度学习到底学到了什么以及什么是低度拟合和过度拟合。

5. 请举例说明什么是激活函数和损失函数。

6. 请回答什么是梯度下降法。

7. 请回答什么是反向传播算法。

8. 请举例说明什么是 One-hot 编码，什么是归一化以及什么是标准化。

9. 请回答神经网络的样本数据需要分割成哪 3 种数据集。

10. 请简单说明什么是训练周期、批次与批次尺寸。

4

第5章

构建神经网络——多层感知器

5-1 如何使用 Keras 构建神经网络

Keras 是架构在 TensorFlow 上，一套方便人类使用的高阶函数库，我们只需使用很少的 Python 代码，就可以快速构建出深度学习模型的神经网络，其设计模式如同制作一个多层的生日蛋糕，其每一层神经层是一层不同口味的蛋糕层，如图 5-1 所示。

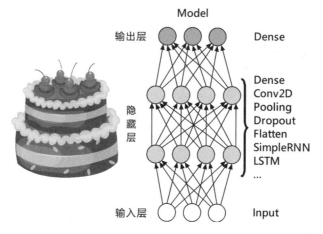

图5-1

上述深度学习模型在 Keras 是一个模型，Model 如同是一个空的蛋糕架，我们可以用 Keras 预建神经层，一层一层地依序放入蛋糕架中，即可构建出多层如生日蛋糕般的神经网络。

1. Keras 深度学习模型

模型是 Keras 函数库的核心数据结构，Keras 是我们准备创建的深度学习模型。Keras 支持两种模型的简单说明如下。

- Sequential 模型（Sequential Models）：一种**线性堆栈结构**，神经层是单一输入和单一输出，每一层接着连接下一层神经层，并**不允许跨层连接**。当创建 Sequential 对象后，调用 add() 函数新增神经层，本书主要介绍如何创建 Sequential 模型。
- Functional API：如果是复杂的多输入和多输出，或拥有**共享神经层**的深度学习模型，我们需要使用 Functional API 来创建模型。事实上，Sequential 模型就是 Functional API 的一种特殊情况，在第 9-2-2 节和第 16 章有进一步说明。

2. Keras 预建神经层类型

Keras 的 Sequential 模型是一个容器，可以让我们将各种 Keras 预建神经层类型（Predefined Layer Types）依次新增至模型中。

- **多层感知器 (MLP)**：新增一至多个 Dense 层来创建多层感知器，我们一样可以使用 Dropout 层来防止过度拟合。
- **卷积神经网络 (CNN)**：在依次新增一至多组 Conv2D 和 Pooling 层后，即可新增 Dropout、Flatten 和 Dense 层来创建卷积神经网络。
- **循环神经网络 (RNN)**：我们可以分别使用 SimpleRNN、LSTM 或 GRU 层来创建循环神经网络。

5-2 ▶ 打造分类问题的神经网络——糖尿病预测

皮马印第安人（Pima Indians）是有过辉煌历史的美国原住民部落，其糖尿病人口比例在全美国是最高的，皮马印第安人的糖尿病数据集（diabetes.csv）就是皮马印第安人的医疗记录，我们准备打造一个处理分类问题的神经网络，可以预测皮马印第安人是否会得糖尿病。

5-2-1　认识皮马印第安人的糖尿病数据集

Python 程序可以使用 Pandas 载入 diabetes.csv 的皮马印第安人糖尿病数据集（Python 程序 Ch5_2_1.py），如下所示：

```
import pandas as pd
```

```
df = pd.read_csv("./diabetes.csv")
```

上述代码调用 Pandas 的 read_csv() 函数载入糖尿病数据集 diabetes.csv，"./diabetes.csv" 是指文件和 Python 程序文件位于相同目录中（如果使用 Jupyter，需要将 diabetes.csv 复制到与 .ipynb 文件相同的目录下），当成功载入糖尿病数据集后，我们可以探索数据集，显示前 5 行记录，如下所示：

```
print(df.head())
```

5

上述代码调用 head() 函数显示前 5 行记录，其执行结果如下：

	Pregnancies	Glucose	BloodPressure	SkinThickness	Insulin	BMI	DiabetesPedigreeFunction	Age	Outcome
0	6	148	72	35	0	33.6	0.627	50	1
1	1	85	66	29	0	26.6	0.351	31	0
2	8	183	64	0	0	23.3	0.672	32	1
3	1	89	66	23	94	28.1	0.167	21	0
4	0	137	40	35	168	43.1	2.288	33	1

上述糖尿病数据集共有 9 个字段，其说明如下。

■ Pregnancies：怀孕次数。

■ Glucose：两小时后口服葡萄糖耐受测试的血液葡萄糖浓度。

■ BloodPressure：血压的舒张压（单位为 mmHg）。

■ SkinThickness：三头肌皮肤摺层厚度（单位为 mm，是临床上反映营养状况的指标）。

■ Insulin：血清胰岛素（单位为 $\mu U/mL$）。

■ BMI：身体质量指数。

■ DiabetesPedigreeFunction：病患本身家族成员有得糖尿病的病史。

■ Age：年龄。

■ Outcome：5 年是否有得糖尿病，1 是有；0 是没有。

然后使用 shape 属性显示数据集有几行记录和几个字段，也就是这个数据表的形状，如下所示：

```
print(df.shape)
```

上述代码的执行结果显示 9 个字段共 768 行记录，如下所示：

```
(768, 9)
```

我们准备分割数据集的前 8 个字段作为神经网络的特征数据，最后 1 个字段是目标值的标签数据。

5-2-2 构建第一个神经网络

在了解皮马印第安人的糖尿病数据集后，就可以开始构建第一个神经网络，其基本步骤如图 5-2 所示。

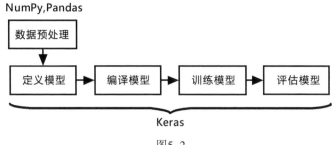

图5-2

上述步骤使用 Python 搭配 NumPy、Pandas 等包来载入数据集和进行数据预处理。例如，首先进行 One-hot 编码和特征标准化等操作，然后使用 Keras 定义、编译、训练和评估深度学习模型。

Python 程序 Ch5_2_2.py 首先导入所需的模块与包，如下所示：

```
import numpy as np
import pandas as pd
from keras.models import Sequential
from keras.layers import Dense

np.random.seed(10)
```

将上述代码导入 NumPy 和 Pandas 包，Keras 有 Sequential 模型和 Dense 全连接层，然后指定随机数种子的参数值 10（可自行指定不同的种子值），其目的是让每次执行结果可在**相同随机数**条件下来进行比较、分析和调试。

 Tips 因为 TensorFlow 内置 Keras，我们也可以导入 TensorFlow 的 Keras 模块，如下所示：

```
from tensorflow.keras.models import Sequential
from tensorflow.keras.layers import Dense
```

上述代码用于导入 Sequential 模型和 Dense 层，完整 Python 程序是 Ch5_2_2_tf.py。

1. 步骤一：数据预处理

数据预处理是在载入数据集后，进行数据清理、特征标准化或 One-hot 编码等操作，第一个 MLP 多层感知器只需切割糖尿病数据集成为特征和标签数据集，如下所示：

```
df = pd.read_csv("./diabetes.csv")
dataset = df.values
np.random.shuffle(dataset)
```

上述代码使用 Pandas 载入数据集后，使用 values 返回 NumPy 数组，接着调用 random.shuffle() 函数使用随机数打随机数据顺序，即可将数据分割成特征数据集和标签数据集，如下所示：

```
X = dataset[:, 0:8]
Y = dataset[:, 8]
```

上述代码使用切割运算符将前 8 个字段分割成特征数据，这就是输入神经网络的训练数据集，最后一个字段是目标的标签数据集。

2. 步骤二：定义模型

接着定义神经网络模型，规划的神经网络有 4 层，这是一个深度神经网络，如图 5-3 所示。

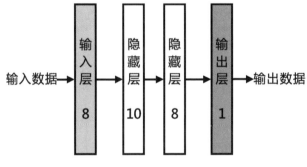

图5-3

图 5-3 中的输入层有 8 种特征数据，两个隐藏层依次有 10 个和 8 个神经元，因为糖尿病数据集是在预测是否得糖尿病，这是一种二元分类问题，在输出层可以使用一或两个神经元，本例使用一个神经元。

在 Keras 定义神经网络模型的第一步是创建 Sequential 对象，如下所示：

```
model = Sequential()
```

上述代码创建 Sequential 对象 model 后，调用 add() 函数新增神经层，因为 Keras 的 Sequential 模型并不用独立新增输入层，所以我们需要在新增第一层 Dense 隐藏层时，指定输入数据的形状，即特征数，也就是输入层的神经元数，如下所示：

```
model.add(Dense(10, input_shape=(8, ), activation="relu"))
```

上述代码新增 Dense 对象的全连接层，这是第一层隐藏层，构造函数的第一个参数是隐藏层的神经元数，本例是 10 个（即 units 参数），其主要参数的说明如下。

- **units 参数**：即第一个参数 10，这是神经元数，也是此神经层的输出维度，故为正整数，10 就是 (*, 10) 形状的输出，* 是样本数。
- **input_shape 参数**：指定输入数据的形状，值 (8,) 表示使用 (*, 8) 元组的输入数据，* 是样本数，8 是特征数，我们也可以使用 input_dim=8 参数指定输入数据的维度为 8。
- **activation 参数**：指定使用的激活函数，字符串 "relu" 是 ReLU() 函数；"sigmoid" 是 Sigmoid() 函数；"tanh" 是 Tanh() 函数；"softmax" 是 Softmax() 函数。

然后就可以重复调用 add() 函数来新增第二层隐藏层的 Dense 对象，这一层有 8 个神经元，激活函数是 ReLU() 函数，如下所示：

```
model.add(Dense(8, activation="relu"))
```

最后新增只有一个神经元的 Dense 输出层对象，激活函数是 Sigmoid() 函数，如下所示：

```
model.add(Dense(1, activation="sigmoid"))
```

在完成模型定义后，事实上，我们也定义了神经层各层输入和输出数据的维度，如图 5-4 所示。

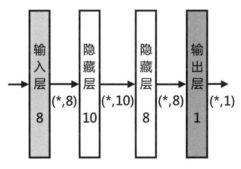

图5-4

在定义好模型后，我们可以调用 summary() 函数显示模型的摘要信息，如下所示：

```
model.summary()
```

上述函数显示每一层神经层的参数个数和整个神经网络的参数总数，其执行结果

```
Using TensorFlow backend.

Layer (type)                    Output Shape              Param #
=================================================================
dense_1 (Dense)                 (None, 10)                90
_____
dense_2 (Dense)                 (None, 8)                 88
_____
dense_3 (Dense)                 (None, 1)                 9
=================================================================
Total params: 187
Trainable params: 187
Non-trainable params: 0
```

上述第一行显示 Keras 的后台使用 TensorFlow，第一层隐藏层的参数个数（即权重数）是输入特征数 8 乘以 10 个神经元的矩阵，再加上每一个神经元有一个偏移量，共 10 个偏移量，如下所示：

```
8*10+10 = 90
```

第二层隐藏层的参数个数是前一层计算输出的 10 乘以这一层的 8 个神经元，再加上每一个神经元有一个偏移量，共 8 个偏移量，如下所示：

```
10*8+8 = 88
```

在输出层参数个数是前一层计算输出的 8 乘以这一层的一个神经元，再加上每一个神经元有一个偏移量，共 1 个偏移量，如下所示：

```
8*1+1 = 9
```

最后是神经网络的参数总数，就是各层参数个数的总和，如下所示：

```
90+88+9 = 187
```

3. 步骤三：编译模型

在定义好模型后，我们需要编译模型让 Keras 将定义的模型转换成低阶 TensorFlow 计算图，如下所示：

```
model.compile(loss="binary_crossentropy", optimizer="sgd",
              metrics=["accuracy"])
```

上述 compile() 函数可以编译模型，其常用参数的说明如下。

■loss 参数：损失函数的名称字符串，我们可以使用均方误差（mse）或交叉熵（crossentropy），依据不同的激活函数和对应的损失函数说明见表 5-1。

表 5-1　激活函数和对应损失函数

问题种类	输出层激活函数	损失函数
二元分类	sigmoid()	binary_crossentropy
单标签多元分类	softmax()	categorical_crossentropy
多标签多元分类	sigmoid()	binary_crossentropy
回归分析	不需要	mse
回归值为 0~1	sigmoid()	mse 或 binary_crossentropy

表 5-1 中**二元分类**（Binary Classification）是分成两类，**多元分类**（Multiclass Classification）是分成多个不同种类，**单标签**（Single-label）是指只属于一类，**多标签**（Multi-label）是指可以属于多个种类，**回归分析**的详细说明请参阅第5-3 节。

■optimizer 参数：在训练时使用的优化器名称字符串。这就是一种梯度下降法，在 Keras 有多种优化方法可供选择，"sgd" 是指随机梯度下降法，在第 5-2-3 节和第 14 章有优化器的进一步说明。

■metrics 参数：指定训练和评估模型时的评估标准。如果有多个输出，我们需要使用列表来分别指明各输出的评估标准，通常是使用准确度。

4. 步骤四：训练模型

在编译模型成为 TensorFlow 计算图后，我们就可以送入特征数据来训练模型，如下所示：

```
model.fit(X, Y, epochs=150, batch_size=10)
```

上述 fit() 函数的第一个参数是训练的特征数据 X（即输入数据），第二个参数是对应目标值的标签数据 Y，epochs 参数是训练周期的次数，batch_size 参数是批次尺寸，即每一个批次的样本数（默认值是 32），详细训练周期和批次说明请参阅第4-6-2 节，其执行结果共训练 150 次，如下所示：

```
Epoch 1/150
768/768 [==============================] - 0s 651us/step - loss: 3.4419 - acc: 0.6367
Epoch 2/150
768/768 [==============================] - 0s 61us/step - loss: 0.7357 - acc: 0.6367
Epoch 3/150
768/768 [==============================] - 0s 61us/step - loss: 0.6688 - acc: 0.6523
Epoch 4/150
768/768 [==============================] - 0s 61us/step - loss: 0.6631 - acc: 0.6549
Epoch 5/150
768/768 [==============================] - 0s 61us/step - loss: 0.6578 - acc: 0.6510

......

Epoch 148/150
768/768 [==============================] - 0s 61us/step - loss: 0.5904 - acc: 0.6615
Epoch 149/150
768/768 [==============================] - 0s 61us/step - loss: 0.5970 - acc: 0.6615
Epoch 150/150
768/768 [==============================] - 0s 61us/step - loss: 0.5932 - acc: 0.6615
768/768 [==============================] - 0s 224us/step
```

上述 Epoch 1/150 是第一次训练周期，依次重复到最后 150/150 次，下方 768 是样本数，之后是训练时的进度行（因为速度很快，几乎看不出来进度），然后是每一步花费的时间（单位为 s），loss 是损失分数，acc 是准确度。

5. 步骤五：评估模型

训练好模型后，我们需要评估模型的效能，本节示例是使用相同的训练数据来评估模型，其主要目的是说明如何使用 evaluate() 函数。

在实战上，我们应该将数据集分割成训练数据集和测试数据集，然后使用训练数据集来训练模型，测试数据集评估模型，如下所示：

```
loss, accuracy = model.evaluate(X, Y)
print(" 准确度 = {:.2f}".format(accuracy))
```

上述 evaluate() 函数参数依次是输入数据和对应的标签数据，可以返回损失分数和准确度，其执行结果是 0.65（即 65%），如下所示：

```
768/768 [==============================] - 0s 341us/step
准确度 = 0.65
```

 Tips　　　因为 Python 程序使用了随机数，上述执行结果与读者执行后的准确度与损失分数可能会有些许差异。

5-2-3 调整神经网络

在成功使用 Keras 构建第一个神经网络的深度学习模型后，读者应该发现从样本数据分割开始，我们有很多地方可以调整神经网络，本节准备逐步调整神经网络，观察模型的准确度是否改变。

1. 特征标准化

因为糖尿病数据集各字段值的范围差异较大，Python 程序 Ch5_2_3.py 在分割成 X 的特征数据（即训练的输入数据）后，执行第 4-6-2 节的特征标准化，如下所示：

```
X -= X.mean(axis=0)
X /= X.std(axis=0)
```

上述特征数据 X 先减掉 mean() 函数的平均值后，再除以 std() 函数的标准差，可以将特征数据的值位移成平均值为 0、标准差为 1 的数据分布。

同时，Python 程序为了减少输出信息，并没有显示模型摘要信息，而且在训练过程也没有显示每一个训练周期的相关信息，如下所示：

```
model.fit(X, Y, epochs=150, batch_size=10, verbose=0)
```

上述 fit() 函数新增 verbose 参数指定输出方式，整数值 0 不显示，默认值 1 会显示进度行和每一训练周期的损失和准确度，值 2 只会显示每一次训练周期的数据，不会显示进度行，verbose=0 的执行结果只显示一列，这一列是 evaluate() 函数显示的评估样本数和进度行，如下所示：

```
768/768 [==============================] - 0s 244us/step
准确度 = 0.80
```

准确度为 0.8（即 80%），比第 5-2-2 节的准确度提升较大。

2. 在输出层使用 softmax 激活函数

我们构建的神经网络输出层只有一个神经元，所以使用 Sigmoid() 激活函数，因为二元分类也可以使用 Softmax() 激活函数，此时输出层须改为两个神经元，标签数据也须执行 One-hot 编码。

Python 程序 Ch5_2_3a.py 修改自 Ch5_2_3.py，使用 Keras 的 utils 模块执行 One-hot 编码，首先在程序开头导入模块，如下所示：

```
from keras.utils import to_categorical
```

上述代码从 keras.utils 导入 to_categorical 后，执行标签数据 Y 的 One-hot 编码，如下所示：

```
Y = to_categorical(Y)
```

调用 to_categorical() 函数将分类数据的标签 Y 进行 One-hot 编码，同时，我们需要修改神经网络的输出层，如下所示：

```
model = Sequential()
model.add(Dense(10, input_shape=(8, ), activation="relu"))
model.add(Dense(8, activation="relu"))
model.add(Dense(2, activation="softmax"))
```

上述代码修改最后输出层的 Dense 对象，第一个参数 2 表示有两个神经元，激活函数改为 softmax()，准确度为 0.79（即 79%），差异并不大，如下所示：

```
768/768 [==============================] - 0s 346us/step
准确度 = 0.79
```

3. 在神经层使用权重初始器

在第 4-3-2 节介绍神经网络的训练循环时，训练循环开始需要初始化权重，Keras 为了减少代码的编写，Dense 对象的参数都有默认值，只有需更改参数值时，我们才需要指定，没有就是使用默认值。

Python 程序 Ch5_2_3b.py 修改自 Ch5_2_3a.py，在 Dense 神经层新增可以初始化权重矩阵和偏移量的两个参数，如下所示：

```
model = Sequential()
model.add(Dense(10, input_shape=(8, ),
                kernel_initializer="random_uniform",
                bias_initializer="ones",
                activation="relu"))
model.add(Dense(8, kernel_initializer="random_uniform",
                bias_initializer="ones",
                activation="relu"))
model.add(Dense(2, kernel_initializer="random_uniform",
                bias_initializer="ones",
                activation="softmax"))
```

5

上述两个隐藏层和输出层的 Dense 神经层都有初始化权重矩阵和偏移量，其值是 Keras 内置初始器的名称字符串，两个参数的说明如下。

- kernel_initializer 参数：初始化神经层的权重矩阵，参数值字符串是初始器名称，默认值是 glorot_uniform。
- bias_initializer 参数：初始化偏向量的值，参数值字符串是初始器名称，默认值是 zeros。

Keras 的初始器是用来定义神经层初始随机的权重矩阵，常用权重初始器字符串（官方文件：https://keras.io/initializers/）见表 5-2。

表 5-2　常用权重初始器字符串及其说明

初始器字符串	说　明
zeros	全部初始为 0
ones	全部初始为 1
????_normal	正态分布的随机数，可以是 random_normal、剪裁极端值的 truncated_normal 和改良剪裁极端值的 glorot_normal
????_uniform	均匀分布的随机数，可以是 random_uniform、在正负范围之间的 lecun_uniform 和改良正负范围之间的 glorot_uniform

上述 Dense 对象的 kernel_initializer 参数值为 random_uniform，bias_initializer 参数值为 ones，其执行结果对于准确度的提升并没有明显的帮助，如下所示：

```
768/768 [==============================] - 0s 366us/step
准确度 = 0.78
```

4. 在编译模型使用 adam 优化器

优化方法是影响模型效能的重要因素之一，在 Keras 称为优化器，优化器就是各种改良版本的梯度下降法（其效能都有相关论文作为依据），我们可以在神经网络实际测试各种优化器中观察是否可以得到更好的结果。关于优化器各种超参数的详细说明，请参阅第 14 章或 Keras 官方文件：https://keras.io/optimizers/。

Python 程序 Ch5_2_3c.py 修改自 Ch5_2_3a.py，将优化器从 sgd 改为更好的 adam，如下所示：

```
model.compile(loss="binary_crossentropy", optimizer="adam",
              metrics=["accuracy"])
```

上述 optimizer 参数值是 adam 字符串，除了 sgd 和 adam 外，rmsprop 优化器是循环神经网络的最佳选择之一，其执行结果的准确度提升到 0.82（即 82%），如下所示：

```
768/768 [==============================] - 0s 387us/step
准确度 = 0.82
```

5. 减少神经网络的参数量

对于我们构建的神经网络，除了特征标准化、修改各神经层的激活函数、初始化权重矩阵和使用不同的优化器外，因为糖尿病数据集的样本数并不多，我们还可以缩小神经网络尺寸，也就是减少神经网络的参数量来改进模型的效能。

Python 程序 Ch5_2_3d.py 修改自 Ch5_2_3c.py，将第二层隐藏层的神经元数从 8 个改为 6 个，如下所示：

```
model.add(Dense(10, input_shape=(8, ), activation="relu"))
model.add(Dense(6, activation="relu"))
model.add(Dense(2, activation="softmax"))
```

上述代码因为缩小神经网络的尺寸，参数量也从 187 个变为 170 个，从其执行结果可以看到模型摘要信息，如下所示：

```
Layer (type)                 Output Shape              Param #
=================================================================
dense_160 (Dense)            (None, 10)                90
_____
dense_161 (Dense)            (None, 6)                 66
_____
dense_162 (Dense)            (None, 2)                 14
=================================================================
Total params: 170
Trainable params: 170
Non-trainable params: 0
_____
```

模型的准确度提升到 0.84（即 84%），如下所示：

```
768/768 [==============================] - 1s 793us/step
准确度 = 0.84
```

5-2-4 使用测试与验证数据集

第 5-2-2 节和第 5-2-3 节的神经网络都是使用同一组数据集训练和评估模型，在实际案例中，我们应该**使用训练数据集来训练模型，使用测试数据集来评估模型**，所以，我们需要将数据集分割成训练和测试数据集，更进一步，我们还可以从训练数据集分割出部分数据作为验证数据集。

1. 将数据集分割成训练和测试数据集

在训练和评估神经网络模型时，我们需要将数据集分割成训练和测试数据集，然后使用训练数据集来训练模型，测试数据集来评估模型，这种方式称为**持久性验证**（Holdout Validation）。

Python 程序 Ch5_2_4.py 是使用分割运算符将特征和标签数据集分割成前 690 条的 X_train 和 Y_train，后 78 条的 X_test 和 Y_test，如下所示：

```
X_train, Y_train = X[:690], Y[:690]      # 训练数据前 690 条
X_test, Y_test = X[690:], Y[690:]        # 测试数据后 78 条
```

现在，我们改用 X_train 和 Y_train 训练数据集来训练模型，如下所示：

```
model.fit(X_train, Y_train, epochs=150, batch_size=10, verbose=0)
```

然后，分别使用训练数据集和测试数据集来评估模型，如下所示：

```
loss, accuracy = model.evaluate(X_train, Y_train)
print("训练数据集的准确度 = {:.2f}".format(accuracy))
loss, accuracy = model.evaluate(X_test, Y_test)
print("测试数据集的准确度 = {:.2f}".format(accuracy))
```

上述代码分别使用 X_train、Y_train 训练数据集和 X_test、Y_test 测试数据集来评估模型，其执行结果如下所示：

```
690/690 [==============================] - 0s 52us/step
训练数据集的准确度 = 0.84
78/78 [==============================] - 0s 38us/step
测试数据集的准确度 = 0.76
```

上述训练数据集有 690 条数据，测试数据集有 78 条数据，准确度分别是 0.84（即 84%）和 0.76（即 76%）。基本上，训练数据集的准确度会高于测试数据集，因为训练数据是神经网络已经看过的训练数据，而测试数据集则是神经网络根本没看过的新数据。

很明显，新数据的准确度 76% 比 84% 低了很多，表示模型的**泛化性不足**，有过度

拟合的问题。因为预测模型有过度拟合的现象，可能是训练周期太多，为了找出最佳的训练周期，我们需要在训练模型使用验证数据集。

2. 在训练模型时使用验证数据集（手动分割）

如同分割出训练和测试数据集，我们一样可以手动从训练数据集再分割出验证数据集，为了方便说明，Python 程序 Ch5_2_4a.py 直接使用测试数据集作为训练模型时使用的验证数据集，如下所示：

```
history = model.fit(X_train, Y_train,
                    validation_data=(X_test, Y_test),
                    epochs=150, batch_size=10)
```

上述 fit() 函数的返回值是 histroy 历史记录对象，使用 validation_data 参数指定使用的验证数据集，在执行 Python 程序时默认 verbose=1，所以显示完整训练过程的信息，可以看到每一个训练周期多了验证损失和验证准确度，如下所示：

```
Train on 690 samples, validate on 78 samples
Epoch 1/150
690/690 [==============================] - 1s 2ms/step - loss: 0.7348 - acc: 0.4457 - val_loss: 0.7256 - val_acc: 0.4487
Epoch 2/150
690/690 [==============================] - 0s 129us/step - loss: 0.6643 - acc: 0.6536 - val_loss: 0.6674 - val_acc: 0.6667
Epoch 3/150
690/690 [==============================] - 0s 125us/step - loss: 0.6215 - acc: 0.7232 - val_loss: 0.6270 - val_acc: 0.7051
Epoch 4/150
690/690 [==============================] - 0s 127us/step - loss: 0.5822 - acc: 0.7507 - val_loss: 0.5925 - val_acc: 0.7564
Epoch 5/150
690/690 [==============================] - 0s 126us/step - loss: 0.5454 - acc: 0.7594 - val_loss: 0.5601 - val_acc: 0.7949
      . . . . . .
Epoch 145/150
690/690 [==============================] - 0s 156us/step - loss: 0.3753 - acc: 0.8319 - val_loss: 0.5819 - val_acc: 0.7692
Epoch 146/150
690/690 [==============================] - 0s 146us/step - loss: 0.3752 - acc: 0.8304 - val_loss: 0.5806 - val_acc: 0.7564
Epoch 147/150
690/690 [==============================] - 0s 155us/step - loss: 0.3745 - acc: 0.8275 - val_loss: 0.5783 - val_acc: 0.7692
Epoch 148/150
690/690 [==============================] - 0s 164us/step - loss: 0.3742 - acc: 0.8333 - val_loss: 0.5924 - val_acc: 0.7436
Epoch 149/150
690/690 [==============================] - 0s 136us/step - loss: 0.3753 - acc: 0.8319 - val_loss: 0.5765 - val_acc: 0.7692
Epoch 150/150
690/690 [==============================] - 0s 125us/step - loss: 0.3750 - acc: 0.8319 - val_loss: 0.5804 - val_acc: 0.7692
```

上述第一行是训练样本数 690 和验证样本数 78，每一行最后的 val_loss 是验证的损失分数，val_acc 是验证的准确度。然后使用 evaluate() 函数来评估模型，如下所示：

```
loss, accuracy = model.evaluate(X_train, Y_train)
print("训练数据集的准确度 = {:.2f}".format(accuracy))
loss, accuracy = model.evaluate(X_test, Y_test)
print("测试数据集的准确度 = {:.2f}".format(accuracy))
```

上述代码分别使用训练和测试数据集来评估模型，可以看出模型有过度拟合的问题，其执行结果如下所示：

```
690/690 [==============================] - 0s 9us/step
训练数据集的准确度 = 0.83
78/78 [==============================] - 0s 26us/step
测试数据集的准确度 = 0.76
```

为了找出神经网络最佳的训练周期次数，我们可以使用 Matplotlib 以 fit() 函数返回的 history 对象绘出训练和验证损失的趋势图表，如下所示：

```
import matplotlib.pyplot as plt

loss = history.history["loss"]
epochs = range(1, len(loss)+1)
val_loss = history.history["val_loss"]
plt.plot(epochs, loss, "bo", label="Training Loss")
plt.plot(epochs, val_loss, "r", label="Validation Loss")
plt.title("Training and Validation Loss")
plt.xlabel("Epochs")
plt.ylabel("Loss")
plt.legend()
plt.show()
```

上述代码从 history 对象取出 loss 训练损失和 val_loss 验证损失，epochs 是训练周期，可以绘制 X 轴是训练周期、Y 轴是损失的趋势图，如图 5-5 所示。

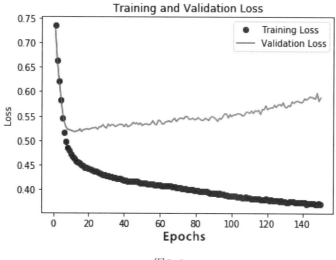

图5-5

从图 5-5 中可以看出训练和验证损失的趋势，训练数据集在反复学习后，损失逐渐下降，准确度会上升。但是，验证数据集在 10 次训练周期左右，其验证损失就没有再减少，反而是逐步增加。换句话说，我们执行再多次的训练周期，也只会让模型更加过度拟合。

同理，我们可以绘出训练和验证准确度的趋势如下所示：

```python
acc = history.history["acc"]
epochs = range(1, len(acc)+1)
val_acc = history.history["val_acc"]
plt.plot(epochs, acc, "b-", label="Training Acc")
plt.plot(epochs, val_acc, "r--", label="Validation Acc")
plt.title("Training and Validation Accuracy")
plt.xlabel("Epochs")
plt.ylabel("Accuracy")
plt.legend()
plt.show()
```

上述代码从 history 对象取出训练准确度 acc 和验证准确度 val_acc，epochs 是训练周期，可以绘制 X 轴是训练周期、Y 轴是准确度的趋势图，如图 5-6 所示。

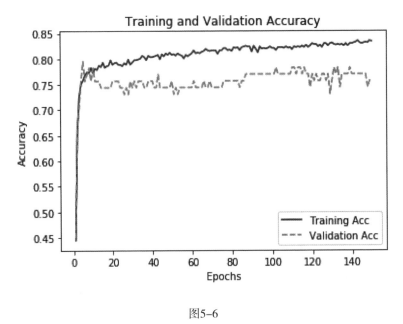

图5-6

从图 5-6 中可以看出训练数据集的准确度持续上升，但验证数据集约在 10 次训练周期之后，其准确度就没有再上升（波动大是因为样本数少）。

所以，我们的神经网络只需训练 10 次左右，不用训练到 150 次。Python 程序 Ch5_2_4b.py 的 epochs 参数值已经改为 10，如下所示：

```
history = model.fit(X_train, Y_train,
                    validation_data=(X_test, Y_test),
                    epochs=10, batch_size=10)
```

现在，训练数据集和测试数据集的准确度都是 0.78（78%），如下所示：

```
690/690 [==============================] - 0s 23us/step
训练数据集的准确度 = 0.78
78/78 [==============================] - 0s 0us/step
测试数据集的准确度 = 0.78
```

其训练与验证损失趋势图如图 5-7 所示。

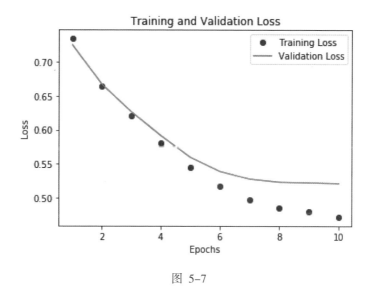

图 5-7

从图 5-7 中可以看到验证损失没有再下降，几乎是持平，但和训练损失之间仍有一些差距，表示有轻微过度拟合，不过已有大幅改善。

3. 在训练模型时使用验证数据集（自动分割）

Keras 中的 fit() 函数可以使用 validation_split 参数自动分割出验证数据集，Python 程序 Ch5_2_4c.py 修改自 Ch5_2_4b.py，改用 fit() 函数的参数来自动分割。换句话说，我们是从训练数据集之中再分割出验证数据集，如下所示：

```
history = model.fit(X_train, Y_train, validation_split=0.2,
                    epochs=14, batch_size=10)
```

上述 fit() 函数的 validation_split 参数值是 0.2（即 20%），另一个常用值是 0.33（33%），因为分割后的训练数据量更少，训练周期经笔者测试约需增加至 14 次，其执行结果的 14 次训练周期，如下所示：

```
Train on 552 samples, validate on 138 samples
Epoch 1/14
552/552 [==============================] - 1s 2ms/step - loss: 0.7417 - acc: 0.4529 - val_loss: 0.7208 - val_acc: 0.4855
Epoch 2/14
552/552 [==============================] - 0s 142us/step - loss: 0.6817 - acc: 0.5906 - val_loss: 0.6672 - val_acc: 0.6449
Epoch 3/14
552/552 [==============================] - 0s 170us/step - loss: 0.6459 - acc: 0.6920 - val_loss: 0.6256 - val_acc: 0.7246
Epoch 4/14
552/552 [==============================] - 0s 142us/step - loss: 0.6176 - acc: 0.7264 - val_loss: 0.5925 - val_acc: 0.7319
Epoch 5/14
552/552 [==============================] - 0s 113us/step - loss: 0.5890 - acc: 0.7609 - val_loss: 0.5606 - val_acc: 0.7754
Epoch 6/14
552/552 [==============================] - 0s 142us/step - loss: 0.5592 - acc: 0.7627 - val_loss: 0.5283 - val_acc: 0.7826
Epoch 7/14
552/552 [==============================] - 0s 150us/step - loss: 0.5336 - acc: 0.7699 - val_loss: 0.5033 - val_acc: 0.7754
Epoch 8/14
552/552 [==============================] - 0s 170us/step - loss: 0.5140 - acc: 0.7699 - val_loss: 0.4858 - val_acc: 0.7971
Epoch 9/14
552/552 [==============================] - 0s 142us/step - loss: 0.4991 - acc: 0.7736 - val_loss: 0.4733 - val_acc: 0.7899
Epoch 10/14
552/552 [==============================] - 0s 142us/step - loss: 0.4884 - acc: 0.7772 - val_loss: 0.4649 - val_acc: 0.7971
Epoch 11/14
552/552 [==============================] - 0s 142us/step - loss: 0.4815 - acc: 0.7826 - val_loss: 0.4606 - val_acc: 0.7971
Epoch 12/14
552/552 [==============================] - 0s 170us/step - loss: 0.4763 - acc: 0.7808 - val_loss: 0.4583 - val_acc: 0.7971
Epoch 13/14
552/552 [==============================] - 0s 170us/step - loss: 0.4699 - acc: 0.7826 - val_loss: 0.4553 - val_acc: 0.8043
Epoch 14/14
552/552 [==============================] - 0s 142us/step - loss: 0.4649 - acc: 0.7844 - val_loss: 0.4563 - val_acc: 0.7971
```

上述第一行是自动分割出的训练样本数 552 和验证样本数 138，每一行最后的 val_loss 是验证的损失分数，val_acc 是验证的准确度。训练数据集和测试数据集的准确度也是 0.78（78%），如下所示：

```
690/690 [==============================] - 0s 23us/step
训练数据集的准确度 = 0.78
78/78 [==============================] - 0s 0us/step
测试数据集的准确度 = 0.78
```

其训练与验证损失趋势如图 5-8 所示。

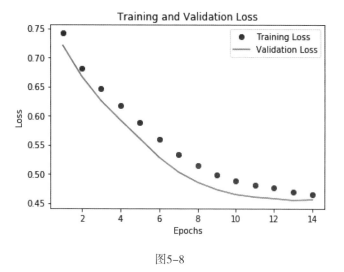

图5-8

从图 5-8 中可以看到训练损失和验证损失都是逐渐下降至几乎连在一起，神经网络的过度拟合基本上已经解决了。

5-2-5 模型的预测值

Keras 的 model 对象是调用 evaluate() 函数，使用批次来计算输入样本数据的误差，帮助我们调整神经网络，如果我们想取得的是模型的预测值，使用的是 predict() 函数。

Python 程序 Ch5_2_5.py 修改自 Ch5_2_4b.py，在 fit() 函数没有使用验证数据集，而是在最后使用 predict() 函数显示第一条测试数据的预测值，如下所示：

```
Y_pred = model.predict(X_test, batch_size=10, verbose=0)
print(Y_pred[0])
```

上述 predict() 函数的第一个参数是测试数据 X_test，因为是计算预测值，不需要 Y_test，在指定批次尺寸 batch_size 后，可以返回整个数据集预测值的 NumPy 数组，Y_pred[0] 是第一条，其执行结果如下所示：

```
[0.9327715 0.0672285]
```

上述预测值分别是两个神经元的预测值，第一个是 0.933，接近 1，所以 One-hot 编码是 [1, 0]，不会得糖尿病。

Python 程序 Ch5_2_5a.py 改用一个神经元的输出层，激活函数是 Sigmoid () 函数，如下所示：

```
model = Sequential()
model.add(Dense(8, input_shape=(8, ), activation="relu"))
model.add(Dense(8, activation="relu"))
model.add(Dense(1, activation="sigmoid"))
...
Y_pred = model.predict(X_test, batch_size=10, verbose=0)
print(Y_pred[0])
```

上述神经网络的预测值因为只有一个神经元，predict() 函数的执行结果如下所示：

```
[0.07563853]
```

上述预测值是一个神经元的预测值 0.076，接近 0，所以不会得糖尿病。

因为是分类预测，我们可以使用 predict_classes() 函数来预测分类（Python 程序 Ch5_2_5b.py），如下所示：

```
Y_pred = model.predict_classes(X_test, batch_size=10, verbose=0)
print(Y_pred[0], Y_pred[1])
```

上述 predict_classes() 函数执行结果的前两条分别是 0 和 1，即不会和会得糖尿病，如下所示：

```
[0] [1]
```

5-3　认识线性回归

统计的回归分析（Regression Analysis）是通过某些已知信息来预测未知变量，基本上，回归分析是一个大家族，包含多种不同的分析模式，最简单的就是线性回归（Linear Regression）。

1. 认识回归线

在说明线性回归之前，我们需要先认识什么是回归线。基本上，当我们预测市场走向，如物价、股市、房市和车市等，都会使用散点图来呈现数据点，如图 5-9 所示。

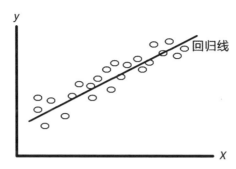

图5-9

从图 5-9 中可以看出众多散点分布在一条直线的周围，这条线可以使用数学公式来表示和预测点的走向，称为回归线。回归线这个名词是源于 1877 年英国遗传学家弗朗西斯·高尔顿（Francis Galton）在研究亲子间的身高关系时，发现父母身高会遗传给子女，但是，子女身高最后仍然会回归到人类身高的平均值，所以命名为回归线。

基本上，因为回归线是一条直线，其方向会往右斜向上，或往右斜向下，其说明如下。

- **回归线的斜率是正值**：回归线往右斜向上的斜率是正值（见图 5-9），x 和 y 的关系是正相关，x 值增加，同时 y 值也会增加。
- **回归线的斜率是负值**：回归线往右斜向下的斜率是负值，x 和 y 的关系是负相关，y 值减少，同时 x 值会增加，如图 5-10 所示。

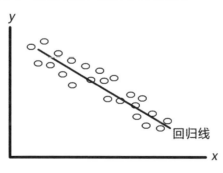

图5-10

2. 简单线性回归

简单线性回归是一种最简单的线性回归分析法，这条线可以使用数学的一次方程式来表示，也就是两个变量之间关系的数学公式，如下所示：

$$y = a + bx$$

其中，y 是反应变量（Response，或称为因变量），x 是解释变量（Explanatory，或称为自变量，此公式只有一个解释变量），a 是截距（Intercept），b 是回归系数，当从训练数据找出截距 a 和回归系数 b 的值后，就完成预测公式。我们只需使用新值 x，即可通过公式来预测 y 值。

3. 多元线性回归

多元线性回归是简单线性回归的扩充，预测模型的线性方程不止一个解释变量 X，而是有多个解释变量 x_1，x_2，...，x_k 等，其数学公式如下所示：

$$y = a + b_1x + b_2x_2 + \cdots + b_kx_k$$

其中，y 是反应变量，x_1~x_k 是解释变量，a 是截距，b_1~b_k 是回归系数。

基本上，线性回归是研究"一因一果"的问题，多元线性回归是一个反应变量 y 和多个解释变量 x_1，x_2，...，x_k 的关系，这是一种"多因一果"的问题。

5-4 构建回归问题的神经网络——波士顿房价预测

在了解了线性回归后，我们就可以构建神经网络来解决回归问题，本节我们准备使用波士顿房屋数据集来预测波士顿近郊的房价，这是一种多因一果的多元线性回归问题。

5-4-1 认识波士顿房屋数据集

波士顿房屋数据集的内容是波士顿近郊 20 世纪 70 年代房屋价格的相关数据，Python 程序可以使用 Pandas 载入 boston_housing.csv 波士顿房屋数据集（Python 程序 Ch5_4_1.py），如下所示：

```
import pandas as pd
```

```
df = pd.read_csv("./boston_housing.csv")
```

上述代码调用 Pandas 的 read_csv() 函数载入 bostom_housing.csv 数据集，当成功载入数据集后，我们可以探索数据集，显示前 5 条记录，如下所示：

```
print(df.head())
```

上述代码调用 head() 函数显示前 5 条记录，其执行结果如下表所示：

	crim	zn	indus	chas	nox	rm	age	dis	rad	tax	ptratio	b	lstat	medv
0	0.00632	18.0	2.31	0	0.538	6.575	65.2	4.0900	1	296	15.3	396.90	4.98	24.0
1	0.02731	0.0	7.07	0	0.469	6.421	78.9	4.9671	2	242	17.8	396.90	9.14	21.6
2	0.02729	0.0	7.07	0	0.469	7.185	61.1	4.9671	2	242	17.8	392.83	4.03	34.7
3	0.03237	0.0	2.18	0	0.458	6.998	45.8	6.0622	3	222	18.7	394.63	2.94	33.4
4	0.06905	0.0	2.18	0	0.458	7.147	54.2	6.0622	3	222	18.7	396.90	5.33	36.2

上述波士顿房屋数据集共有 14 个字段，其说明如下。

- crim：人均犯罪率。
- zn：占地面积超过 25000 平方英尺（英制面积单位，1 平方英尺 ≈0.09290304 平方）的住宅用地比例。
- indus：每个城镇非零售业务的土地比例。
- chas：是否邻近查尔斯河（1 是邻近、0 是没有）。
- nox：一氧化氮浓度（千万分之一）。
- rm：住宅的平均房间数。
- age：1940 年以前建造的自住单位比例。
- dis：到 5 个波士顿就业中心的加权距离。
- rad：到达高速公路的方便性指数。
- tax：每万元的全价值的房屋税。
- ptratio：城镇的师生比。
- b：公式 $1000*(Bk-0.63)**2$ 的值，Bk 是城镇的黑人比例。
- lstat：低收入人口的比例。
- medv：自住房屋的中位数价格（单位是千元美金）。

然后我们可以使用 shape 属性，显示数据集有几条记录和几个字段，即形状，如下所示：

```
print(df.shape)
```

上述代码的执行结果显示 14 个字段共 506 条记录，如下所示：

```
(506, 14)
```

我们准备分割数据集的前 13 个字段作为神经网络的特征数据，最后一个字段就是目标值的标签数据。

5-4-2 使用交叉验证构建回归分析的神经网络

当神经网络训练的数据集是小数据量的数据集时，如果将训练数据集再分割出验证数据集，则可供训练的数据更少，为了能够完整使用训练数据集来进行模型的训练和验证，我们准备使用交叉验证来打造回归分析的神经网络。

1. *K*-fold 交叉验证

交叉验证是将数据集分割成两个或更多的分隔区（Partitions），并且将每一个分隔区都一一作为验证数据集，其他剩下的分隔区则作为训练数据集，最常用的交叉验证是 *K*-fold 交叉验证，如图 5-11 所示。

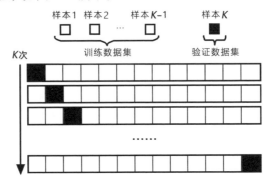

图5-11

图 5-11 中的 *K*-fold 是将数据集随机分割成相同大小的 *K* 个分隔区，或称为**折**（Folds），第一次使用第一个分隔区作为验证数据集来验证模型，其他 *K*–1 个分隔区用来训练模型；第二次是使用第二个分隔区作为验证数据集来验证模型，其他 *K*–1 个分隔区用来训练模型，重复执行 *K* 次来组合出最后的训练模型。

例如，当 *K*=4 时，数据集分成 0~3 共 4 个折，第一次使用第 0 折作为验证数据集，第 1~3 折是训练数据集；第二次是使用第 1 折作为验证数据集，第 0 和 第 2~3 折是训练数据集；第三次是第 2 折作为验证数据集，第 0~1 和 第 3 折是训练数据集；第四次是使用第 3 折作为验证数据集，第 0~2 折是训练数据集。换句话说，交叉验证可以让我们使用数据集的所有样本数据来训练模型。

2. 创建回归分析的神经网络

Python 程序 Ch5_4_2.py 在载入波士顿房屋数据集后，使用 Keras 构建神经网络和使用 *K*-fold 交叉验证，如下所示：

```
import numpy as np
import pandas as pd
from keras.models import Sequential
from keras.layers import Dense
```

```
np.random.seed(7)
```

上述代码导入相关包或模块后，指定随机数种子值为 7，然后载入数据集，如下所示：

```
df = pd.read_csv("./boston_housing.csv")
dataset = df.values
np.random.shuffle(dataset)
```

上述代码使用 Pandas 载入 CSV 文件的数据集后，使用 values 属性转换成 NumPy 数组，然后使用随机数来打乱数据，即可在下方分割成前 13 个字段的特征数据和第 14 个字段的标签数据，如下所示：

```
X = dataset[:, 0:13]
Y = dataset[:, 13]
X -= X.mean(axis=0)
X /= X.std(axis=0)
X_train, Y_train = X[:404], Y[:404]      # 训练数据前 404 条
X_test, Y_test = X[404:], Y[404:]        # 测试数据后 102 条
```

上述代码执行特征数据 X 的特征标准化后，切割成 404 条训练数据和 102 条测试数据，然后创建 build_model() 函数来定义模型，如下所示：

```
def build_model():
    model = Sequential()
    model.add(Dense(32, input_shape=(X_train.shape[1], ),
                    activation="relu"))
    model.add(Dense(1))
    model.compile(loss="mse", optimizer="adam",
                  metrics=["mae"])
    return model
```

上述 Keras 模型是一个 3 层神经网络，拥有一个 Dense 隐藏层和输出层，因为是回归分析，输出层没有激活函数，compile() 函数使用的损失函数是 MSE，评估标准 metrics 是平均绝对误差（Mean Absolute Error，MAE），这是误差绝对值的平均，可以真实反映预测值与标签值误差的实际情况。

然后执行 $K=4$ 的 K-fold 交叉验证，变量 nb_val_samples 是每一折的样本数，nb_epochs 是训练周期数，如下所示：

5

```
k = 4
nb_val_samples = len(X_train) // k
nb_epochs = 80
mse_scores = []
mae_scores = []
```

上述 mse_scores 和 mae_scores 列表变量记录每一次循环评估模型的 MSE 和 MAE 值，在下方 for 循环共执行 *K*=4 次，首先使用切割运运算符取出第 *K* 个验证数据集 X_val 和 Y_val，如下所示：

```
for i in range(k):
    print("Processing Fold #" + str(i))
    X_val = X_train[i*nb_val_samples: (i+1)*nb_val_samples]
    Y_val = Y_train[i*nb_val_samples: (i+1)*nb_val_samples]
    X_train_p = np.concatenate(
            [X_train[:i*nb_val_samples],
             X_train[(i+1)*nb_val_samples:]], axis=0)
    Y_train_p = np.concatenate(
            [Y_train[:i*nb_val_samples],
             Y_train[(i+1)*nb_val_samples:]], axis=0)
```

上述代码使用 concatenate() 函数结合剩下的折来创建训练数据集 X_train_p 和 Y_train_p，就可以在下方调用 build_model() 函数创建神经网络模型，如下所示：

```
    model = build_model()
    model.fit(X_train_p, Y_train_p, epochs=nb_epochs,
              batch_size=16, verbose=0)
    mse, mae = model.evaluate(X_val, Y_val)
    mse_scores.append(mse)
    mae_scores.append(mae)
```

上述代码依次调用 fit() 函数训练模型、evaluate() 函数评估模型，最后将评估结果的 mse 和 mae 存储起来，在下方代码显示完成 4 次循环后 *K*-fold 交叉验证的 mse 和 mae 的平均值，如下所示：

```
print("MSE_val: ", np.mean(mse_scores))
print("MAE_val: ", np.mean(mae_scores))
mse, mae = model.evaluate(X_test, Y_test)
print("MSE_test: ", mse)
```

```
print("MAE_test: ", mae)
```

上述代码使用测试数据调用 evaluate() 函数，可以使用测试数据来评估模型，其执行结果如下所示：

```
Processing Fold #0
101/101 [==============================] - 0s 811us/step
Processing Fold #1
101/101 [==============================] - 0s 960us/step
Processing Fold #2
101/101 [==============================] - 0s 1ms/step
Processing Fold #3
```

```
101/101 [==============================] - 0s 1ms/step
MSE_val:  26.306359548379877
MAE_val:  3.622881829738617
102/102 [==============================] - 0s 39us/step
MSE_test:  13.828716427672143
MAE_test:  3.051452220654955
```

上述执行结果共执行 4 次，即 4 折，每一折验证数据的样本数据是 101 条，最后分别显示验证和测试数据的 MSE 和 MAE，其中 MAE 的值是每 0.5 误差 500 美元，测试数据集的 MAE 约为 3.051，也就是房价误差为 3051 美元。

3. 使用比较深的 4 层神经网络

Python 程序 Ch5_4_2a.py 修改自 Ch5_4_2.py，将神经网络从 3 层的 MLP 神经网络改为 4 层的深度神经网络，如下所示：

```
def build_deep_model():
    model = Sequential()
    model.add(Dense(32, input_shape=(X_train.shape[1], ),
                    activation="relu"))
    model.add(Dense(16, activation="relu"))
    model.add(Dense(1))
    model.compile(loss="mse", optimizer="adam",
                  metrics=["mae"])
    return model
```

上述 build_deep_model() 函数共有两层隐藏层，其神经元数分别是 32 和 16，同样

使用 *K*=4 的 *K*-fold 交叉验证，其执行结果如下所示：

```
Processing Fold #0
101/101 [==============================] - 0s 1ms/step
Processing Fold #1
101/101 [==============================] - 0s 2ms/step
Processing Fold #2
101/101 [==============================] - 0s 2ms/step
Processing Fold #3
101/101 [==============================] - 0s 2ms/step
```

```
MSE_val:  18.449123982155676
MAE_val:  2.848198714232681
102/102 [==============================] - 0s 78us/step
MSE_test:  8.406956794215183
MAE_test:  2.1675730382694915
```

上述执行结果测试数据集的 MAE 约为 2.168，也就是房价差 2168 美元，误差下降了很多。

第 5-4-2 节的 Python 程序示例是使用 7 的随机数种子值，不是之前的 10，因为验证和测试样本数只有 100 多的情况下，样本数据的分布会严重影响房价预测的误差，不同的随机数种子值可能产生完全不同的数据分布。如果将 Python 程序 Ch5_4_2a.py 的随机数种子值改为 10，其执行结果如下所示：

```
MSE_val:  11.267393168836536
MAE_val:  2.4047949848198655
102/102 [==============================] - 0s 39us/step
MSE_test:  22.70579638668135
MAE_test:  2.8593253925734876
```

从上述执行结果可以看出，*K*-fold 交叉验证的误差比较低，测试数据集的误差反而高了很多。**请注意！我们是依据随机数种子值的 Python 程序执行结果来进行预测、分析和调试的，不同的随机数种子值，可能产生完全不同的数据分布，造成完全不同的模型预测结果。**

基本上，机器学习 / 深度学习的样本数据数量和品质对于模型效能有很大的影响力，如何收集和处理出最佳的样本数据，才是决定深度学习成败的关键，因为**"数据就是王道"**（Data is King）。

5

4. 使用全部训练数据来训练模型

当我们使用 *K*-fold 交叉验证分析找出最佳的神经网络结构后，就可以训练出最后的预测模型，即使用全部训练数据来训练模型。Python 程序 Ch5_4_2b.py 的神经网络一样是两层隐藏层，只是神经元数都是 32 个，如下所示：

```
model = Sequential()
model.add(Dense(32, input_shape=(X_train.shape[1], ),
                    activation="relu"))
model.add(Dense(32, activation="relu"))
model.add(Dense(1))
```

在编译上述模型后，可以使用全部训练数据（没有分割验证数据）来训练模型，如下所示：

```
model.fit(X_train, Y_train, epochs=80, batch_size=16, verbose=0)
```

最后，我们可以使用测试数据来评估模型，如下所示：

```
mse, mae = model.evaluate(X_test, Y_test)
print("MSE_test: ", mse)
print("MAE_test: ", mae)
```

上述 Python 程序的执行结果如下所示：

```
102/102 [==============================] - 0s 4ms/step
MSE_test:  8.167078588523117
MAE_test:  2.145909648315579
```

测试数据集的 MAE 约为 2.146，也就是房价误差为 2146 美元。

5-5 存储与载入神经网络模型

在完成神经网络训练后，我们可以存储神经网络的模型和权重，其目的是将找出的最优权重保留下来，Python 程序能够直接载入神经网络模型与权重来进行预测，这样就不用每次都重复花时间来训练模型。

5-5-1　存储神经网络模型结构与权重

Keras 神经网络模型可以使用两种方式来存储，第一种是分开存储模型结构与权重，第二种是一次完整存储模型结构与权重。

1. 方法一：分开存储模型结构与权重

Keras 模型结构可以存储成 JSON 格式文件，权重是另一个文件，Python 程序 Ch5_5_1.py 修改自 Ch5_2_4c.py，在最后新增存储模型结构与权重的代码，首先是存储模型结构，如下所示：

```
json_str = model.to_json()
with open("Ch5_5_1Model.config", "w") as text_file:
    text_file.write(json_str)
```

上述代码调用 to_json() 函数创建 JSON 字符串后，打开文字文件 Ch5_5_1Model.config，将模型 JSON 字符串存储成文件，然后存储模型的权重，如下所示：

```
model.save_weights("Ch5_5_1Model.weight")
```

上述代码调用 save_weights() 函数存储模型的**权重**至 Ch5_5_1Model.weight 文件。

2. 方法二：同时存储模型结构与权重

Keras 模型可以同时存储模型结构与权重成为 HDF5 **格式**的文件，在 Python 程序 Ch5_5_1a.py 的最后同时存储模型结构与权重，如下所示：

```
model.save("Ch5_5_1a.h5")
```

上述代码调用 save() 函数存储模型结构与权重至 Ch5_5_1a.h5 文件。

5-5-2　载入神经网络模型结构与权重

如果已经成功存储 Keras 模型的结构与权重文件，因为存储方式有两种，我们也用两种方式来载入模型结构与权重。

1. 方法一：分开载入神经网络模型结构与权重

因为 Keras 模型存储成两个文件，我们需要分开载入模型结构与权重，Python 程序 Ch5_5_2.py 在载入数据集和创建样本数据后，即可导入 model_from_json 来载入模型，如下所示：

```
from keras.models import model_from_json
```

```
model = Sequential()
with open("Ch5_5_1Model.config", "r") as text_file:
    json_str = text_file.read()
model = model_from_json(json_str)
```

上述代码创建 Sequential 对象后，打开模型结构文件来读取 JSON 格式字符串，然后使用 model_from_json() 创建模型后，就可以载入模型的权重，如下所示：

```
model.load_weights("Ch5_5_1Model.weight", by_name=False)
model.compile(loss="binary_crossentropy", optimizer="adam",
                metrics=["accuracy"])
```

上述代码调用 load_weights() 函数载入模型的权重后，我们还需要调用 compile() 函数编译模型，才可以评估模型和计算预测值。

2. 方法二：同时载入神经网络模型结构与权重

因为 Keras 模型存储成一个文件，Python 程序 Ch5_5_2a.py 在载入数据集和创建样本数据后，即可导入 load_model 来载入神经网络模型的结构与权重，如下所示：

```
from keras.models import load_model
```

```
model = Sequential()
model = load_model("Ch5_5_1a.h5")
model.compile(loss="binary_crossentropy", optimizer="adam",
                metrics=["accuracy"])
```

上述代码调用 load_model() 载入模型的结构和权重后，我们还需要调用 compile() 函数编译模型，才可以评估模型和计算预测值。

5

课后检测

1. 请简单说明如何使用 Keras 构建 MLP 神经网络。

2. 请回答什么是皮马印第安人的糖尿病数据集以及 Keras 构建神经网络的基本步骤是什么。

3. 请举例说明 3 种调整神经网络的方法，并简述如何使用测试和验证数据集。

4. 请简单说明什么是线性回归以及什么是回归线。

5. 请回答什么是波士顿房屋数据集以及什么是 K-fold 交叉验证。

6. 请计算 Python 程序 Ch5_4_2.py、Ch5_4_2a.py 和 Ch5_4_2b.py 神经网络各神经层的参数个数和参数总数。

7. 请参考第 5-2-5 节的说明修改 Python 程序 Ch5_4_2b.py，可以显示测试数据集第一条记录的房屋预测价格。

8. 请创建 Python 程序，使用不同随机数种子数，例如，使用员工编号或学号，然后重做第 5-2 节糖尿病数据集的二元分类预测。

9. 请创建 Python 程序，使用不同随机数种子数，例如，使用员工编号或学号，然后使用 K-fold 交叉验证重做 5-4 节波士顿房屋数据集的房价预测。

10. 请将 Python 程序 Ch5_4_2b.py 的神经网络结构和权重存储成文件。

5

第6章

多层感知器的应用案例

6-1 案例：鸢尾花数据集的多元分类

鸢尾花数据集是 3 种鸢尾花的花瓣和花萼数据，可以让我们使用神经网络训练预测模型分类鸢尾花，属于一种多元分类。

6-1-1 认识与探索鸢尾花数据集

鸢尾花数据集是一个 CSV 文件，我们可以创建 DataFrame 对象 df 载入数据集（Python 程序 Ch6_1_1.py），如下所示：

```
df = pd.read_csv("./iris_data.csv")
print(df.shape)
```

上述代码调用 read_csv() 函数载入 CSV 文件 iris_data.csv 后，使用 shape 属性显示数据集的形状，其执行结果如下所示：

```
(150, 5)
```

上述鸢尾花数据集是 5 个字段共 150 条数据。

1. 探索数据：Ch6_1_1a.py

在成功载入数据集后，首先来看一看前几条数据，如下所示：

```
print(df.head())
```

上述代码调用 head() 函数显示前 5 条数据，其执行结果如下所示：

	sepal_length	sepal_width	petal_length	petal_width	target
0	5.1	3.5	1.4	0.2	setosa
1	4.9	3.0	1.4	0.2	setosa
2	4.7	3.2	1.3	0.2	setosa
3	4.6	3.1	1.5	0.2	setosa
4	5.0	3.6	1.4	0.2	setosa

上面每一行是一种鸢尾花的花瓣和花萼数据，各字段的说明如下。

- sepal_length：花萼的长度。
- sepal_width：花萼的宽度。
- petal_length：花瓣的长度。
- petal_width：花瓣的宽度。
- target：鸢尾花种类，其值为 setosa、versicolor 或 virginica。

接着，我们可以使用 describe() 函数显示数据集描述，如下所示：

```
print(df.describe())
```

上述代码显示统计摘要信息，其执行结果如下所示：

	sepal_length	sepal_width	petal_length	petal_width
count	150.000000	150.000000	150.000000	150.000000
mean	5.843333	3.054000	3.758667	1.198667
std	0.828066	0.433594	1.764420	0.763161
min	4.300000	2.000000	1.000000	0.100000
25%	5.100000	2.800000	1.600000	0.300000
50%	5.800000	3.000000	4.350000	1.300000
75%	6.400000	3.300000	5.100000	1.800000
max	7.900000	4.400000	6.900000	2.500000

上面显示 4 个数值字段的统计摘要信息，可以看到字段值的数据量、平均值、标准差、最小值和最大值等数据描述。

2. 显示可视化图表：Ch6_1_1b.py

我们准备使用 Matplotlib 可视化显示花瓣和花萼长宽的散点图，这是套用色彩的两个子图，为了套用色彩，需要将 DataFrame 对象 df 的 target 字段转换成 0~2 的整数，colmap 是色彩对照表，代码如下所示：

```
target_mapping = {"setosa": 0,
                  "versicolor": 1,
                  "virginica": 2}
Y = df["target"].map(target_mapping)
colmap = np.array(["r", "g", "y"])
plt.figure(figsize=(10, 5))
plt.subplot(1, 2, 1)
plt.subplots_adjust(hspace = .5)
```

```
plt.scatter(df["sepal_length"], df["sepal_width"], color=colmap[Y])
plt.xlabel("Sepal Length")
plt.ylabel("Sepal Width")
plt.subplot(1, 2, 2)
plt.scatter(df["petal_length"], df["petal_width"], color=colmap[Y])
plt.xlabel("Petal Length")
plt.ylabel("Petal Width")
plt.show()
```

上述代码调用 subplots_adjust() 函数调整间距，使用 scatter() 函数绘制散点图，参数 color 对应 target 字段值来显示不同色彩，可以分别绘出花萼（Sepal）和花瓣（Petal）的长和宽为坐标 (x, y) 的散点图，其执行结果如图 6-1 所示。

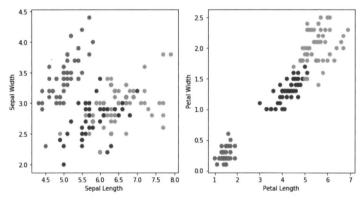

图6-1

图 6-1 中散点图的红色点（深灰）是 setosa、绿色点（黑）是 versicolor、黄色点（浅灰）是 virginica，这是 3 种鸢尾花的分类。除了使用 Matplotlib，我们也可以使用 Seaborn 进行数据可视化，如下所示：

```
import seaborn as sns
```

```
sns.pairplot(df, hue="target")
```

上述代码调用 pairplot() 函数使用各字段相互配对方式来显示多个散点图，第 1 个参数是 DataFrame 对象 df，hue 参数值是 target 字段，表示使用此字段值来显示数据点色彩（见图例说明），如图 6-2 所示。

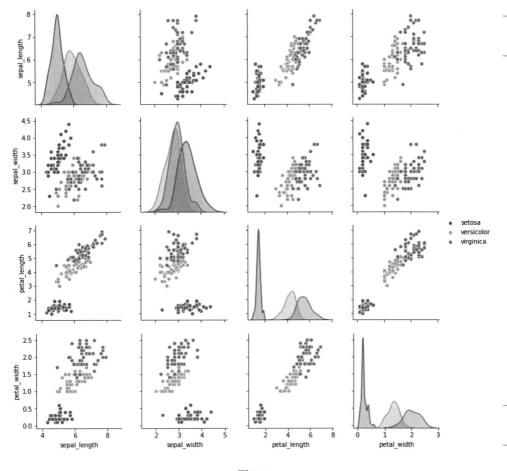

图6-2

6-1-2 鸢尾花数据集的多元分类

Python 程序 Ch6_1_2.py 创建鸢尾花数据集的多元分类，首先导入所需的模块与包，如下所示：

```
import numpy as np
import pandas as pd
from keras.models import Sequential
from keras.layers import Dense
from keras.utils import to_categorical
```

```
np.random.seed(7)
```

上述代码导入 NumPy 和 Pandas 包，Keras 有 Sequential 模型和 Dense 全连接层，to_categorical 为 One-hot 编码，然后指定随机数种子为 7。

1. 步骤一：数据预处理

在载入鸢尾花数据集后，我们需要进行如下数据预处理：
- 将 target 字段的 3 种分类转换为整数 0、1、2。
- 分割为特征数据和标签数据，并且进行标签数据的 One-hot 编码。
- 执行特征标准化。
- 将数据集分割为训练和测试数据集。

Python 程序首先载入鸢尾花数据集，如下所示：

```
df = pd.read_csv("./iris_data.csv")
```

上述代码调用 read_csv() 函数载入数据集后，就可以创建分类与数值对照表的 target_mapping 字典，如下所示：

```
target_mapping = {"setosa": 0,
                  "versicolor": 1,
                  "virginica": 2}
df["target"] = df["target"].map(target_mapping)
```

上述代码调用 map() 函数将分类字段转换为 0、1、2 的值。然后使用 values 属性取出 NumPy 数组，调用 np.random.shuffle() 函数使用随机数来打乱数据，如下所示：

```
dataset = df.values
np.random.shuffle(dataset)
X = dataset[:, 0:4].astype(float)
Y = to_categorical(dataset[:, 4])
```

上述分割运算符分割前 4 个字段的特征数据后，转换为 float 类型，第 5 个字段是标签数据，需要先使用 to_categorical() 函数执行 One-hot 编码，然后执行标准化，如下所示：

```
X -= X.mean(axis=0)
X /= X.std(axis=0)
```

最后将数据集的 150 条数据分割成训练数据集（前 120 条）和测试数据集（后 30 条），如下所示：

```
X_train, Y_train = X[:120], Y[:120]
X_test, Y_test = X[120:], Y[120:]
```

2. 步骤二：定义模型

接着定义神经网络模型，规划一个 4 层的神经网络，如图 6-3 所示。

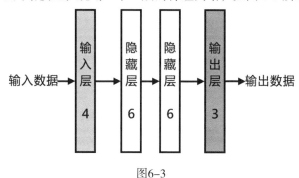

图6–3

上述输入层有 4 个特征，两个隐藏层都有 6 个神经元，因为鸢尾花数据集是预测 3 种分类的鸢尾花，属于多元分类问题，所以输出层是 3 类共 3 个神经元。

下面用 Python 程序定义 Keras 神经网络模型，首先创建 Sequential 对象，如下所示：

```
model = Sequential()
model.add(Dense(6, input_shape=(4, ), activation="relu"))
model.add(Dense(6, activation="relu"))
model.add(Dense(3, activation="softmax"))
```

上述代码调用 3 次 add() 函数新增 3 层 Dense 层，其说明如下。

- **第 1 层隐藏层**：6 个神经元，使用 input_shape 指定输入层是 4 个神经元，启动函数是 ReLU() 函数。
- **第 2 层隐藏层**：6 个神经元，激活函数是 ReLU() 函数。
- **输出层**：3 个神经元，激活函数是 Softmax() 函数。

然后调用 summary() 函数显示模型的摘要信息，如下所示：

```
model.summary()
```

上述函数显示每一层神经层的参数个数和整个神经网络的参数总数，其执行结果如下所示：

```
Layer (type)                 Output Shape            Param #
=================================================================
dense_1 (Dense)              (None, 6)                30

dense_2 (Dense)              (None, 6)                42

dense_3 (Dense)              (None, 3)                21
=================================================================
Total params: 93
Trainable params: 93
Non-trainable params: 0
```

上述各神经层的参数计算如下所示：

隐藏层 1：4*6+6 = 30
隐藏层 2：6*6+6 = 42
输出层：6*3+3 = 21

3. 步骤三：编译模型

在定义好模型后，我们需要编译模型转换为低阶 TensorFlow 计算图，如下所示：

```
model.compile(loss="categorical_crossentropy", optimizer="adam",
              metrics=["accuracy"])
```

上述 compile() 函数是编译模型，使用 categorical_crossentropy() 损失函数，优化器为 adam，评估标准为准确度。

4. 步骤四：训练模型

在编译模型为 TensorFlow 计算图后，我们就可以输入特征数据来训练模型，如下所示：

```
model.fit(X_train, Y_train, epochs=100, batch_size=5)
```

上述 fit() 函数是训练模型，第一个参数是训练数据集 X_train，第二个参数是标签数据集 Y_train，训练周期是 100 次，批次尺寸是 5，其执行结果本书仅列出最后几次训练周期，如下所示：

```
Epoch 97/100
120/120 [==============================] - 0s 250us/step - loss: 0.0972 - acc: 0.9833
Epoch 98/100
120/120 [==============================] - 0s 217us/step - loss: 0.0963 - acc: 0.9833
Epoch 99/100
120/120 [==============================] - 0s 200us/step - loss: 0.0946 - acc: 0.9833
Epoch 100/100
120/120 [==============================] - 0s 225us/step - loss: 0.0936 - acc: 0.9833
```

5. 步骤五：评估与存储模型

当使用训练数据集训练模型后，我们可以使用测试数据集来评估模型效能，如下所示：

```
loss, accuracy = model.evaluate(X_test, Y_test)
print("准确度 = {:.2f}".format(accuracy))
```

上述代码调用 evaluate() 函数评估模型，参数是 X_test 和 Y_test 数据集，其执行结果的准确度是 0.97（即 97%），如下所示：

```
30/30 [==============================] - 0s 1ms/step
准确度 = 0.97
```

然后使用 save() 函数存储模型结构和权重，如下所示：

```
print("Saving Model: iris.h5 ...")
model.save("iris.h5")
```

从上述代码的执行结果中可以看到存储为文件 iris.h5，如下所示：

```
Saving Model: iris.h5 ...
```

6-1-3 预测鸢尾花的种类

在第 6-1-2 节已经成功训练和存储了预测模型，本节我们准备载入模型预测鸢尾花种类，Python 程序 Ch6_1_3.py 的数据预处理和 Ch6_1_2.py 相同，这里不再重复列出和说明。

1. 载入模型、编译模型和评估模型

因为 Keras 模型已经保存，我们只需创建 Sequential 对象，便可以使用 load_

model() 载入模型文件 iris.h5，如下所示：

```
model = Sequential()
model = load_model("iris.h5")
model.compile(loss="categorical_crossentropy", optimizer="adam",
              metrics=["accuracy"])
```

上述代码在编译模型后，就可以评估模型，所下所示：

```
loss, accuracy = model.evaluate(X_test, Y_test)
print("测试数据集的准确度 = {:.2f}".format(accuracy))
```

上述代码使用测试数据集评估模型，其执行结果如下所示：

```
30/30 [==============================] - 2s 69ms/step
测试数据集的准确度 = 0.97
```

2. 预测鸢尾花的种类

现在，我们可以预测 X_test 测试数据集的鸢尾花种类，因为是预测分类数据，使用 predict_classes() 函数，如下所示：

```
Y_pred = model.predict_classes(X_test)
print(Y_pred)
Y_target = dataset[:, 4][120:].astype(int)
print(Y_target)
```

上述代码首先预测 X_test 测试数据集的鸢尾花种类，因为 Y_test 数据集执行了 One-hot 编码，所以改为从 dataset 阵列再次分割标签数据且转换为整数，即可将预测值和标签数据进行比较，其执行结果如下所示：

```
[0 1 1 2 2 1 2 0 1 1 0 0 0 1 1 0 2 2 1 2 0 2 1 2 0 2 1 2 1 0]
[0 1 1 2 2 1 2 0 1 1 0 0 0 1 1 0 2 2 1 2 0 2 1 1 0 2 1 2 1 0]
```

上述执行结果的上部是预测值，下部是标签值，两个阵列只有一个错误（倒数第 7 个），当预测数据量大时，我们很难一个一个来比对其值，为了方便分析评估结果，我们可以使用混淆矩阵来进行分析。

3. 使用混淆矩阵进行分析

混淆矩阵（Confusion Matrix）是一个二维矩阵，可以用来评估分类结果的分析表，每一行是真实标签值，每一列是预测值。我们可以使用 Pandas 的 crosstab() 函数来创建混淆矩阵，如下所示：

```
tb=pd.crosstab(Y_target, Y_pred,
                rownames=["label"], colnames=["predict"])
print(tb)
```

上述函数的第一个参数是真实标签值，第二个参数是预测值，rownames 参数是行名称，colnames 是列名称，其执行结果如下所示。

predict	0	1	2
label			
0	9	0	0
1	0	11	1
2	0	0	9

上述矩阵中从左上至右下的对角线是预测正确的数量，其他是预测错误的数量，可以看出 label 1 的最后一列有一个预测错误，标签值是 1，预测值是 2。

6-2 案例：泰坦尼克号数据集的生存分析

泰坦尼克（Titanic）号是 1912 年 4 月 15 日在大西洋旅程中撞上冰山沉没的一艘皇家邮轮，这次意外事件造成 2224 名乘客及船员中 1500 多人死亡，泰坦尼克号数据集（Titanic Dataset）就是船上乘客的相关数据。

6-2-1 认识与探索泰坦尼克号数据集

泰坦尼克号数据集是一个 CSV 文件，我们可以创建 DataFrame 对象 df 来载入数据集（Python 程序 Ch6_2_1.py），如下所示：

```
df = pd.read_csv("titanic_data.csv")
print(df.shape)
```

上述代码调用 read_csv() 函数载入 CSV 文件 titanic_data.csv 后，使用 shape 属性显示数据集的形状，其执行结果如下所示：

```
(1309, 11)
```

上述泰坦尼克号数据集是 11 个字段共 1309 条数据，每一行的记录是一位乘客，在数据集中的乘客数共 1309 人。

1. 探索数据：Ch6_2_1a.py

在成功载入数据集后，首先我们来看一看前几条数据，如下所示：

```
print(df.head())
```

上述代码调用 head() 函数显示前 5 条数据，其执行结果如下所示。

	pclass	survived	name	sex	age	sibsp	parch	ticket	fare	cabin	embarked
0	1	1	Allen Miss. Elisabeth Walton	female	29.0000	0	0	24160	211.3375	B5	S
1	1	1	Allison Master. Hudson Trevor	male	0.9167	1	2	113781	151.5500	C22 C26	S
2	1	0	Allison Miss. Helen Loraine	female	2.0000	1	2	113781	151.5500	C22 C26	S
3	1	0	Allison Mr. Hudson Joshua Creighton	male	30.0000	1	2	113781	151.5500	C22 C26	S
4	1	0	Allison Mrs. Hudson J C (Bessie Waldo Daniels)	female	25.0000	1	2	113781	151.5500	C22 C26	S

上表中一行是一位乘客的数据，各字段说明如下。

■ pclass：乘客舱位等级，其值为 1、2、3，依次是头等舱、二等舱和三等舱。

■ survived：生存或死亡，值 1 为生存，0 为死亡。

■ name：乘客姓名。

■ sex：乘客性别，male 为男，female 为女。

■ age：乘客年龄，为整数数据。

■ sibsp：兄弟姊妹或配偶也在船上的人数。

■ parch：父母或子女也在船上的人数。

■ ticket：船票号码。

■ fare：船票费用。

■ cabin：舱位号码。

■ embarked：登船的港口代码，C 是 Cherbourg、Q 是 Queenstown、S 是 Southampton。

接着，我们可以使用 describe() 函数显示数据集描述，如下所示：

```
print(df.describe())
```

上述代码显示统计摘要信息，其执行结果如下所示。

	pclass	survived	age	sibsp	parch	fare
count	1309.000000	1309.000000	1046.000000	1309.000000	1309.000000	1308.000000
mean	2.294882	0.381971	29.881135	0.498854	0.385027	33.295479
std	0.837836	0.486055	14.413500	1.041658	0.865560	51.758668
min	1.000000	0.000000	0.166700	0.000000	0.000000	0.000000
25%	2.000000	0.000000	21.000000	0.000000	0.000000	7.895800
50%	3.000000	0.000000	28.000000	0.000000	0.000000	14.454200
75%	3.000000	1.000000	39.000000	1.000000	0.000000	31.275000
max	3.000000	1.000000	80.000000	8.000000	9.000000	512.329200

上表显示了 6 个数值字段的统计摘要信息，可以看到字段值的数据量、平均值、标准差、最小值和最大值等数据描述，其中 age 和 fare 字段不是 1309，表示有遗漏值（即没有值的字段）。

2. 找出遗漏值：Ch6_2_1b.py

如果发现数据集的字段有遗漏值，我们可以使用 info() 函数进一步查看各字段是否有遗漏值，如下所示：

```
print(df.info())
```

上述代码显示各字段的相关信息，其执行结果如下所示：

```
<class 'pandas.core.frame.DataFrame'>
RangeIndex: 1309 entries, 0 to 1308
Data columns (total 11 columns):
pclass      1309 non-null int64
survived    1309 non-null int64
name        1309 non-null object
sex         1309 non-null object
age         1046 non-null float64
sibsp       1309 non-null int64
parch       1309 non-null int64
ticket      1309 non-null object
fare        1308 non-null float64
cabin       295 non-null object
embarked    1307 non-null object
dtypes: float64(2), int64(4), object(5)
memory usage: 112.6+ KB
None
```

从上述字段信息可以看出，age、fare、cabin 和 embarked 字段都有遗漏值，然而，我们也可以显示各字段没有数据的条数，如下所示：

```
print(df.isnull().sum())
```

上述代码判断字段是否是空值（Null），并且将空值字段加总，其执行结果可以显示各字段是空值的数量，如下所示：

```
pclass        0
survived      0
name          0
sex           0
age         263
sibsp         0
parch         0
ticket        0
fare          1
cabin      1014
embarked      2
dtype: int64
```

上述执行结果显示 age 字段有 263 条、cabin 字段有 1014 条、fare 字段有 1 条、embarked 字段有 2 条记录有遗漏值。

6-2-2 泰坦尼克号数据集的数据预处理——使用 Pandas

基本上，泰坦尼克号数据集有许多字段并**不是特征数据**，或是有些字段有**遗漏值**，而有些字段是**分类数据，需要转换**，这些数据预处理都可以使用 Pandas 包来完成。

Python 程序 Ch6_2_2.py 在载入泰坦尼克号数据集后，依次进行上述数据预处理，最后可以存储成 80% 的训练数据集和 20% 的测试数据集，共两个 CSV 文件。

1. 删除不需要的字段

泰坦尼克号数据集的 name、ticket 和 cabin 字段不是特征数据，我们可以使用 drop() 函数将这些字段删除，如下所示：

```
df = df.drop(["name", "ticket", "cabin"], axis=1)
```

2. 处理遗失数据

Python 程序 Ch6_2_1b.py 已经找出遗漏值的字段 age（有 263 条）和 fare（有一条）字段，这两个字段是填入平均值，如下所示：

6

```
df[["age"]] = df[["age"]].fillna(value=df[["age"]].mean())
df[["fare"]] = df[["fare"]].fillna(value=df[["fare"]].mean())
```

上述代码调用 mean() 函数计算出字段平均值后，使用 fillna() 函数将遗漏值字段使用 value 参数填入平均值。在下方 embarked（有两条）字段的填入值是使用 value_counts() 计算字段值的计数且排序后，调用 idxmax() 函数返回的最大索引值，如下所示：

```
df[["embarked"]] = df[["embarked"]].fillna(value=df["embarked"].
                              value_counts().idxmax())
print(df["embarked"].value_counts())
print(df["embarked"].value_counts().idxmax())
```

上述两个 print() 函数可以分别显示 embarked 字段的计数排序，并取出准备填入的值为最大索引值 S，其执行结果如下所示：

```
S       916
C       270
Q       123
Name: embarked, dtype: int64
S
```

3. 转换分类数据

数据集的 sex 字段值是分类数据的 female 和 male，我们可以使用 map() 函数，使用参数对照表的字典来转换分类数据成为数值数据 1 和 0，如下所示：

```
df["sex"] = df["sex"].map( {"female": 1, "male": 0} ).astype(int)
```

4. embarked 字段的 One-hot 编码

数据集的 embarked 字段除了有两条遗漏值外，因为字段值是 S、C 和 Q 的代码，我们可以使用 map() 函数将字段转换成数值，或将一个字段拆成 3 个字段的 One-hot 编码，如下所示：

```
enbarked_one_hot = pd.get_dummies(df["embarked"],
                                  prefix="embarked")
df = df.drop("embarked", axis=1)
df = df.join(enbarked_one_hot)
```

上述代码使用 Pandas 的 get_dummies() 函数将原本的 embarked 字段依字段值拆分成 embarked_C、embarked_Q、embarked_S 3 个字段，prefix 参数为拆分字段名称的开头字符串，然后使用 drop() 函数删除 embarked 字段后，调用 join() 函数合并 3 个 One-hot 编码字段至 DataFrame 对象的最后。

5. 将标签数据的 survived 字段移至最后

因为 survived 字段是标签数据，为了方便分割成特征和标签数据，我们准备将此字段移至数据集的最后，如下所示：

```
df_survived = df.pop("survived")
df["survived"] = df_survived
print(df.head())
```

上述代码取出 survived 字段后，再新增同名字段，可以将字段新增至最后，现在，我们可以看一看预处理后数据集的前 5 条记录，如下所示。

	pclass	sex	age	sibsp	parch	fare	embarked_C	embarked_Q	embarked_S	survived
0	1	1	29.0000	0	0	211.3375	0	0	1	1
1	1	0	0.9167	1	2	151.5500	0	0	1	1
2	1	1	2.0000	1	2	151.5500	0	0	1	0
3	1	0	30.0000	1	2	151.5500	0	0	1	0
4	1	1	25.0000	1	2	151.5500	0	0	1	0

6. 分割成训练和测试数据集

现在，我们已经完成泰坦尼克号数据集的数据整理，接着，随机将数据集分割成训练数据集（80%）和测试数据集（20%），如下所示：

```
mask = np.random.rand(len(df)) < 0.8
df_train = df[mask]
df_test = df[~mask]
print("Train:", df_train.shape)
print("Test:", df_test.shape)
```

上述代码使用随机数产生 80% 的掩膜变量 mask（80% 值为 True；20% 值为 False），然后使用 mask 分割成 80% 的 df_train 和 20% 的 df_test，分别显示分割后的数据集形状，分别为 1060 条和 249 条，如下所示：

```
Train: (1060, 10)
Test: (249, 10)
```

7. 存储成训练和测试数据集的 CSV 文件

在成功分割为 80% 的 df_train 和 20% 的 df_test 的 DataFrame 对象后，我们可以调用 to_csv() 函数存储成训练数据集的 titanic_train.csv 和测试数据集的 titanic_test.csv（不包含索引），如下所示：

```
df_train.to_csv("titanic_train.csv", index=False)
df_test.to_csv("titanic_test.csv", index=False)
```

上述代码可以在 Python 程序的相同目录创建 titanic_train.csv 和 titanic_test.csv 两个 CSV 文件。

6-2-3　泰坦尼克号数据集的生存分析

第 6-2-2 节已经将泰坦尼克号数据集成功分割为 titanic_train.csv 和 titanic_test.csv 两个 CSV 文件，本节我们准备使用 MLP 进行泰坦尼克号数据集的生存分析。

Python 程序 Ch6_2_3.py 首先导入所需的模块与包，如下所示：

```
import numpy as np
import pandas as pd
from keras.models import Sequential
from keras.layers import Dense

seed = 7
np.random.seed(seed)
```

上述代码导入 NumPy 和 Pandas 包，Keras 有 Sequential 模型和 Dense 全连接层，并指定随机数种子为 7。

1. 步骤一：数据预处理

在载入泰坦尼克号的训练和测试数据集后，因为大部分数据整理已经在第 6-2-2 节处理完成，剩下需要执行的数据预处理如下：

- 分割为特征与标签数据。
- 数据标准化。

Python 程序首先载入泰坦尼克号的训练和测试数据集，如下所示：

```
df_train = pd.read_csv("./titanic_train.csv")
df_test = pd.read_csv("./titanic_test.csv")
```

上述代码调用两次 read_csv() 函数分别载入训练和测试数据集后，就可以使用 values 属性分别取出数据集的两个 NumPy 数组，如下所示：

```
dataset_train = df_train.values
dataset_test = df_test.values
```

然后使用分割运算符将两个数据集分割成前 9 个字段的特征数据，第 10 个字段为标签数据，如下所示：

```
X_train = dataset_train[:, 0:9]
Y_train = dataset_train[:, 9]
X_test = dataset_test[:, 0:9]
Y_test = dataset_test[:, 9]
```

最后，执行 X_train 和 X_test 的标准化，如下所示：

```
X_train -= X_train.mean(axis=0)
X_train /= X_train.std(axis=0)
X_test -= X_test.mean(axis=0)
X_test /= X_test.std(axis=0)
```

2. 步骤二：定义模型

下面定义神经网络模型，规划的神经网络是一个 4 层的深度神经网络，如图 6-4 所示。

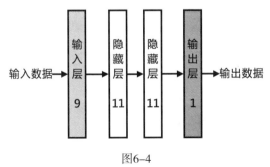

图6-4

图 6-4 中的输入层有 9 个特征，两个隐藏层都有 11 个神经元，因为泰坦尼克号数据集的生存分析是生存或死亡的二元分类问题，所以输出层有一个神经元。

Python 程序定义 Keras 神经网络模型，首先创建 Sequential 对象，如下所示：

```
model = Sequential()
model.add(Dense(11, input_dim=X_train.shape[1], activation="relu"))
model.add(Dense(11, activation="relu"))
model.add(Dense(1, activation="sigmoid"))
```

上述代码调用 3 次 add() 函数新增 3 层 Dense 层，其说明如下。

- **第 1 层隐藏层**：11 个神经元，并使用 input_dim 指定输入层有 9 个特征，隐藏层的激活函数是 ReLU() 函数。
- **第 2 层隐藏层**：11 个神经元，激活函数是 ReLU() 函数。
- **输出层**：1 个神经元，激活函数是 Sigmoid() 函数。

然后调用 summary() 函数显示模型的摘要信息，如下所示：

```
model.summary()
```

上述函数显示每一层神经层的参数个数和整个神经网络的参数总数，其执行结果如下所示：

```
Layer (type)              Output Shape            Param #
=================================================================
dense_94 (Dense)          (None, 11)              110

dense_95 (Dense)          (None, 11)              132

dense_96 (Dense)          (None, 1)               12
=================================================================
Total params: 254
Trainable params: 254
Non-trainable params: 0
```

上述各神经层的参数计算，如下所示：

```
隐藏层 1：9*11+11 = 110
隐藏层 2：11*11+11 = 132
输出层：11*1+1 = 12
```

3. 步骤三：编译模型

定义好模型后，我们需要编译模型转换为低阶 TensorFlow 计算图，如下所示：

```
model.compile(loss="binary_crossentropy", optimizer="adam",
              metrics=["accuracy"])
```

上述 compile() 函数是编译模型，使用 binary_crossentropy() 损失函数，优化器为 adam，评估标准为准确度。

4. 步骤四：训练模型

在编译模型为 TensorFlow 计算图后，我们就可以输入特征数据来训练模型，如下所示：

```
history = model.fit(X_train, Y_train, validation_split=0.2,
                    epochs=100, batch_size=10)
```

上述 fit() 函数是训练模型，第一个参数为训练数据 X_train，第二个参数为标签数据 Y_train，validation_split 参数分割 20% 的验证数据集，训练周期为 100 次，批次尺寸为 10，返回值为 history，其执行结果只显示最后几次，可以看到多了验证损失和验证准确度，如下所示：

```
Epoch 96/100
836/836 [==============================] - 0s 185us/step - loss: 0.3922 - acc: 0.8206 - val_loss: 0.4508 - val_acc: 0.7990
Epoch 97/100
836/836 [==============================] - 0s 182us/step - loss: 0.3927 - acc: 0.8266 - val_loss: 0.4498 - val_acc: 0.7990
Epoch 98/100
836/836 [==============================] - 0s 185us/step - loss: 0.3941 - acc: 0.8206 - val_loss: 0.4484 - val_acc: 0.7990
Epoch 99/100
836/836 [==============================] - 0s 182us/step - loss: 0.3914 - acc: 0.8254 - val_loss: 0.4513 - val_acc: 0.8038
Epoch 100/100
836/836 [==============================] - 0s 188us/step - loss: 0.3924 - acc: 0.8230 - val_loss: 0.4553 - val_acc: 0.7943
```

5. 步骤五：评估模型

使用训练数据集训练模型后，我们可以使用测试数据集来评估模型效能，如下所示：

```
loss, accuracy = model.evaluate(X_train, Y_train)
print("训练数据集的准确度 = {:.2f}".format(accuracy))
loss, accuracy = model.evaluate(X_test, Y_test)
print("测试数据集的准确度 = {:.2f}".format(accuracy))
```

上述代码调用两次 evaluate() 函数评估模型（参数分别为 X_train 和 Y_train）以及 X_test 和 Y_test 数据集，准确度如下所示：

```
1045/1045 [==============================] - 0s 35us/step
训练数据集的准确度 = 0.82
264/264 [==============================] - 0s 45us/step
测试数据集的准确度 = 0.79
```

6. 步骤六：显示图表分析模型训练过程

泰坦尼克号数据集在训练神经网络的生存分析时，因为使用了验证数据集，我们可以绘制出训练和验证损失的趋势图表，便于分析模型的效能，如下所示：

```
loss = history.history["loss"]
epochs = range(1, len(loss)+1)
val_loss = history.history["val_loss"]
plt.plot(epochs, loss, "b-", label="Training Loss")
plt.plot(epochs, val_loss, "r--", label="Validation Loss")
plt.title("Training and Validation Loss")
plt.xlabel("Epochs")
plt.ylabel("Loss")
plt.legend()
plt.show()
```

从上述代码的执行结果可以看到，约在 18 次训练周期之后，训练损失持续减少，验证损失并没有减少，反而上升，如图 6-5 所示。

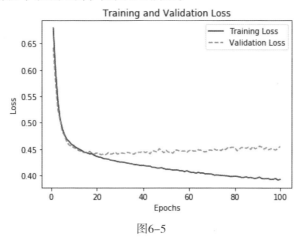

图6-5

同理，我们也可以绘制出训练和验证准确度的趋势图，其代码如下所示：

```
import matplotlib.pyplot as plt
acc = history.history["acc"]
epochs = range(1, len(acc)+1)
val_acc = history.history["val_acc"]
plt.plot(epochs, acc, "b-", label="Training Acc")
plt.plot(epochs, val_acc, "r--", label="Validation Acc")
plt.title("Training and Validation Accuracy")
plt.xlabel("Epochs")
plt.ylabel("Accuracy")
plt.legend()
plt.show()
```

从上述代码的执行结果可以看出训练准确度持续上升，但是，验证准确度并没有上升，反而有些下降，如图 6-6 所示。

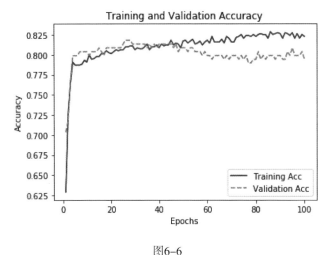

图6-6

所以，从上图中可以看出，训练周期约 18 次，之后再多次训练只会产生更严重的过度拟合。

7. 步骤七：使用全部的训练数据集训练模型

Python 程序 Ch6_2_3a.py 修改自 Ch6_2_3.py，将训练周期改为 18 次，并且使用全部训练数据集训练模型（没有分割出验证数据集），如下所示：

```
...
model.fit(X_train, Y_train, epochs=18, batch_size=10, verbose=0)
```

```
print("\nTesting ...")
loss, accuracy = model.evaluate(X_train, Y_train)
print("训练数据集的准确度 = {:.2f}".format(accuracy))
loss, accuracy = model.evaluate(X_test, Y_test)
print("测试数据集的准确度 = {:.2f}".format(accuracy))
```

上述代码在训练模型完成后，可以显示训练数据集和测试数据集的准确度，可以测试出数据集的准确度提升了，如下所示：

```
Testing ...
1045/1045 [==============================] - 1s 705us/step
训练数据集的准确度 = 0.81
264/264 [==============================] - 0s 42us/step
测试数据集的准确度 = 0.82
```

然后调用 save() 函数存储模型结构和权重，如下所示：

```
print("Saving Model: titanic.h5 ...")
model.save("titanic.h5")
```

从上述代码的执行结果可以看到存储为文件 titanic.h5，如下所示：

```
Saving Model: titanic.h5 ...
```

6-2-4　预测泰坦尼克号的乘客是否生存

第 6-2-3 节已经成功训练和存储预测模型，在本节我们准备载入模型来预测泰坦尼克号测试数据集的乘客是否生存，Python 程序 Ch6_2_4.py 只需载入 titanic_test.csv，如下所示：

```
df_test = pd.read_csv("./titanic_test.csv")
dataset_test = df_test.values
```

上述代码在使用 values 属性转换为 NumPy 数组后，测试数据集的数据预处理与 Ch6_2_3.py 相同，故不再重复列出和说明。

1. 载入模型、编译模型和评估模型

由于 Keras 模型已经保存，我们只需创建 Sequential 对象后，就可以使用 load_model() 载入模型文件 titanic.h5，如下所示：

```
model = Sequential()
model = load_model("titanic.h5")
model.compile(loss="binary_crossentropy", optimizer="adam",
              metrics=["accuracy"])
```

上述代码在编译模型后，就可以评估模型，所下所示：

```
loss, accuracy = model.evaluate(X_test, Y_test)
print("测试数据集的准确度 = {:.2f}".format(accuracy))
```

上述代码使用测试数据集来评估模型，其执行结果如下所示：

```
264/264 [==============================] - 2s 7ms/step
测试数据集的准确度 = 0.82
```

2. 预测泰坦尼克号乘客是否生存

现在，我们可以预测 X_test 测试数据集的泰坦尼克号乘客是否生存，因为是预测分类数据，使用 predict_classes() 函数，如下所示：

```
Y_pred = model.predict_classes(X_test)
print(Y_pred[:, 0])
print(Y_test.astype(int))
```

上述代码首先预测 X_test 测试数据集后，即可将预测值和标签数据进行比较，其执行结果如下所示：

```
[1 1 0 1 1 1 1 0 0 1 1 0 0 1 1 0 0 1 0 1 1 1 0 1 0 0 1 1 0 0 1 0 0 1 0 1 0
 0 0 0 0 1 0 1 0 1 0 0 1 0 1 1 1 0 0 1 1 1 1 0 0 0 1 1 1 0 1 1 0 0 0 1 0 0 0
 1 1 0 1 0 0 1 1 0 0 0 1 1 0 0 0 0 0 1 0 0 1 0 1 0 1 0 0 0 0 1 1 1 1 0 0 0
 0 1 1 0 0 0 0 0 1 0 1 0 0 0 1 1 1 0 1 0 0 0 0 0 0 1 0 1 0 1 0 0 0 0 1
 0 0 0 0 0 1 0 0 0 0 0 0 0 0 0 0 0 0 0 0 0 1 1 0 0 0 0 0 0 0 0 0 0 0 0 0
 0 0 0 0 0 1 0 0 0 0 0 0 0 0 0 0 0 0 0 0 0 0 1 1 0 0 0 0 1 1 0 0 1 0 0 0
 0 0 0 1 0 0 0 0 0 0 0 0 0 0 0 0 0 0 0 0 0 0 0 0 0 0 1 0 0 0 1
 0 0 1 1 0]
```

```
[0 1 0 1 1 1 1 1 0 1 1 1 0 1 1 1 1 1 0 0 0 1 0 1 0 1 1 1 0 0 1 0 1 1 0 1 0
 1 0 0 0 0 1 0 1 0 1 1 0 1 1 1 0 0 1 1 1 1 0 0 0 1 1 0 0 1 0 0 0 1 0 0 0
 1 1 0 1 0 0 1 1 0 1 0 1 0 0 0 0 0 0 0 1 0 0 1 0 1 0 0 0 1 1 1 0 0 1
 0 1 1 0 0 1 1 0 0 1 1 1 0 0 0 1 1 1 0 1 0 1 0 0 1 0 1 0 1 0 1 1 1 0 0 0 0
 0 0 0 0 1 0 0 1 0 1 0 1 0 0 0 0 0 1 0 0 0 0 1 1 0 0 0 0 0 0 0 0 1 0 1 1
 0 1 0 0 0 0 0 1 0 1 0 0 0 1 0 0 0 0 1 0 1 0 0 0 0 0 0 0 1 1 0 1 1 0 0 0
 0 0 0 0 1 0 0 0 0 0 0 1 0 1 0 0 0 0 0 0 0 0 0 0 0 0 0 0 0 0 0 0 0 1
 0 0 0 0 0]
```

上述执行结果的上部是乘客是否生存的预测值，下部是标签值。

3. 使用混淆矩阵进行分析

我们可以使用 Pandas 的 crosstab() 函数创建混淆矩阵，以便分析模型的预测结果，如下所示：

```
tb = pd.crosstab(Y_test.astype(int), Y_pred[:, 0],
                 rownames=["label"], colnames=["predict"])
print(tb)
```

上述函数的第一个参数为真实标签值，第二个参数为预测值，rownames 参数为行名称，colnames 为列名称，其执行结果如下所示：

predict	0	1
label		
0	153	16
1	32	63

上表从左上至右下的对角线为预测正确的数量，其他为预测错误的数量，可以看到共有 16 位是死亡被预测成生存，32 位是生存被预测成死亡。

MEMO

6

第7章

图解卷积神经网络

7-1 图像数据的稳定性问题

卷积神经网络（Convolutional Neural Networks，CNN）的强项是计算机视觉，而计算机视觉的基础是图像识别，就像使计算机具备眼睛，可以看到东西，进而识别事物。不过，在讨论图像识别问题前，我们需要先了解位图和图像数据的稳定性问题。

1. 认识位图

位图（Bitmap）是使用多个依顺序排列的**像素**（Pixels，图像的基本单位）组成的图形，每一个像素是很小的正方形，这些正方形排列出图片的内容。例如，一张手写数字 5 的位图，放大图片后，我们就可以看到这个 5 是使用白色和灰阶正方形组合出来的，如图 7-1 所示。

图7-1

事实上，卷积神经网络处理的就是上述位图，位图如同矩阵，每一个像素是矩阵的一个元素，依像素色彩分为以下两种。

- **黑白图**：每一个像素的元素值为 0~255 的灰度值。
- **彩色图**：每一个像素的元素值为 RGB 红绿蓝三原色值的向量，称为**通道**（Channels），3 个值的范围分别为 0~255。例如，黑色为 [0, 0, 0]；白色为 [255, 255, 255]；红色为 [255, 0, 0]；绿色为 [0, 255, 0]；蓝色为 [0, 0, 255]。

Tips 　向量图（Vector Images）（也称为矢量图）是另一种常见图像，图像使用数学公式绘出直线、弧线、多边形和圆形等图形来组合出内容。因为是使用数学公式绘出，放大图片也不会看到线条上的锯齿，而是平滑的线条。

2. 图像数据的稳定性问题

为了让计算机能够识别图像，看得懂图片，首先需要将图片数据输入神经网络，最简单的方法是使用位图的每一个像素值作为神经网络的输入数据。例如，手写数字3的图片是28像素×28像素的256灰度图片，共有784个像素，也就是一个784个元素的向量，其元素值为0~255范围。

问题是我们如何判断图片上的数字是3，假设已经有一张数字3的图片，另外有一张相同尺寸的新图片，如果想识别新图片是否也是数字3，我们可以将两张图片转换成2个784元素的向量，然后一个点一个点比较各元素来看是否相同，如果完全相同，就表示新图片是数字3。如果我们使用这种方式来识别图片，就需要面对图像数据的稳定性问题，如图7-2所示。

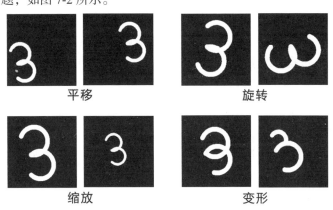

图7-2

图7-2中的8个位图都是数字3，当将像素转换成向量时，因为图片内容可能会**平移**（Translation）、**缩放**（Scale）、**旋转**（Rotation）和**变形**（Deformation），虽然图片都是3，但形成的是完全不一样的向量，这就是图像数据的稳定性问题。

想一想，人类眼睛是如何识别数字3的？相信没有人是一个点一个点仔细比较两张图有什么不同，除非你是在玩"大家来找碴儿"游戏，我们一定是看出数字3有两个超过半圆弧形，并且并排连在一起，这就是数字3的**特征**（Features），而我们也是使用特征来识别图片的。

事实上，卷积神经网络就是模仿人脑视觉，使用特征来识别图片，这就是第7-2-1节的卷积运算与池化运算。

7-2　卷积运算与池化运算

卷积神经网络的核心就是卷积与池化运算，本节将使用示例来说明什么是卷积与池化运算，实际使用Python程序来实际操作数字手写图片的卷积运算。

7-2-1 认识卷积与池化运算

卷积神经网络依次使用卷积与池化运算来执行特征提取，可以侦测出图片中拥有的**样式**（Patterns），如图 7-3 所示。

卷积运算 ＋ 池化运算 ⟹ 特征提取

图7-3

1. 卷积运算

在输入图片执行卷积运算前，需要先定义**滤波器**（Filters）的大小，例如，3×3、5×5 等（可自行调整尺寸），然后执行输入图片和滤波器的卷积运算，例如，输入图片是 X 形状，如图 7-4 所示。

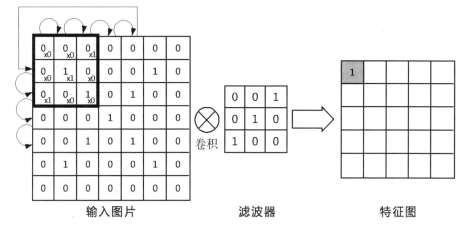

输入图片　　　　　　滤波器　　　　　　特征图

图7-4

上述输入图片和滤波器卷积运算的完整步骤如下。

Step 1 首先将滤波器置于输入图片的左上角，然后将对应元素相乘，最后执行加总，可以输出特征图第一行的第一个值，其表达式如下：

```
0*0+0*0+0*1+0*0+1*1+0*0+0*1+0*0+1*0=1
```

Step 2 将滤波器向右移动一个像素，重复 Step 1 进行对应元素相乘后加总，即可输出同一行的第二个值。

Step 3 重复 Step 2 向右移动一个像素，进行对应元素相乘后加总，直到滤波器的右边边缘到达输入图片的右边边缘，即完成特征图的一行。

Step 4 回到最左边且向下移动一个像素，即可重复 Step 2 和 Step 3 计算特征图的下一行。

Step $\boxed{5}$　重复 Step $\boxed{4}$ 向下移动一个像素,直到过滤器的下方边缘到达输入图片的下方边缘为止。

在完成上述步骤的卷积运算后,就可以得到一张**特征图**(Feature Map),如图7-5 所示。

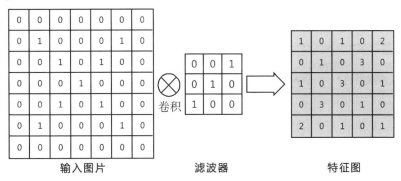

图7-5

上述滤波器的目的是在图片中检测样式,本例是检测斜线(/),在卷积运算后,可以看到 X 的斜线(/)有比较强的反应,值为3。至此,我们已经使用卷积运算在图片中检测出斜线(/)的样式。

同理,在图片中可以找到边线、形状、纹理、曲线、对象或色彩等不同样式,而我们定义滤波器的目的就是在图片中检测出这些样式。

2. 池化运算

池化运算可以压缩和保留特征图的重要信息,常用的是**最大池化法**(Max Pooling),即取窗格中各元素的最大值。如同卷积运算,池化运算一样是采用滑动窗格,我们需要指定滑动窗格的大小,例如,滑动步幅(Stride)设为 2,就是 2×2 池化运算,如图 7-6 所示。

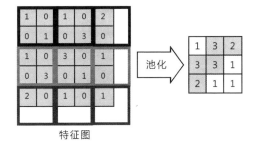

特征图

图7-6

图 7-6 是使用 2×2 窗格将特征图分成 9 格后取出每一格中的最大值,这就是最大

池化运算的结果，**可以看出池化运算会压缩特征图尺寸，同时显示出更强的斜线（/）**样式。

7-2-2 使用 Python 程序实现卷积运算

本节我们准备使用 NumPy、Matplotlib 和 Scipy 软件包来实现 Python 程序的卷积运算。

1. 载入 NumPy 数组的手写数字图片：Ch7_2_2.py

在本书所赠送的示例文件的 \Ch07 文件夹中有 digit0~9.npy 文件，这些是 NumPy 数组文件，其内容为手写数字 0~9。例如，使用 NumPy 载入 digit8.npy 文件并显示手写数字图片 8，如下所示：

```
import numpy as np
import matplotlib.pyplot as plt

img = np.load("digit8.npy")

plt.figure()
plt.imshow(img, cmap="gray")
plt.axis("off")
plt.show()
```

上述代码载入 NumPy 和 Matplotlib 软件包后，调用 np.load() 函数载入 NumPy 数组文件 digit8.npy，可以使用 imshow() 函数显示手写数字图片 8，其执行结果如图 7-7 所示。

图7-7

2. 卷积运算的边缘检测和锐化：Ch7_2_2a~b.py

我们准备使用标准的**边缘检测**（Edge Detection）滤波器，执行手写数字图片 8

的边缘检测，边缘检测滤波器的矩阵为

$$\begin{bmatrix} 0, & 1, & 0 \\ 1, & -4, & 1 \\ 0, & 1, & 0 \end{bmatrix}$$

然后使用 Scipy 的 signal 对象执行卷积运算，如下所示：

```
c_digit = signal.convolve2d(img, edge, boundary="symm", mode="same");
```

上述 convolve2d() 函数的第一个参数为图片阵列，第二个参数为滤波器阵列，boundary 属性指定如何处理边缘，mode 为输出尺寸，完整 Python 程序如下所示：

```
import numpy as np
import matplotlib.pyplot as plt
from scipy import signal
```

上述代码除了导入 NumPy 和 Matplotlib 外，还有 Scipy 的 signal 对象，然后载入 digit8.npy 数组文件，并创建边缘检测滤波器的矩阵，如下所示：

```
img = np.load("digit8.npy")
edge = [[0, 1, 0],
        [1, -4, 1],
        [0, 1, 0]]


plt.figure()
plt.subplot(1, 2, 1)
plt.imshow(img, cmap="gray")
plt.axis("off")
plt.title("original image")


plt.subplot(1, 2, 2)
c_digit = signal.convolve2d(img, edge, boundary="symm", mode="same")
plt.imshow(c_digit, cmap="gray")
plt.axis("off")
plt.title("edge-detection image")
plt.show()
```

上述代码共绘出两幅子图，第一幅子图是原始手写数字图片，第二幅子图是在执行卷积运算后，显示边缘检测后的数字图片，其执行结果如图 7-8 所示。

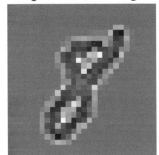

图7-8

标准的图片**锐化**（Sharpen）滤波器的矩阵如下所示：

$$\begin{bmatrix} 0, & -1, & 0 \\ -1, & 5, & -1 \\ 0, & -1, & 0 \end{bmatrix}$$

　　Python 程序只需修改滤波器矩阵，就可以使用 Scipy 的 signal 对象执行卷积运算（Ch7_2_2b.py），其执行结果如图 7-9 所示。

图7-9

3. 卷积运算的水平和垂直边缘检测：Ch7_2_2c.py

　　一般来说，卷积神经网络都会使用多个滤波器来检测图片中的不同样式，我们准备使用 4 个滤波器来检测手写数字图片中图形水平的上、下边缘和垂直的左、右边缘，4 个滤波器的矩阵内容如图 7-10 所示。

7

-1	-1	-1	-1	1	0	0	0	0	0	1	-1
1	1	1	-1	1	0	1	1	1	0	1	-1
0	0	0	-1	1	0	-1	-1	-1	0	1	-1

图7-10

Python 程序首先创建滤波器矩阵的阵列，在显示原始图片后，使用 for 循环显示卷积运算后的 4 幅子图。首先载入手写数字图片 3 的 NumPy 数组，如下所示：

```
img = np.load("digit3.npy")
filters = [[
    [-1, -1, -1],
    [ 1,  1,  1],
    [ 0,  0,  0]],
   [[-1,  1,  0],
    [-1,  1,  0],
    [-1,  1,  0]],
   [[ 0,  0,  0],
    [ 1,  1,  1],
    [-1, -1, -1]],
   [[ 0,  1, -1],
    [ 0,  1, -1],
    [ 0,  1, -1]]]
```

上述变量 filters 是 4 个滤波器的矩阵，然后显示原始图片，如下所示：

```
plt.figure()
plt.subplot(1, 5, 1)
plt.imshow(img, cmap="gray")
plt.axis("off")
plt.title("original")

for i in range(2, 6):
    plt.subplot(1, 5, i)
    c = signal.convolve2d(img, filters[i-2],
                          boundary="symm", mode="same")
    plt.imshow(c, cmap="gray")
    plt.axis("off")
```

7

```
        plt.title("filter"+str(i-1))
```

```
plt.show()
```

上述 for 循环调用 signal.convolve2d() 函数执行 4 次卷积运算，分别使用不同的滤波器矩阵执行卷积运算，其执行结果如图 7-11 所示。

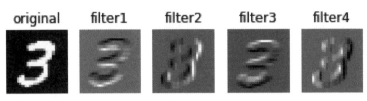

图7-11

上述执行结果在数字 3 图形的边缘可以看到白色的亮线，依次是检测下方的水平边缘、右边的垂直边缘、上方的水平边缘和左边的垂直边缘。

7-3 认识卷积神经网络

卷积神经网络（Convolutional Neural Network，CNN）简称为 CNNs 或 ConvNets，这是目前深度学习主力发展的领域之一，不要怀疑，卷积神经网络在图像识别的准确度上早已超越了人类的眼睛。

7-3-1 卷积神经网络的基本结构

卷积神经网络的基础是 1998 年 Yann LeCun 提出的名为 LeNet-5 的卷积神经网络架构，基本上，卷积神经网络就是模仿人脑视觉处理局部的神经回路的一种针对图像处理的神经网络，用于分类图片、人脸识别和手写识别等。

卷积神经网络的基本结构是**卷积层**（Convolution Layers）和**池化层**（Pooling Layers），使用多种不同的神经层依次连接成神经网络，如图 7-12 所示。

图 7-12 是数字手写识别的卷积神经网络，数字图片在输入卷积神经网络的输入层后，使用两组或多组卷积层和池化层来自动执行**特征提取**（Feature Extraction），即可从特征图中提取出所需的特征，再输入全连接层进行分类，最后在输出层输出识别出的数字。

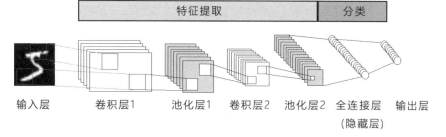

特征提取	分类

输入层　　卷积层1　　池化层1　　卷积层2　　池化层2　　全连接层　　输出层
　　　　　　　　　　　　　　　　　　　　　　　　　　　　（隐藏层）

图7-12

卷积神经网络的输入层、输出层和全连接层与第 2 篇的 MLP 多层感知器相同，主要差异是在卷积层和池化层，其简单说明如下。

- **卷积层**：卷积层是执行卷积运算，使用多个滤波器 [或称为卷积核（Kernels）] 扫描图片提取出特征，而滤波器就是卷积层的权重，如图 7-13 所示。

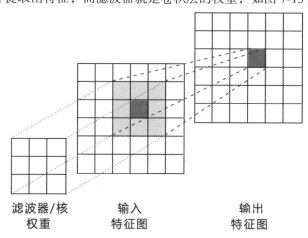

滤波器/核　　　　输入　　　　　　输出
　权重　　　　特征图　　　　特征图

图7-13

- **池化层**：池化层执行池化运算，可以压缩特征图保留重要信息，其目的是让卷积神经网络专注于图片中**是否存在**此特征，而不是此特征位于哪里。

7-3-2　卷积神经网络的处理过程

本节将使用一个尺寸为 5×5 的输入图片和两个 3×3 滤波器来完整执行卷积神经网络的处理过程，而这就是卷积神经网络正向传播阶段计算预测值的流程，如图 7-14 所示。

上述流程共执行一次卷积、一次池化和一次平坦化，卷积层的激活函数为 ReLU() 函数，输出的是特征图。图 7-15 是使用一个 5×5 输入图片和两个 3×3 过滤器，如图 7-15 所示。

7

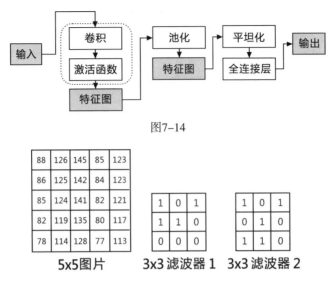

图7-14

图7-15

上述卷积神经网络的整个处理步骤如下。

Step 1 **输入图片执行卷积运算。**

第一步是执行输入图片的卷积运算，因为有两个滤波器，我们需要执行两次卷积运算，首先是第一个滤波器的卷积运算，特征图第一行卷积运算的计算结果如图 7-16 所示。

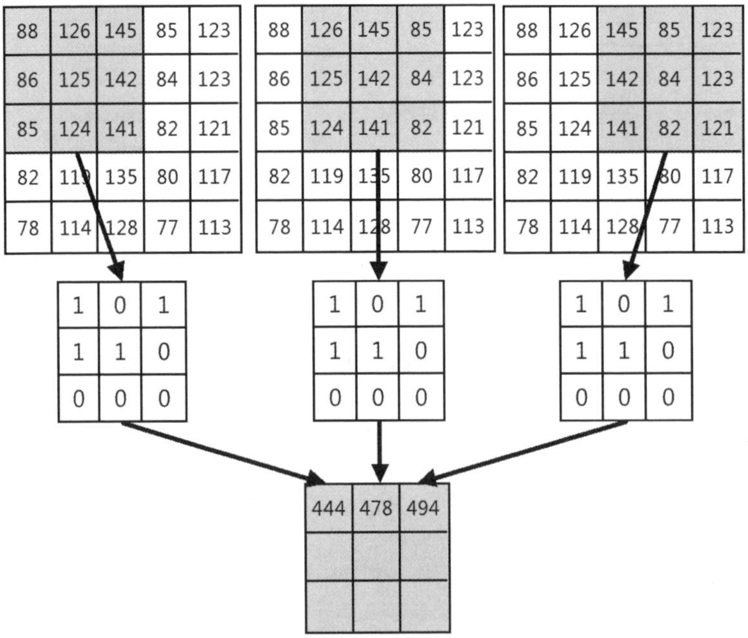

图 7-16

特征图第二行卷积运算的计算结果如图 7-17 所示。

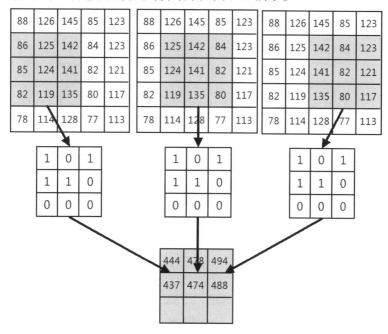

图7-17

特征图第三行卷积运算的计算结果如图 7-18 所示。

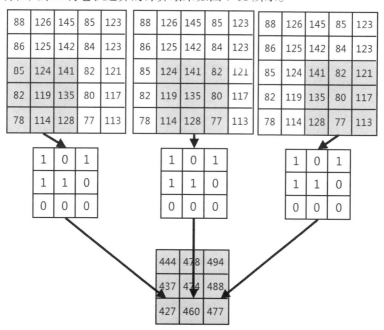

图7-18

接着是第二个滤波器的卷积运算，可以产生两个特征图，执行激活函数前的特征图如图 7-19 所示。

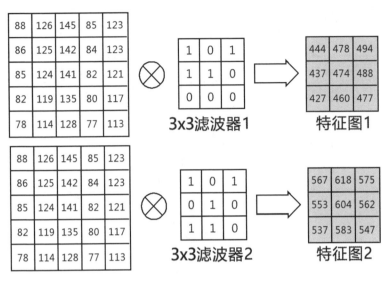

图7-19

使用 ReLU() 激活函数输出特征图。

卷积层使用 ReLU() 激活函数，当输入小于 0 时，输出为 0；当输入大于 0 时，就是线性函数，直接输出输入值，如下所示：

$$ReLU(x) = \begin{cases} 0, & x < 0 \\ x, & x \geqslant 0 \end{cases}$$

因为示例的卷积运算结果并没有负值，所以激活函数输出结果的特征图和输入完全相同，如图 7-20 所示。

如果输入的特征图中有负值，其输出结果就是 0，如图 7-21 所示。

图7-20   图7-21

7

Step 3 **执行卷积层输出的池化运算。**

接着执行卷积层输出特征图的池化运算，其目的是减少特征图的尺寸，使用的是最大池化法，因为最大值数据会保留下来，而不遗失重要信息，因此执行池化运算的数据数不足时，为了方便计算，请自行在最后补上 0（因为使用 ReLU() 激活函数，不会有负值），首先是第一个卷积层输出的特征图，如图 7-22 所示。然后是第二个卷积层输出特征图的池化运算，最后，池化运算结果得到的两个特征图如图 7-23 所示。

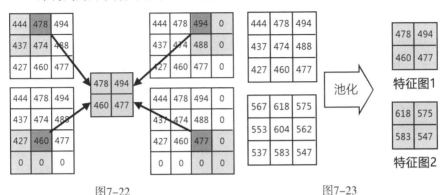

图7-22   图7-23

Step **4**   **将池化层的特征图平坦化。**

在计算出池化压缩的特征图后，下一步就是平坦化（Hattening），我们需要将全部特征图（本例为两个）的矩阵转换为向量，以便输入全连接层的神经网络进行处理分类，如图 7-24 所示。

Step **5**   **将平坦化的数据输入神经网络进行分类。**

现在，我们可以将平坦化的向量输入神经网络进行分类，如图 7-25 所示。

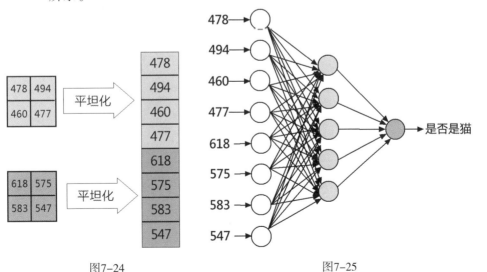

图7-24   图7-25

图 7-25 是第 2 篇分类的 MLP，同样地，我们使用反向传播算法更新卷积神经网

络的权重，而卷积层的权重就是滤波器。

那么，卷积神经网络到底是在学习什么呢？学习的就是卷积层的权重，即滤波器，首先使用随机数初始化滤波器的矩阵内容，然后使用正向和反向传播学习权重后，滤波器就可以自动识别出图片所需提取的特征，这也是我们说"卷积神经网络是自动执行图片的特征提取"的原因。

7-3-3 卷积神经网络为什么有用

在了解卷积神经网络的结构和整个运算过程后，我们来看一看卷积层和池化层为什么有用？首先是卷积层，当我们选定滤波器的矩阵后，这个矩阵如同是一个滤镜，扫描整张输入图片后，只有某些特定的数值分布在滤镜下会有比较强的反应，这些分布就是特征。换句话说，我们是使用滤镜将图片上的特征提取出来，所以卷积运算的结果称为特征图。

不仅如此，因为卷积运算会由左至右、从上至下扫描整张图片，就算要识别的图像是位于图片上的不同区域，或有一些小变形，这些滤镜都一样可以凸显出这些特征，让卷积神经网络知道图片中是否存在这些特征，如线、花纹、边和角等结构。

池化层的目的是压缩特征图提取出最强的特征，也就是将特征更明显地浮现出来，能够解决图片小范围不稳定的影像平移、缩放、旋转和变形问题。不仅如此，因为池化运算会缩小特征图的尺寸，这如同是将卷积神经网络的视野逐步拉远，一开始看到局部特征的点、线、角和纹理等，然后逐步扩大视野，即可看到全域特征，如图7-26 所示。

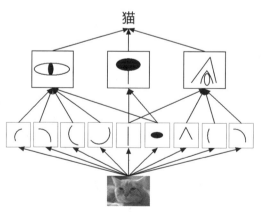

图7-26

从图 7-26 中可以看出，猫图片使用卷积层找出各种线条、形状等局部特征后，经过池化层将视野拉远，可以找出猫的眼睛、鼻子和耳朵等全局的特征，最后识别出这是一只猫。

7-4 卷积层

卷积神经网络最重要的是卷积层，卷积层的操作是将位图原来点对点的全域比对，转换为滤波器较小范围的局部比对，通过局部小范围一块一块的特征研判来综合出识别的结果。

7-4-1 卷积层和全连接层有何不同

对于全连接层的神经网络来说，如果输入图片尺寸为 100×100，输入层的数据就有 $100 \times 100=10000$ 个向量，如果神经网络有一个隐藏层，神经元数为 100，这个神经网络从输入层到隐藏层就需要 10000×100 个权重加上 100 个偏移量，共有 1000100 个参数；如果图片尺寸更大，隐藏层有更多层，整个神经网络的参数量将会是一个天文数字。

基本上，卷积层和全连接层最大的不同就是局部连接与权重共享，简单地说，卷积层是使用滤波器的窗格提取特征，这个滤波器如同一个局部感知器，而滤波器就是神经元共享的权重，可以大幅减少神经网络的参数量。

1. 局部连接

因为我们对于外界事物的观察都是从局部扩展至全域，一个一个小区域去认识，通过从各个小区域得到局部特征后，汇总局部特征得到完整的全域信息。

基本上，如果使用全连接层的神经网络识别图片，其学习的是整张图片的所有像素，学到的是**全域样式**（Global Patterns）。卷积层是使用滤波器的小区域来提取特征，学习到的是部分像素的**局部样式**（Local Patterns），如图 7-27 所示。

上述卷积层在学习到局部样式后，此样式可以出现在图片的不同位置，但是，对于全连接层来说，只要位置有些不同，就是一张新图片，需要学习一种全新的全域样式。

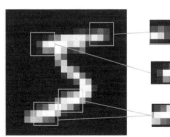

图7-27

因为需要学习全域样式，传统神经网络的隐藏层是一种**全连接**（Fully Connected）神经网络，而卷积神经网络的卷积层使用小区域的**局部连接**（Local Connected），学习的只有区域样式，如图 7-28 所示。

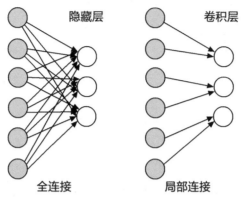

图7-28

图 7-28 中左图是全连接，图片每一个像素的输入数据和每一个神经元都完全连接，右图局部连接的神经元只和部分像素连接，如果是相同的尺寸为 100×100 的图片，隐藏层的每一个神经元只需和其中 10×10 个像素创建连接，100 个神经元各有 10×10 个权重，共需要 $100 \times (10 \times 10)$ 个权重，加上 100 个偏移量，总共有 10100 个参数。

局部连接还有一种**重叠**（Overlapping）的局部连接，如图 7-29 所示。

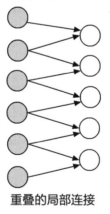

重叠的局部连接

图7-29

2. 权重共享

权重共享是指每一个局部连接的神经元都是使用相同的权重，换句话说，前述

$100 \times (10 \times 10) + 100$ 共 10100 个参数，只剩下 $(10 \times 10) + 100 = 200$ 个参数。我们再来看一个例子，现在有 3 个神经元的局部连接，各自连接 3 个输入数据，如图 7-30 所示。

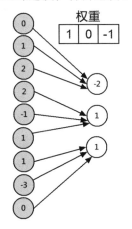

图7-30

上述 3 个神经元使用相同的权重（不含偏移量），这就是**权重共享**。很明显，这个权重就是指卷积层的滤波器。

7-4-2 多维数据的卷积层输入与输出

在本节之前说明的卷积层示例都是使用灰度图片的矩阵，对于彩色图片来说，每一张图片是一个三维张量：(宽度，高度，色彩数)，如图 7-31 所示。

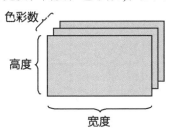

图7-31

图 7-31 中的色彩数就是 RGB，共 3 个通道（Channels）。如果卷积层输入的是彩色图片，输入通道是 3，注意，滤波器通道数和输入通道数相同，也是 3，如图 7-32 所示。

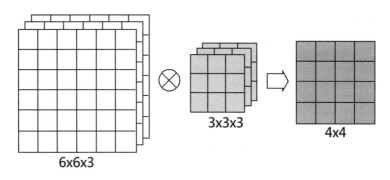

图7-32

上述输入图片尺寸为 $6 \times 6 \times 3$，在和 $3 \times 3 \times 3$ 滤波器执行卷积运算后，成为 $4 \times 4 \times 3$ 张量，一样有 3 个通道，还没完，我们还需要将 3 通道的对应元素加总成最后 4×4 的特征图。

因为只有一个滤波器，所以输出是 4×4，即 $4 \times 4 \times 1$，如果有两个 $3 \times 3 \times 3$ 滤波器，输出结果就是 $4 \times 4 \times 2$，即 2 个通道，如图 7-33 所示。

从图 7-33 中可以看出卷积运算结果的输出通道数为 2，那么滤波器数也为 2，我们可以总结卷积层的滤波器和输入 / 输出的通道数，如下所示。

- 卷积层的输入通道数视输入图片而定，彩色图的通道数为 3，灰度图的通道数为 1。
- 滤波器的通道数和卷积层的输入通道数相同。
- 卷积层的输出通道数需视滤波器的数量而定，而且卷积层的输出通道数就是下一层卷积层的输入通道数。

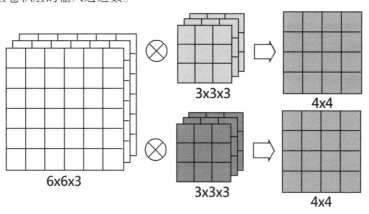

图7-33

例如，输入彩色图片 $6 \times 6 \times 3$，经过两个卷积层，第一层的滤波器数为 2，第二层的滤波器数为 3，如图 7-34 所示。

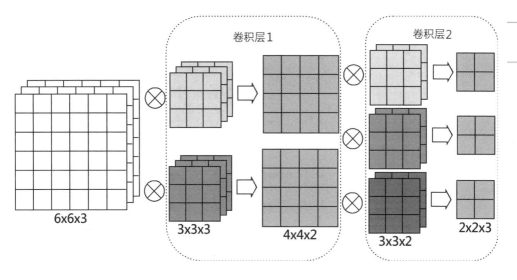

图7-34

图 7-34 中各层输入和输出的通道数如下。

■ **输入层**：输入层只有输出通道，就是彩色图片的 3。

■ **卷积层 1**：输入通道是彩色图片的 3，滤波器的通道数和输入通道数同为 3，输出通道数是滤波器数为 2。

■ **卷积层 2**：输入通道是前一层卷积层的输入通道数 2，滤波器的通道数和输入通道数同为 2，输出通道数为滤波器数 3。

7-4-3 卷积层输出的特征图数量与尺寸

基本上，在卷积层输出的特征图数量和滤波器数量一致。例如，3 个滤波器就是 3 张特征图，至于特征图尺寸是由步幅和补零决定的。

1. 在卷积运算使用不同的步幅

当执行卷积运算时，我们是在图片上从左至右、从上至下使用滤波器窗格的方框扫描图片来执行运算，其移动速度是每次一个像素，称为**步幅**。如果输入数据是张大尺寸图片，为了加速扫描图片，我们可以增加步幅。例如，每次移动两个像素，如图 7-35 所示。

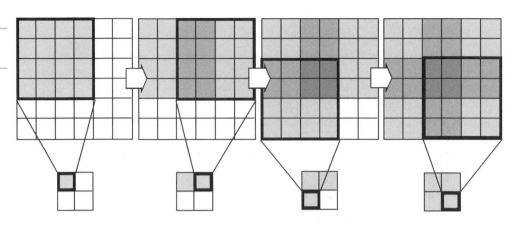

图7-35

上述输入数据是 6×6 图片，滤波器为 4×4，步幅为 2（向右为 2，向下也是 2），可以看到输出尺寸为 2×2，步幅越大，尺寸越小。如果输入数据尺寸为 $W \times W$，滤波器为 $F \times F$，步幅为 S，计算输出特征图尺寸的公式如下：

$$特征图尺寸 = \frac{(W - F)}{S} + 1$$

本例中 $W = 6$，$F = 4$，$S = 2$，则 (6-4)/2+1=1+1=2，输出特征图的尺寸为 2×2。

2. 解决图片越来越小的问题——补零

当执行输入图片的卷积运算时，不仅图片尺寸会越来越小，而且会损失数据周围的信息。例如，输入图片尺寸为 6×6，滤波器为 3×3，步幅为 1，如图 7-36 所示。

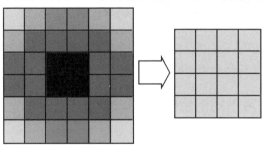

图7-36

从图 7-36 中可以看到输出的特征图尺寸缩小为 4×4，在输入图片的越中央部分灰度越深，表示采样的次数越多，四周比较少，4 个角的位置最少。为了解决此问题，我们可以使用补零方法，在输入图片的外围补一圈 0，即可保持输入和输出图片的尺寸相同，不会变小，如图 7-37 所示。

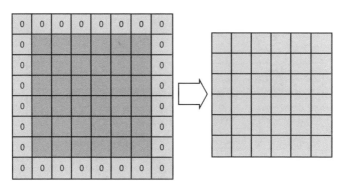

图7–37

我们可以修改之前输出特征图尺寸的公式，加上补零数 P，公式如下：

$$特征图尺寸 = \frac{W - F + 2P}{S} + 1$$

本例中输入尺寸为 $6 \times 6(W=6)$，滤波器为 $3 \times 3(F=3)$，步幅为 $1(S=1)$，补零数 P 为 1，$(6-3+2 \times 1)/1+1=5+1=6$，就是输出特征图的尺寸 6×6。

7-5 池化层与 Dropout 层

卷积神经网络的池化层可以压缩图片来保留重要的信息，如同是一个自来水厂过滤的沉淀池，比较重的杂质就会留在池底。而 Dropout 层的主要目的是对抗神经网络的过度拟合问题。

7-5-1 池化层

卷积神经网络的池化层除了需要决定窗格大小和间隔多少元素，还需要决定使用哪一种池化法来压缩特征图，最常使用的是最大池化法。

1. 池化法到底做了什么

在池化层使用**最大池化法**（Max Pooling）可以将卷积层输入的特征图压缩转换成一张新的特征图，如下所示。

■ 在池化层输出的特征图尺寸比输入的特征图小，可以减少神经网络模型的参数，称为**降采样**（Down Sampling），例如，4×4 的输入特征图，经过 2×2

最大池化运算，输出的是压缩为 2×2 尺寸的特征图，如图 7-38 所示。

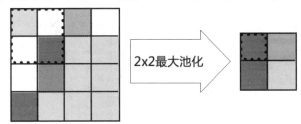

图7-38

■ 最大池化法可以让卷积层提取出的特征不受大小或方向改变的影响，例如，
从图片中提取 9 的特征，在卷积层可以找到不同方向的 9（方向越一致，特
征的反应越强，值就越大），在池化层是取出最大值来强化特征，所以不论
9 是位于哪一个方向（或什么尺寸），都可以成功地找出正确方向 9，如图
7-39 所示。

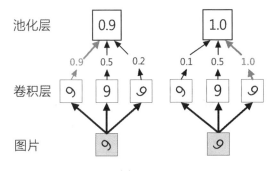

图7-39

请注意！ 特征图很容易因为池化运算而压缩变小。例如，经过 2×2 的
池化运算，特征图尺寸会变为 1/2；3×3 的池化为 1/3，如同第 7-4-3 节
卷积层输出的特征图尺寸，我们一样可以使用调整步幅或补零，让池化运算
后的特征图不会缩得太小。

2. 池化法的种类

在池化层除了使用最大池化法之外，还可以选择使用最小池化法和平均池化法，
其说明如下。

■ **最小池化法**（Min Pooling）：最小池化法和最大池化法相反，取出的是最小值
（Keras 并不支持最小池化法），如图 7-40 所示。

■ **平均池化法**（Average Pooling）：平均池化就是使用平均值，例如，左上角
12+20+8+16=56，56/4=14，如图 7-41 所示。

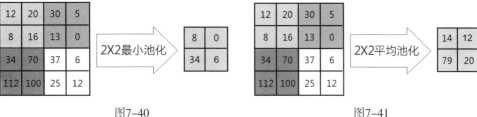

图7-40   图7-41

7-5-2 Dropout 层

Dropout 层是神经网络的一种优化方法,可以在不增加训练数据的情况下帮助我们对抗**过度拟合**(Overfitting)。例如,在卷积神经网络新增一层 50% 的 Dropout 层,如图 7-42 所示。

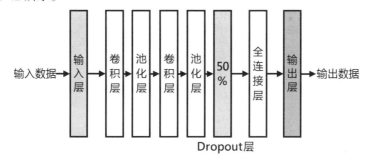

图7-42

上述卷积神经网络在训练时,Dropout 层会随机选择 50%(百分比的范围为 10%~80%)的输入数据,将输出数据设为 0,如图 7-43 所示。

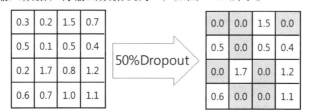

图7-43

基本上,Dropout 层的目的是在损失函数中加入随机性,破坏各层神经元之间的**共适性**(Co-adaptations)来修正前一层神经层学习方向的错误,能够让预测模型更加强壮,并提升预测模型的泛化性。

Tips　　共适性（Co-adaptations）是什么？简单来说，一个神经层拥有多个神经元，我们希望每一个神经元都能够独立检测出有价值的特征（不受其他神经元的影响），如果有两个或多个神经元重复检测相似的特征，如下所示：

神经元 a 的权重： [1.92, -0.5, 0.5, 2.53, 3.61]
神经元 b 的权重： [-1.91, -0.5, 0.5, -2.54, -3.59]

上述两个神经元都能检测出特征 f: [0, $-f$, f, 0, 0]，但是乘以字段的权重值会相互抵消。换句话说，其下一层的输出会受到上一层其他神经元的影响，这就是共适性。

Dropout 层为什么能有效对抗过度拟合？是从银行柜台找到的灵感，想想看当我们去银行办事，是否常常发现柜台每隔一段时间都会换人，目的就是希望打破人员之间的关系（在一段时间就换掉小组中的一个人），可以避免产生共犯结构，让银行不容易产生金融犯罪。同理，Dropout 层就是在打断多个神经元之间的共适性，创建出泛化性更佳的预测模型。

7-6 ▶ 构建卷积神经网络

现在，我们已经了解了卷积神经网络的结构和其运作原理，在构建卷积神经网络前，我们需要先了解卷积神经网络到底能做什么。

1. 卷积神经网络能做什么

到目前为止，我们知道卷积神经网络非常适合处理图像识别的相关问题，这是一种空间关系。事实上，卷积神经网络也一样可以处理其他问题，只要能够将数据转换成类似图片的空间格式。例如，将声音依据时间细分，将每一小段声音分成低音、中音、高音或其他更高频率后，就可以将这些声音信息转换成矩阵，如图 7-44 所示。

图 7-44 中的每一行代表不同时间，每一行代表不同频率，因为有时间序列，我们无法任意排列组合频率数据，这样的数据排列如同是一张图片，所以一样可以使用卷积神经网络识别图片的方式，创建声音识别的卷积神经网络。

换句话说，卷积神经网络非常擅长处理可以转换成图片格式的空间数据，不论是

频率 →

0	0	0	1	0
0	0	1	0	0
0	0	0	1	0
0	0	0	0	1
1	0	0	0	0

时间 ↓

图7-44

自然语言处理 （Natural Language Processing） 的文字数据，还是新药研发的化学组成数据等，只要能够将数据转换成图片空间的格式，就可以运用卷积神经网络来处理。

请注意！ 转换成矩阵的空间数据，其空间的数据位置是有意义的，如果改变数据位置也不会影响数据的意义，这种数据并不适合使用卷积神经网络来处理。因为对于图片，如果我们调换像素的位置，就不再是同一张图片了。

2. 如何构建卷积神经网络

开始构建卷积神经网络时，首先需要考虑神经网络的结构，例如，使用多少组卷积层和池化层、全连接层有几层、是否需要 Dropout 层、有几层 Dropout 层、各神经层的顺序是什么。在确定神经网络的结构后，我们还需要针对各神经层决定下列问题：

- 每一层卷积层需要几个滤波器？滤波器尺寸有多大？卷积运算是否需要补零？步幅为多少？
- 每一层池化层的窗格大小为多少？需要间隔几个元素来压缩特征图？
- 每一层 Dropout 层输出随机归零的百分比是多少？

因为全连接层就是多层感知器的隐藏层和输出层，这部分的构建方法请参阅 第 4-2-2 节的说明。

课后检测

1. 请说明什么是图像数据的不稳定问题。
2. 请使用图例说明什么是卷积运算和池化运算。
3. 本书赠送的示例文件提供手写数字 0~9 图片的 NumPy 数组文件，请创建 Python 程序载入手写数字图片阵列执行 Ch7_2_2c.py 程序的边缘检测。
4. 请使用图例说明卷积神经网络的基本结构。
5. 请说明卷积神经网络整个分类图片的过程。为什么卷积神经网络可以分类图片？
6. 请回答什么是局部连接和权重分享。
7. 请比较第 7-4-2 节多维度卷积操作和第 7-3-2 节卷积操作示例的差异。
8. 请简单说明池化法到底做了什么，池化运算有几种。
9. 请回答什么是 Dropout 层。我们为什么需要在卷积神经网络加上 Dropout 层？
10. 请思考除了图像识别外，卷积神经网络还可以用来解决什么样的问题。

MEMO

7

第8章

创建一个
卷积神经网络

8-1 认识 MNIST 手写识别数据集

　　MNIST（Mixed National Institute of Standards and Technology）数据集是 Yann Lecun's 提供的图片数据库，包含 60000 张手写数字图片（Handwritten Digit Image）的训练数据和 10000 张测试数据。

　　MNIST 数据集是**成对的**数字手写图片和对应的标签数据，其简单说明如下。

- **手写数字图片**：尺寸为 28×28 像素的灰度位图。
- **标签**：手写数字图片对应实际的 0~9 数字。

1. 载入和探索 MNIST 手写识别数据集：Ch8_1.py

　　Keras 内置 MNIST 手写识别数据集，我们只需导入 mnist，就可以载入 MNIST 数据集，如下所示：

```
from keras.datasets import mnist
```

　　上述代码导入 Keras 内置 MINIST 数据集，如果使用 TensorFlow 内置的 Keras 模块，其导入代码（Ch8_1_tf.py）如下所示：

```
from tensorflow.keras.datasets import mnist
```

　　在导入 mnist 后，就可以载入数据集，如下所示：

```
(X_train, Y_train), (X_test, Y_test) = mnist.load_data()
```

　　上述代码调用 load_data() 函数载入 MNIST 数据集，如果是第一次载入，Spyder 的 IPython console 会自动下载数据集，如图 8-1 所示。

```
In [21]: runfile('C:/DL/Ch08/Ch8_1.py', wdir='C:/DL/Ch08')
Downloading data from https://s3.amazonaws.com/img-datasets/mnist.npz
  507904/11490434 [>............................] - ETA: 25s
```

图8-1

　　在 Jupyter Notebook 也一样会先下载数据集，如图 8-2 所示。

```
...   Using TensorFlow backend.
      Downloading data from https://s3.amazonaws.com/img-datasets/mnist.npz
        262144/11490434 [..............................] - ETA: 14s
```

图8-2

然后，我们可以显示训练数据集中的第一张手写数字图片及其标签，这是一个 NumPy 数组，如下所示：

```
print(X_train[0])
```

```
print(Y_train[0])
```

上述执行结果首先显示第一张图片的 NumPy 二维数组，其元素值为 0~255，因为 IPython console 的显示宽度不足，阵列内容会换行，这里已经使用笔记本删除换行，可以看出是数字 5，如图 8-3 所示。

```
[[  0   0   0   0   0   0   0   0   0   0   0   0   0   0   0   0   0   0   0   0   0   0   0   0   0   0   0   0]
 [  0   0   0   0   0   0   0   0   0   0   0   0   0   0   0   0   0   0   0   0   0   0   0   0   0   0   0   0]
 [  0   0   0   0   0   0   0   0   0   0   0   0   0   0   0   0   0   0   0   0   0   0   0   0   0   0   0   0]
 [  0   0   0   0   0   0   0   0   0   0   0   0   0   0   0   0   0   0   0   0   0   0   0   0   0   0   0   0]
 [  0   0   0   0   0   0   0   0   0   0   0   0   3  18  18  18 126 136 175  26 166 255 247 127   0   0   0   0]
 [  0   0   0   0   0   0   0  30  36  94 154 170 253 253 253 253 253 225 172 253 242 195  64   0   0   0   0   0]
 [  0   0   0   0   0   0  49 238 253 253 253 253 253 253 253 253 251  93  82  82  56  39   0   0   0   0   0   0]
 [  0   0   0   0   0   0  18 219 253 253 253 253 253 198 182 247 241   0   0   0   0   0   0   0   0   0   0   0]
 [  0   0   0   0   0   0   0  80 156 107 253 253 205  11   0  43 154   0   0   0   0   0   0   0   0   0   0   0]
 [  0   0   0   0   0   0   0   0  14   1 154 253  90   0   0   0   0   0   0   0   0   0   0   0   0   0   0   0]
 [  0   0   0   0   0   0   0   0   0   0 139 253 190   2   0   0   0   0   0   0   0   0   0   0   0   0   0   0]
 [  0   0   0   0   0   0   0   0   0   0  11 190 253  70   0   0   0   0   0   0   0   0   0   0   0   0   0   0]
 [  0   0   0   0   0   0   0   0   0   0   0  35 241 225 160 108   1   0   0   0   0   0   0   0   0   0   0   0]
 [  0   0   0   0   0   0   0   0   0   0   0   0  81 240 253 253 119  25   0   0   0   0   0   0   0   0   0   0]
 [  0   0   0   0   0   0   0   0   0   0   0   0   0  45 186 253 253 150  27   0   0   0   0   0   0   0   0   0]
 [  0   0   0   0   0   0   0   0   0   0   0   0   0   0  16  93 252 253 187   0   0   0   0   0   0   0   0   0]
 [  0   0   0   0   0   0   0   0   0   0   0   0   0   0   0   0 249 253 249  64   0   0   0   0   0   0   0   0]
 [  0   0   0   0   0   0   0   0   0   0   0   0  46 130 183 253 253 207   2   0   0   0   0   0   0   0   0   0]
 [  0   0   0   0   0   0   0   0   0  39 148 229 253 253 253 250 182   0   0   0   0   0   0   0   0   0   0   0]
 [  0   0   0   0   0   0   0  24 114 221 253 253 253 253 201  78   0   0   0   0   0   0   0   0   0   0   0   0]
 [  0   0   0   0   0   0  23  66 213 253 253 253 253 198  81   2   0   0   0   0   0   0   0   0   0   0   0   0]
 [  0   0   0   0   0  18 171 219 253 253 253 253 195  80   9   0   0   0   0   0   0   0   0   0   0   0   0   0]
 [  0   0   0  55 172 226 253 253 253 253 244 133  11   0   0   0   0   0   0   0   0   0   0   0   0   0   0   0]
 [  0   0   0 136 253 253 253 212 135 132  16   0   0   0   0   0   0   0   0   0   0   0   0   0   0   0   0   0]
 [  0   0   0   0   0   0   0   0   0   0   0   0   0   0   0   0   0   0   0   0   0   0   0   0   0   0   0   0]]
```

图8-3

然后显示对应手写数字图片的标签数据，其执行结果是 5，如下所示：

```
5
```

如同第 7 章 Python 程序 Ch7_2_2.py，我们一样可以使用 Matplotlib 显示数字图片 5，如下所示：

```
import matplotlib.pyplot as plt
```

```
plt.imshow(X_train[0], cmap="gray")
plt.title("Label: " + str(Y_train[0]))
plt.axis("off")

plt.show()
```

上述代码调用 imshow() 函数显示第一张图片，标题文字是对应的真实标签数据，其执行结果如图 8-4 所示。

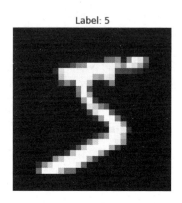

图8-4

2. 显示 MNIST 数据集的前 9 张图片：Ch8_1a.py

我们可以使用 Matplotlib 子图同时显示多张数字图片，如下所示：

```
from keras.datasets import mnist
import matplotlib.pyplot as plt

(X_train, Y_train), (X_test, Y_test) = mnist.load_data()

sub_plot= 330
for i in range(0, 9):
    ax = plt.subplot(sub_plot+i+1)
    ax.imshow(X_train[i], cmap="gray")
    ax.set_title("Label: " + str(Y_train[i]))
    ax.axis("off")

plt.subplots_adjust(hspace = .5)
plt.show()
```

上述代码载入 MNIST 数据集后，使用 for 循环显示数据集的前 9 张图片，图表的标题文字是对应的标签数据，其执行结果如图 8-5 所示。

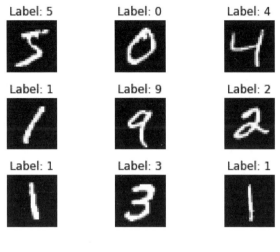

图8-5

8-2 使用 MLP 实现 MNIST 手写识别

MNIST 手写识别是一种多元分类，可以将手写数字图片分为 10 类，我们可以使用 MLP 实现 MNIST 手写识别，其学习的是整张图片的所有像素，换句话说，MLP 学习到的是**全域样式**（Global Patterns）。

8-2-1 MLP 的数据预处理

在创建 MLP 神经网络前，我们需要先进行数据预处理，具体如下。

■ 将特征数据（样本数, 28, 28）形状转换成（样本数, 784）形状。

■ 执行特征标准化的**归一化**（Normalization）。

■ 将标签数据执行 One-hot 编码。

Python 程序 Ch8_2_1.py 首先调用 load_data() 函数载入数据集，如下所示：

```
(X_train, Y_train), (X_test, Y_test) = mnist.load_data()
```

上述代码在载入手写数字图片 MNIST 数据集后，我们需要将原（样本数 , 28,

28）形状的特征转换成（样本数，784）形状的特征，即 28×28=784，以便送入 MLP 神经网络来进行训练，如下所示：

```
X_train = X_train.reshape(X_train.shape[0], 28*28).astype("float32")
X_test = X_test.reshape(X_test.shape[0], 28*28).astype("float32")
print("X_train Shape: ", X_train.shape)
print("X_test Shape: ", X_test.shape)
```

上述代码调用两次 reshape() 函数，将特征的训练和测试数据集转换为（样本数，784）的形状，并且在转换为浮点数后，显示转换后的形状，其执行结果如下所示：

```
X_train Shape:  (60000, 784)
X_test Shape:   (10000, 784)
```

上述形状的第一个数是样本数，第二个数是特征数，然后，我们可以直接除以 255 来执行灰度图片的归一化（因为值是固定范围 0~255），如下所示：

```
X_train = X_train / 255
X_test = X_test / 255
print(X_train[0][150:175])
```

上述代码在执行归一化后，显示第一张数字图片第 150~174 项范围的值，可以看到特征值已经归一化，如下所示：

```
[0.         0.         0.01176471 0.07058824 0.07058824 0.07058824
 0.49411765 0.53333336 0.6862745  0.10196079 0.6509804  1.
 0.96862745 0.49803922 0.         0.         0.         0.
 0.         0.         0.         0.         0.         0.
 0.         ]
```

最后，因为手写图片的数字识别是多元分类问题，我们需要对标签数据执行 One-hot 编码，如下所示：

```
Y_train = to_categorical(Y_train)
Y_test = to_categorical(Y_test)
print("Y_train Shape: ", Y_train.shape)
print(Y_train[0])
```

上述代码调用两次 to_categorical() 函数执行训练和测试标签数据的 One-hot 编码，显示训练标签数据的形状，以及编码后的第一条数据，其执行结果如下所示：

```
Y_train Shape:  (60000, 10)
[0. 0. 0. 0. 0. 1. 0. 0. 0. 0.]
```

上述第一个数字图片是 5，One-hot 编码为 [0. 0. 0. 0. 0. 1. 0. 0. 0. 0.]。

8-2-2 使用 MLP 实现 MNIST 手写识别步骤

Python 程序 Ch8_2_2.py 使用 MLP 实现 MNIST 手写识别，因为数据预处理与第 8-2-1 节相同，故不再重复列出和说明。

1. 定义模型

我们创建的第一个 MNIST 手写识别 MLP 是一个 3 层的神经网络，如图 8-6 所示。

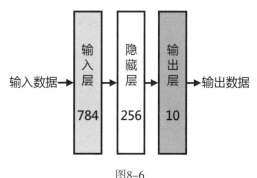

图8-6

上述神经网络的隐藏层有 256 个神经元，因为数字有 10 种，所以输出层有 10 个神经元，如下所示：

```
model = Sequential()
model.add(Dense(256, input_dim=28*28, activation="relu"))
model.add(Dense(10, activation="softmax"))
```

上述代码的第一层隐藏层有 256 个神经元，使用 input_dim 参数指定输入层为 784，激活函数为 ReLU()，输出层有 10 个神经元，激活函数是 Softmax() 函数。然后，我们可以显示模型摘要信息，如下所示：

8

```
model.summary()
```

上述函数显示每一层神经层的参数个数和整个神经网络的参数总数，其执行结果如下所示：

```
Layer (type)                    Output Shape              Param #
=================================================================
dense_60 (Dense)                (None, 256)               200960

dense_61 (Dense)                (None, 10)                2570
=================================================================
Total params: 203,530
Trainable params: 203,530
Non-trainable params: 0
```

上述各神经层的参数计算如下所示：

隐藏层：784*256+256 = 200960

输出层：256*10+10 = 2570

2. 编译模型

在定义模型后，我们需要编译模型转换为低阶 TensorFlow 计算图，如下所示：

```
model.compile(loss="categorical_crossentropy", optimizer="adam",
              metrics=["accuracy"])
```

上述 compile() 函数的损失函数为 categorical_crossentropy()，优化器为 adam，评估标准为准确度。

3. 训练模型

在编译模型为 TensorFlow 计算图后，我们就可以输入特征数据来训练模型，如下所示：

```
history = model.fit(X_train, Y_train, validation_split=0.2,
                    epochs=10, batch_size=128, verbose=2)
```

上述 fit() 函数的第一个参数是训练数据集 X_train，第二个参数是标签数据集 Y_train，分割验证数据 20%，训练周期为 10 次，批次尺寸为 128，其执行结果如下所示：

```
Train on 48000 samples, validate on 12000 samples
Epoch 1/10
 - 2s - loss: 0.3398 - acc: 0.9050 - val_loss: 0.1771 - val_acc: 0.9522
Epoch 2/10
 - 1s - loss: 0.1512 - acc: 0.9565 - val_loss: 0.1338 - val_acc: 0.9615
Epoch 3/10
 - 1s - loss: 0.1042 - acc: 0.9696 - val_loss: 0.1212 - val_acc: 0.9632
Epoch 4/10
 - 2s - loss: 0.0778 - acc: 0.9777 - val_loss: 0.1005 - val_acc: 0.9713
Epoch 5/10
 - 1s - loss: 0.0593 - acc: 0.9834 - val_loss: 0.0870 - val_acc: 0.9756
Epoch 6/10
 - 1s - loss: 0.0467 - acc: 0.9866 - val_loss: 0.0848 - val_acc: 0.9748
Epoch 7/10
 - 1s - loss: 0.0373 - acc: 0.9897 - val_loss: 0.0828 - val_acc: 0.9747
Epoch 8/10
 - 1s - loss: 0.0286 - acc: 0.9929 - val_loss: 0.0791 - val_acc: 0.9757
Epoch 9/10
 - 1s - loss: 0.0235 - acc: 0.9941 - val_loss: 0.0780 - val_acc: 0.9772
Epoch 10/10
 - 1s - loss: 0.0192 - acc: 0.9955 - val_loss: 0.0786 - val_acc: 0.9773
```

4. 评估模型

当使用训练数据集训练模型后，我们可以使用测试数据集来评估模型的效能，如下所示：

```
loss, accuracy = model.evaluate(X_train, Y_train)
print("训练数据集的准确度 = {:.2f}".format(accuracy))
loss, accuracy = model.evaluate(X_test, Y_test)
print("测试数据集的准确度 = {:.2f}".format(accuracy))
```

上述代码调用两次 evaluate() 函数来评估模型，其执行结果如下所示：

```
60000/60000 [==============================] - 1s 17us/step
训练数据集的准确度 = 0.99
10000/10000 [==============================] - 0s 17us/step
测试数据集的准确度 = 0.98
```

上述验证数据集的准确度为 0.99（即 99%），测试数据集的准确度为 0.98（即 98%）。我们可以绘制出训练和验证损失的趋势图，帮助我们分析模型的效能，如图 8-7 所示。

8

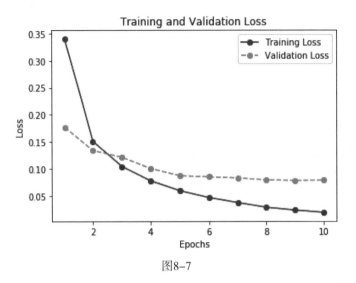

图8-7

从图 8-7 中可以看出，训练损失和验证损失都持续减少，但验证损失的减少比起训练损失来说则是越来越慢，虽然差距不大，但仍然有些过度拟合的问题。同理，我们可以绘制出训练和验证准确度的图，如图 8-8 所示。

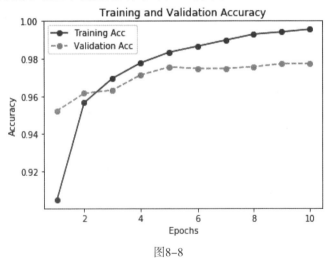

图8-8

从图 8-8 中可以看出，随着训练周期的增加，训练准确度持续提升，但是验证准确度的提升越来越小。

8-2-3 增加隐藏层的神经元数

为了解决第 8-2-2 节 MLP 过度拟合的问题，我们准备将隐藏层的神经元数从 256

个增至 784 个，创建更宽的 MLP 神经网络。Python 程序 Ch8_2_3.py 修改自 Ch8_2_2.py，只是在神经网络结构增加隐藏层的神经元数，如下所示：

```
model = Sequential()
model.add(Dense(784, input_dim=784, activation="relu"))
model.add(Dense(10, activation="softmax"))
```

在上述代码的第一层隐藏层已经改为 784 个神经元。然后我们可以显示模型摘要信息，如下所示：

```
Layer (type)                    Output Shape              Param #
=================================================================
dense_62 (Dense)                (None, 784)               615440

dense_63 (Dense)                (None, 10)                7850
=================================================================
Total params: 623,290
Trainable params: 623,290
Non-trainable params: 0
```

上述各神经层的参数计算如下所示：

```
隐藏层：784*784+784 = 615440
输出层：784*10+10 = 7850
```

在使用训练数据集训练模型后，我们可以使用测试数据集来评估模型的效能，其执行结果如下所示：

```
60000/60000 [==============================] - 2s 35us/step
训练数据集的准确度 = 1.00
10000/10000 [==============================] - 0s 34us/step
测试数据集的准确度 = 0.98
```

上述验证数据集的准确度为 1.00（即 100%），测试数据集的准确度仍然为 0.98（即 98%）。我们可以绘制出训练和验证损失的趋势图，帮助我们分析模型的效能，如图 8-9 所示。

8

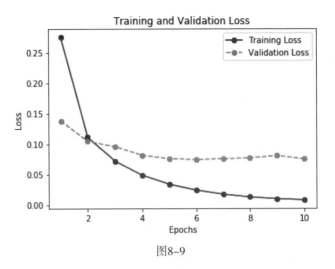

图8-9

从图 8-9 中可以看出,训练损失和验证损失都持续减少,但是验证损失减少和训练损失的差距也加大,换句话说,增加隐藏层的神经元数,并不能解决过度拟合的问题。同理,我们可以绘制出训练和验证准确度图,如图 8-10 所示。

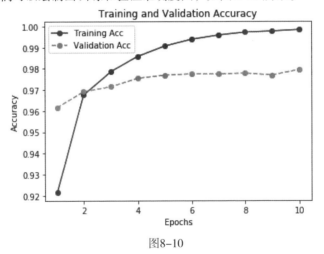

图8-10

从图 8-10 中可以看出,随着训练周期的增加,训练准确度持续提升,但验证准确度的提升越来越小,而且差距更大了。

8-2-4 在 MLP 新增一层隐藏层

由于增加隐藏层的神经元数不能解决过度拟合的问题,因此我们将更宽的神经网络改成更深的神经网络,即在 MLP 新增一层隐藏层,以便观察过度拟合的情况是否能够改善。

Python 程序 Ch8_2_4.py 也是修改自 Ch8_2_2.py，只是在 MLP 增加第二层隐藏层，如下所示：

```
model = Sequential()
model.add(Dense(256, input_dim=784, activation="relu"))
model.add(Dense(256, activation="relu"))
model.add(Dense(10, activation="softmax"))
```

上述代码有两层隐藏层，其神经元数都为 256。我们可以显示模型摘要信息，如下所示：

```
Layer (type)                 Output Shape              Param #
=================================================================
dense_70 (Dense)             (None, 256)               200960
_____
dense_71 (Dense)             (None, 256)               65792
_____
dense_72 (Dense)             (None, 10)                2570
=================================================================
Total params: 269,322
Trainable params: 269,322
Non-trainable params: 0
```

上述各层的参数计算如下所示：

```
隐藏层 1： 784*256+256 = 200960
隐藏层 2： 256*256+256 = 65792
输出层： 256*10+10 = 2570
```

当使用训练数据集训练模型后，我们可以使用测试数据集来评估模型的效能，其执行结果如下所示：

```
60000/60000 [==============================] - 1s 21us/step
训练数据集的准确度 = 0.99
10000/10000 [==============================] - 0s 20us/step
测试数据集的准确度 = 0.98
```

上述验证数据集的准确度为 0.99（即 99%），测试数据集的准确度仍然为 0.98（即 98%）。我们可以绘制出训练和验证损失的趋势图，帮助我们分析模型的效能，如图 8-11 所示。

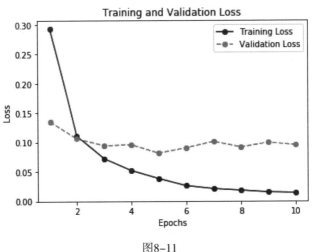

图8-11

从图 8-11 中可以看出，训练损失和验证损失都持续减少，但验证损失减少和训练损失的差异也加大。所以，增加一层隐藏层也不能解决过度拟合的问题。同理，我们可以绘制出训练和验证准确度图，如图 8-12 所示。

从图 8-12 中可以看出，随着训练周期的增加，训练准确度持续提升，但是验证准确度的提升越来越小，而且误差更大了。

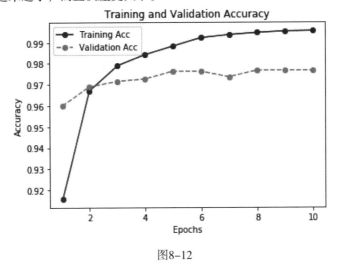

图8-12

8-2-5 在 MLP 中使用 Dropout 层

Dropout 层可以在不增加训练数据的情况下帮助我们对抗过度拟合。例如，我们准备在 MLP 神经网络中新增一层 50% 的 Dropout 层，如图 8-13 所示。

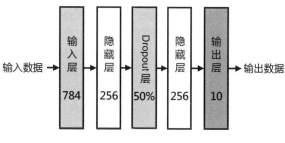

图8-13

Python 程序 Ch8_2_5.py 也是修改自 Ch8_2_4.py，只是在 MLP 的第一层隐藏层后新增一层 Dropout 层，如下所示：

```
model = Sequential()
model.add(Dense(256, input_dim=28*28, activation="relu"))
model.add(Dropout(0.5))
model.add(Dense(256, activation="relu"))
model.add(Dense(10, activation="softmax"))
```

上述代码调用 add() 函数新增 Dropout 层，参数值 0.5 就是 50% 随机归零。然后我们可以显示模型摘要信息，如下所示：

```
Layer (type)                    Output Shape              Param #
=================================================================
dense_73 (Dense)                (None, 256)               200960

dropout_2 (Dropout)             (None, 256)               0

dense_74 (Dense)                (None, 256)               65792

dense_75 (Dense)                (None, 10)                2570
=================================================================
Total params: 269,322
Trainable params: 269,322
Non-trainable params: 0
```

上述各神经层的参数计算（Dropout 层没有参数）如下所示：

```
隐藏层 1：784*256+256 = 200960
Dropout 层：0
隐藏层 2：256*256+256 = 65792
输出层：256*10+10 = 2570
```

当使用训练数据集训练模型后，我们可以使用测试数据集来评估模型的效能，其执行结果如下所示：

```
60000/60000 [==============================] - 1s 22us/step
训练数据集的准确度 = 0.99
10000/10000 [==============================] - 0s 22us/step
测试数据集的准确度 = 0.98
```

上述验证数据集的准确度为 0.99（即 99%），测试数据集的准确度仍然为 0.98（即 98%）。我们可以绘制出训练和验证损失的趋势图，帮助我们分析模型的效能，如图 8-14 所示。

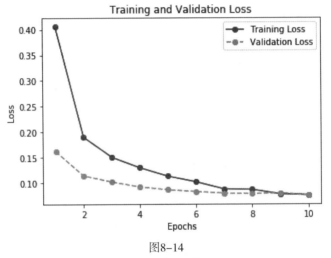

图8-14

从图 8-14 中可以看出，训练损失和验证损失都是持续减少的，而且差距也越来越小至直连在一起。所以，**在 MLP 中增加 Dropout 层可以解决过度拟合的问题**。同理，我们可以绘制出训练和验证准确度图，如图 8-15 所示。

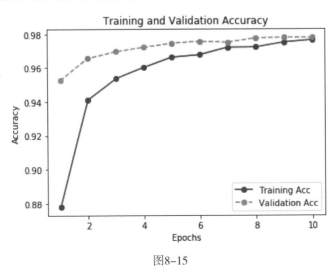

图8-15

从图 8-15 中可以看出，随着训练周期的增加，训练准确度持续提升，验证准确度也持续提升，而且差距越来越小直至连在一起。

8–3　使用 CNN 实现 MNIST 手写识别

不同于第 8-2 节的 MLP 学到的是全域样式，CNN 的卷积层是使用滤波器的小区域提取特征，其学到的是**局部样式**（Local Patterns）。

8-3-1　如何使用 Keras 实现卷积神经网络

Keras 的 keras.layers 模块提供实现卷积神经网络（CNN）所需的预建神经层，在 Sequential 模型除了新增 Dense 层，我们还需要新增卷积层、池化层、平坦层（Flatten）和 Dropout 层来创建卷积神经网络。

1. 卷积层

keras.layers 模块支持多种预建的卷积层，常用卷积层的简单说明见表 8-1。

表 8–1　常用卷积层及简单说明

卷积层	说　明
Conv1D	创建一维卷积层，可以在时间维度的序列数据上执行卷积运算，例如，语意分析
Conv2D	创建二维卷积层，可以在空间维度的二维数据上执行卷积运算，例如，图片分类与识别
UpSampling1D	创建一维输入的上采样层，可以沿着时间轴来将数据重复指定次数
UpSampling2D	创建二维输入的上采样层，可以沿着二维空间来将数据重复指定次数

2. 池化层

keras.layers 模块支持多种预建池化层（没有最小池化），常用池化层的简单说明见表 8-2。

8

表 8-2　常用池化层及简单说明

池化层	说　明
MaxPooling1D	创建序列数据的一维最大池化
MaxPolling2D	创建空间数据的二维最大池化
AveragePooling1D	创建序列数据的一维平均池化
AveragePolling2D	创建空间数据的二维平均池化

8-3-2 CNN 的数据预处理

在创建 CNN 神经网络前，我们需要先执行如下数据预处理。

■ 将特征数据（样本数，28, 28）形状转换成四维张量（样本数，28, 28, 1）形状，即在最后新增灰度色彩值的通道。

■ 执行特征标准化的**归一化**。

■ 对标签数据执行 **One-hot** 编码。

Python 程序 Ch8_3_2.py 首先调用 load_data() 函数载入数据集，如下所示：

```
(X_train, Y_train), (X_test, Y_test) = mnist.load_data()
```

上述代码在载入手写数字图片 MNIST 数据集后，我们需要将原（样本数，28, 28）形状的特征转换为（样本数，28, 28, 1）形状的特征，以便输入 CNN 神经网络来进行训练，如下所示：

```
X_train = X_train.reshape(X_train.shape[0], 28, 28, 1).astype("float32")
X_test = X_test.reshape(X_test.shape[0], 28, 28, 1).astype("float32")
print("X_train Shape: ", X_train.shape)
print("X_test Shape: ", X_test.shape)
```

上述代码调用两次 reshape() 函数，将特征的训练和测试数据集转换为（样本数，28, 28, 1）的形状，并且在转换为浮点数后，显示转换后的形状，其执行结果如下所示：

```
X_train Shape:  (60000, 28, 28, 1)
X_test Shape:  (10000, 28, 28, 1)
```

上述形状的第一个数是样本数，第二个数是特征数，然后，我们可以直接除以 255 来执行灰度图片的归一化（因为值是固定范围 0~255），如下所示：

```
X_train = X_train / 255
X_test = X_test / 255
print(X_train[0][150:175])
```

最后，因为是多元分类问题，我们需要对标签数据执行 One-hot 编码，如下所示：

```
Y_train = to_categorical(Y_train)
Y_test = to_categorical(Y_test)
print("Y_train Shape: ", Y_train.shape)
print(Y_train[0])
```

上述代码调用两次 to_categorical() 函数执行训练和测试标签数据的 One-hot 编码，显示训练标签数据的形状和编码后的第一条数据，其执行结果如下所示：

```
Y_train Shape:  (60000, 10)
[0. 0. 0. 0. 0. 1. 0. 0. 0. 0.]
```

上述第一个数字图片是 5，One-hot 编码为 [0. 0. 0. 0. 0. 1. 0. 0. 0. 0.]。

8-3-3 使用 CNN 实现 MNIST 手写识别步骤

Python 程序 Ch8_3_3.py 使用 CNN 实现 MNIST 手写识别，因为数据预处理与第 8-3-2 节相同，故不再重复列出和说明。

 Tips　　如果读者计算机执行 CNN 的 MNIST 手写识别时需要花很久的时间，请改用 Google Colaboratory 云服务执行本节 Python 程序。

8

1. 定义模型

CNN 的 MNIST 手写识别使用两组卷积和池化层，并且使用两个 Dropout 层，如图 8-16 所示。

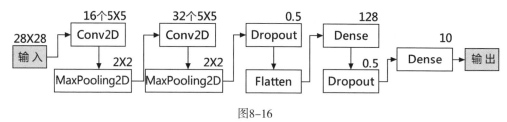

图8-16

上述 CNN 的第一个卷积层使用 16 个（5×5）滤波器，第二个卷积层使用 32 个（5×5）滤波器，池化层都是最大池化（2×2），Dropout 层都是 0.5，Dense 全连接层有 128 个神经元，因为数字有 10 种，最后输出的 Dense 层有 10 个神经元。首先创建 Sequential 模型，如下所示：

```
model = Sequential()
```

2. 定义第一组卷积和池化层

创建 Sequential 模型 model 后，我们可以使用 add() 函数新增第一组 Conv2D 卷积层，如下所示：

```
model.add(Conv2D(16, kernel_size=(5, 5), padding="same",
                 input_shape=(28, 28, 1), activation="relu"))
```

上述 Conv2D() 函数的第一个参数 16 为滤波器数（filters 参数），input_shape 为输入数据的形状，激活函数为 ReLU() 函数，其主要参数的说明如下。

- filters 参数：滤波器数量的整数值，即卷积核数。
- kernel_size 参数：滤波器窗格尺寸的元组，一般是正方形且为奇数，如（3,3）或（5,5）等。
- padding 参数：补零方式，默认参数值 valid 为不补零；same 为补零成相同尺寸。
- strides 参数：指定步幅数的元组，即每次滤波器窗口向右和向下移动的像素数，默认值是（1,1），即向右和向下各 1 个像素。

然后新增第一组的 MaxPooling2D 最大池化层，如下所示：

```
model.add(MaxPooling2D(pool_size=(2, 2)))
```

上述 MaxPooling2D() 函数的主要参数说明如下。

- **pool_size 参数**：沿着（垂直，水平）元组方向的缩小比例，（2, 2）元组是各缩小一半。
- **padding 参数**：同 Conv2D()。
- **strides 参数**：同 Conv2D1()。

3. 定义第二组卷积和池化层

下面新增第二组卷积和池化层，只将滤波器数改为 32 个，如下所示：

```
model.add(Conv2D(32, kernel_size=(5, 5), padding="same",
                 activation="relu"))
model.add(MaxPooling2D(pool_size=(2, 2)))
```

4. 定义 Dropout、平坦层和全连接层

在定义两组卷积和池化层后，我们就可以依次新增 Dropout 层、Flatten 平坦层、Dense 全连接层，再加一个 Dropout 层，最后是 Dense 输出层，如下所示：

```
model.add(Dropout(0.5))
model.add(Flatten())
model.add(Dense(128, activation="relu"))
model.add(Dropout(0.5))
model.add(Dense(10, activation="softmax"))
```

上述 Dropout() 函数的参数为随机归零的比例，本例中两个 Dropout 层都是 0.5，即 50%，在新增 Flatten 层转换为一维向量后，新增第一个 Dense 全连接层，神经元数为 128 个，激活动函数是 ReLU()。

接着再新增一个 Dropout 层，最后输出层有 10 个神经元，激活函数是 Softmax() 函数。然后，我们可以显示模型摘要信息，如下所示：

```
model.summary()
```

上述函数显示每一层神经层的参数个数和整个神经网络的参数总数，其执行结果如下所示：

```
Layer (type)                    Output Shape              Param #
=================================================================
conv2d_1 (Conv2D)               (None, 28, 28, 16)        416
max_pooling2d_1 (MaxPooling2    (None, 14, 14, 16)        0
conv2d_2 (Conv2D)               (None, 14, 14, 32)        12832
max_pooling2d_2 (MaxPooling2    (None, 7, 7, 32)          0
dropout_1 (Dropout)             (None, 7, 7, 32)          0
flatten_1 (Flatten)             (None, 1568)              0
dense_1 (Dense)                 (None, 128)               200832
dropout_2 (Dropout)             (None, 128)               0
dense_2 (Dense)                 (None, 10)                1290
=================================================================
Total params: 215,370
Trainable params: 215,370
Non-trainable params: 0
```

上述各神经层的参数计算：第一个 Conv2D 卷积层的参数是输入层的输出通道 1（黑白图），乘以滤波器的窗口大小（5×5），再乘以滤波器数 16，再加上滤波器数的偏移量 16，如下所示：

```
1*(5*5)*16+16 = 416
```

池化层没有参数，第二个 Conv2D 卷积层有 32 个滤波器，需要乘以前一层的通道数 16（即特征图数），如下所示：

```
16*(5*5)*32+32 = 12832
```

同样地，池化层、Dropout 层和平坦层也没有参数，第一个 Dense 全连接层有 128 个神经元，平坦层的输入是 7×7×32=1568，其参数数量的计算，如下所示：

```
1568*128+128 = 200832
```

最后是输出层的 Dense 层有 10 个神经元，如下所示：

```
128*10+10 = 1290
```

5. 编译模型

在定义模型后，我们需要编译模型转换为低阶 TensorFlow 计算图，如下所示：

```
odel.compile(loss="categorical_crossentropy", optimizer="adam",
```

```
                          metrics=["accuracy"])
```

上述 compile() 函数的损失函数为 categorical_crossentropy，优化器为 adam，评估标准为准确度。

6. 训练模型

在编译模型为 TensorFlow 计算图后，我们就可以输入特征数据来训练模型，如下所示：

```
history = model.fit(X_train, Y_train, validation_split=0.2,
                    epochs=10, batch_size=128, verbose=2)
```

上述 fit() 函数的第一个参数是训练数据集 X_train，第二个参数是标签数据集 Y_train，分割验证数据 20%，训练周期为 10 次，批次尺寸为 128，其执行结果如下所示：

```
Train on 48000 samples, validate on 12000 samples
Epoch 1/10
 - 34s - loss: 0.4092 - acc: 0.8685 - val_loss: 0.0819 - val_acc: 0.9748
Epoch 2/10
 - 35s - loss: 0.1350 - acc: 0.9592 - val_loss: 0.0577 - val_acc: 0.9825
Epoch 3/10
 - 34s - loss: 0.0995 - acc: 0.9698 - val_loss: 0.0469 - val_acc: 0.9864
Epoch 4/10
 - 34s - loss: 0.0835 - acc: 0.9748 - val_loss: 0.0456 - val_acc: 0.9857
Epoch 5/10
 - 35s - loss: 0.0755 - acc: 0.9775 - val_loss: 0.0361 - val_acc: 0.9897
Epoch 6/10
 - 35s - loss: 0.0649 - acc: 0.9801 - val_loss: 0.0336 - val_acc: 0.9905
Epoch 7/10
 - 33s - loss: 0.0642 - acc: 0.9798 - val_loss: 0.0342 - val_acc: 0.9904
Epoch 8/10
 - 32s - loss: 0.0577 - acc: 0.9822 - val_loss: 0.0322 - val_acc: 0.9906
Epoch 9/10
 - 32s - loss: 0.0519 - acc: 0.9842 - val_loss: 0.0302 - val_acc: 0.9915
Epoch 10/10
 - 31s - loss: 0.0503 - acc: 0.9843 - val_loss: 0.0287 - val_acc: 0.9920
```

7. 评估模型

当使用训练数据集训练模型后，我们可以使用测试数据集来评估模型的效能，并存储模型结构和权重，如下所示：

```
loss, accuracy = model.evaluate(X_train, Y_train)
print("训练数据集的准确度 = {:.2f}".format(accuracy))
loss, accuracy = model.evaluate(X_test, Y_test)
print("测试数据集的准确度 = {:.2f}".format(accuracy))
print("Saving Model: mnist.h5 ...")
model.save("mnist.h5")
```

上述代码调用两次 evaluate() 函数评估模型，其执行结果如下所示：

```
Testing ...
60000/60000 [==============================] - 14s 227us/step
训练数据集的准确度 = 1.00
10000/10000 [==============================] - 2s 226us/step
测试数据集的准确度 = 0.99
Saving Model: mnist.h5 ...
```

上述验证数据集的准确度为 1.00（即 100%），测试数据集的准确度为 0.99（即 99%）。我们可以绘制出训练和验证损失的趋势图，帮助我们分析模型的效能，如图 8-17 所示。

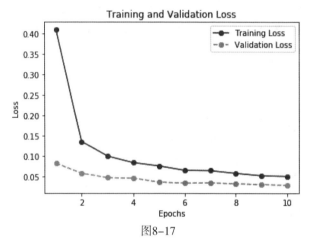

图8-17

从图 8-17 中可以看出，训练损失和验证损失都持续减少。同理，我们可以绘制出训练和验证准确度图，如图 8-18 所示。

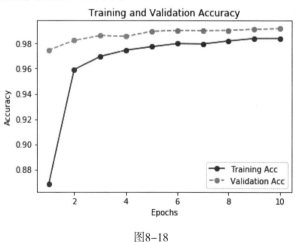

图8-18

可以看出，随着训练周期的增加，训练和验证准确度都持续提升。

8-4 ▶ 手写识别的预测结果

在 Python 程序 Ch8_3_3.py 最后已经将 CNN 模型结构和权重存储成 mnist.h5 文件，本节我们准备创建 Python 程序载入模型结构和权重来分析手写识别的预测结果。

1. 使用混淆矩阵分析预测结果：Ch8_4.py

我们可以使用 Pandas 创建混淆矩阵来分析模型的预测结果。首先调用 predict_classes() 函数计算测试数据集的预测值 Y_pred，如下所示：

```
Y_test_bk = Y_test.copy()
...
Y_pred = model.predict_classes(X_test)
tb = pd.crosstab(Y_test_bk.astype(int), Y_pred.astype(int),
                 rownames=["label"], colnames=["predict"])
print(tb)
```

上述 crosstab() 函数的第一个参数是真实标签值（Y_test_bak 是原始标签数据的备份），第二个参数是预测值，rownames 参数是行名称，colnames 是列名称，其执行结果如下所示：

predict	0	1	2	3	4	5	6	7	8	9
label										
0	976	0	0	0	0	0	2	1	1	0
1	0	1134	1	0	0	0	0	0	0	0
2	2	1	1026	0	0	0	0	3	0	0
3	0	0	1	1002	0	3	0	0	4	0
4	0	0	0	0	976	0	0	0	1	5
5	1	0	0	6	0	882	1	1	0	1
6	2	3	0	0	1	2	949	0	1	0
7	0	2	2	1	0	0	0	1020	1	2
8	1	0	2	2	0	0	0	1	966	1
9	0	3	0	0	1	3	2	0	4	2	994

表中从左上至右下的对角线是预测正确的数量，其他是预测错误的数量。

2. 绘制出 0~9 数字的预测概率：Ch8_4a.py

我们准备绘制出模型预测指定数字图片的预测概率，Python 程序使用随机数从测试数据集随机取出一个数字，或直接指定变量 i 索引值为 7，如下所示：

```
# i = np.random.randint(0, len(X_test))
i = 7
digit = X_test[i].reshape(28, 28)
X_test_digit = X_test[i].reshape(1, 28, 28, 1).astype("float32")
X_test_digit = X_test_digit / 255
```

上述变量 digit 是索引值为 7 的手写数字图片，转换成四维张量 X_test_digit 后，执行测试数据归一化。在载入 mnist.h5 文件的模型结构和权重后，首先绘出索引值为 7 的手写数字图片，如下所示：

```
plt.figure()
plt.subplot(1, 2, 1)
plt.title("Example of Digit:" + str(Y_test[i]))
plt.imshow(digit, cmap="gray")
plt.axis("off")
```

上述代码绘制出变量 digit 的数字图片后，在下方调用 predict_proba() 函数计算 0~9 数字的预测概率，然后绘出预测各数字概率的柱状图，如下所示：

```
print("Predicting ...")
probs = model.predict_proba(X_test_digit, batch_size=1)
print(probs)
plt.subplot(1, 2, 2)
plt.title("Probabilities for Each Digit Class")
plt.bar(np.arange(10), probs.reshape(10), align="center")
plt.xticks(np.arange(10), np.arange(10).astype(str))
plt.show()
```

上述代码计算出 0~9 数字的概率后，调用 plt.bar() 函数绘制柱状图，Y 轴是概率 0.0~1.0，X 轴是预测 0~9 数字的概率，因为 probs 是二维数组，所以调用 reshape() 函数转换为 10 个元素的一维向量，其执行结果如图 8-19 所示。

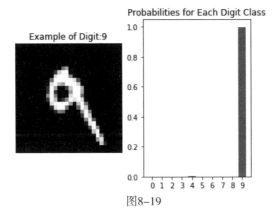

图8-19

图 8-19 是一张预测数字 9 的图片，左图是原图、右图是概率柱状图，可以看到99% 是预测成数字 9，只有很少概率是预测成数字 4。

3. 筛选分类错误并绘制出各预测错误的概率：Ch8_4b.py

我们准备筛选出测试数据中模型预测错误的数据，并绘制出 0~9 各数字预测错误的概率图。备份 X_test 测试数据集 X_test_bk 后，调用 predict_classes() 和 predict_proba() 函数计算测试数据集的分类和概率的预测值，如下所示：

```
X_test_bk = X_test.copy()
...
print("Predicting ...")
Y_pred = model.predict_classes(X_test)    # 分类
Y_probs = model.predict_proba(X_test)     # 概率
df = pd.DataFrame({"label":Y_test, "predict":Y_pred})
df = df[Y_test!=Y_pred]
print(df.head())
```

上述代码创建分类错误的 DataFrame 对象，第一个 label 字段是真实标签值，第二个字段 predict 是预测值，然后使用 df[Y_test!=Y_pred] 筛选出分类错误的记录数据，并显示前 5 条，如下所示：

	label	predict
340	5	3
582	8	2
583	2	7
659	2	1
674	5	3

上表中的索引是错误记录的原始索引值，接着，我们调用 sample() 函数随机选出一个错误分类的索引值 i，如下所示：

```
i = df.sample(n=1).index.values.astype(int)[0]
print("Index: ", i)
digit = X_test_bk[i].reshape(28, 28)
```

上述代码获取索引变量 i 后，使用 X_test_bk[i] 获取数字图片并更改形状为（28，28），然后绘制出图片和预测错误的概率图，代码如下所示：

```
plt.figure()
plt.subplot(1, 2, 1)
plt.title("Example of Digit:" + str(Y_test[i]))
plt.imshow(digit, cmap="gray")
plt.axis("off")
plt.subplot(1, 2, 2)
plt.title("Probabilities for Each Digit Class")
plt.bar(np.arange(10), Y_probs[i].reshape(10), align="center")
plt.xticks(np.arange(10), np.arange(10).astype(str))
plt.show()
```

上述代码先绘制出原数字图片后，接着绘制出预测错误 0~9 各数字概率的柱状图，其执行结果如图 8-20 所示。

图 8-20 是对数字 8 预测错误的结果，左图是原图，右图是概率柱状图，可以看到，5 成多是预测为数字 9，4 成多是数字 8，半成是数字 7，结果预测错误成数字 9。

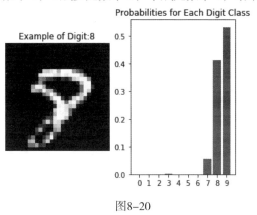

图8-20

课后检测

1. 请说明什么是 MNIST 手写识别数据集。

2. 当使用 MLP 实现 MNIST 手写识别神经网络时，请问创建更宽或更深的神经网络比较好吗？如果效果都不太好，我们怎么办？

3. 请以 MNIST 数据集为例，试着比较 MLP 和 CNN 的数据预处理有何不同。

4. 请以 MNIST 数据集为例，试着比较 MLP 和 CNN 神经网络的参数总数有多大差异。

5. 请简单说明 Keras 支持的 CNN 预建神经层有哪些。

6. 请修改第 8-3-3 节的 CNN，试着删除 Dropout 层、更改随机归零比例或增减 Dropout 层的数量，分析是否会影响模型的泛化性。

7. 请参考第 8-4 节的说明，分析第 8-2-5 节 MNIST 手写识别的预测结果。

8. 请修改第 8-2-5 节和第 8-3-3 节 MLP 和 CNN 的随机种子数，然后重新分析手写识别神经网络的预测结果。

8

第9章

卷积神经网络的
应用案例

9-1　案例：识别 Cifar-10 数据集的彩色图片

在第 8 章使用的 MNIST 数据集是黑白灰度的位图，本节我们准备使用 Cifar-10 数据集来说明如何使用 CNN 识别彩色图片。

9-1-1　认识 Cifar-10 彩色图片数据集

Cifar-10 数据集是 Alex Krizhevsky、Vinod Nair 和 Geoffrey Hinton 收集的图片数据集，包含大量 32×32 尺寸的彩色图片，其官方网址如下所示：

https://www.cs.toronto.edu/~kriz/cifar.html

上述网页显示如图 9-1 所示，共分成 10 类，Cifar-10 数据集的每一类有 6000 张图片，10 类共 60000 张图片，分成 50000 张训练数据集和 10000 张测试数据集。

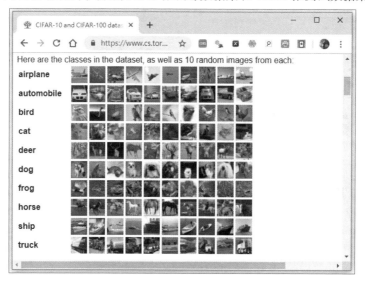

图9-1

1. 载入和探索 Cifar-10 彩色图片数据集：Ch9_1_1.py

Keras 内置 Cifar-10 彩色图片数据集，Python 程序只需导入 cifar10，就可以载入 Cifar-10 数据集，如下所示：

```
from keras.datasets import cifar10
```

上述代码导入 Keras 内置的 Cifar-10 数据集，如果使用 TensorFlow 内置的 Keras 模块，其导入代码（Ch9_1_1_tf.py）如下所示：

```
from tensorflow.keras.datasets import cifar10
```

在导入 cifar10 后，就可以载入数据集，如下所示：

```
(X_train, Y_train), (X_test, Y_test) = cifar10.load_data()
```

上述代码调用 load_data() 函数载入 Cifar-10 数据集，如果是第一次载入，Spyder 的 IPython console 会自动从官方网站下载数据集，如图 9-2 所示。

```
In [1]: runfile('C:/DL/Ch09/Ch9_1/Ch9_1_1.py', wdir='C:/DL/Ch09/Ch9_1')
Downloading data from https://www.cs.toronto.edu/~kriz/cifar-10-python.tar.gz
1728512/170498071 [...........................] - ETA: 6:04
```

图9-2

然后，我们可以显示训练和测试数据集的形状，如下所示：

```
print("X_train.shape: ", X_train.shape)
print("Y_train.shape: ", Y_train.shape)
print("X_test.shape: ", X_test.shape)
print("Y_test.shape: ", Y_test.shape)
```

上述代码分别使用 shape 属性来显示数据集的形状，其执行结果如下所示：

```
X_train.shape:  (50000, 32, 32, 3)
Y_train.shape:  (50000, 1)
X_test.shape:   (10000, 32, 32, 3)
Y_test.shape:   (10000, 1)
```

从上述执行结果可看到训练数据集有 50000 张图片，每一张图片的 NumPy 数组为 (32, 32, 3)，前两个是尺寸，最后是通道数，这是彩色图片，测试数据集有 10000 张图片。

然后，我们可以显示训练数据集中的第一张图片，如下所示：

```
print(X_train[0])
```

上述代码显示第一张图片的 NumPy 数组 (32, 32, 3)，其执行结果如下所示：

```
[[[ 59  62  63]          # 第 1 行画素开始 (0)
  [ 43  46  45]
  [ 50  48  43]
  ...
  [158 132 108]
  [152 125 102]
  [148 124 103]]          # 第 1 行画素结束 (31)
 ...
 [[177 144 116]          # 第 32 行画素开始 (0)
  [168 129  94]
  [179 142  87]
  ...
  [216 184 140]
  [151 118  84]
  [123  92  72]]]         # 第 32 行画素结束 (31)
```

上述执行结果是一个三维数组，前二维是 32×32 的行和列，第一维是行，第二维是列，第三维是每一个色彩点。例如，[59 62 63] 是 RGB 的 3 个色彩值。接着，我们可以显示此张图片的标签数据，如下所示：

```
print(Y_train[0])
```

上述代码显示对应图片的标签数据，其执行结果是一维数组 [6]，如下所示：

```
[6]
```

上述执行结果可以看到标签值是 6（即青蛙），Cifar-10 的标签值为 0~9，其对应图片类别见表 9-1。

表 9-1　标签值及图片类别

标签值	图片类别	标签值	图片类别
0	飞机（airplane）	5	狗（dog）
1	汽车（automobile）	6	青蛙（frog）
2	鸟（bird）	7	马（horse）
3	猫（cat）	8	船（ship）
4	鹿（deer）	9	卡车（truck）

同样地，我们可以使用 Matplotlib 显示青蛙的彩色图片，如下所示：

```
import matplotlib.pyplot as plt
```

```
plt.imshow(X_train[0], cmap="binary")
plt.title("Label: " + str(Y_train[0]))
plt.axis("off")

plt.show()
```

上述代码使用 imshow() 函数显示第一张图片，参数 cmap 的值为 binary，标题文字是对应的真实标签数据，其执行结果如图 9-3 所示。

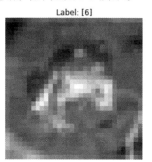

图9-3

2. 显示 Cifar-10 彩色图片数据集的前 9 张图片：Ch9_1_1a.py

我们可以使用 Matplotlib 子图来同时显示多张图片，如下所示：

```
......
sub_plot= 330
for i in range(0, 9):
    ax = plt.subplot(sub_plot+i+1)
    ax.imshow(X_train[i], cmap="binary")
    ax.set_title("Label: " + str(Y_train[i]))
    ax.axis("off")

plt.subplots_adjust(hspace = .5)

plt.show()
```

上述代码中，变量 sub_plot 指定数值 330，即 3×3 共 9 张子图，然后使用 for 循环显示数据集的前 9 张图片，图表的标题文字是对应的标签数据，其执行结果如图 9-4 所示。

Label: [6]   Label: [9]   Label: [9]

Label: [4]   Label: [1]   Label: [1]

Label: [2]   Label: [7]   Label: [8]

图9-4

9-1-2 使用 CNN 识别 Cifar-10 图片

Python 程序 Ch9_1_2.py 创建 CNN 来识别 Cifar-10 图片，首先导入所需的模块与包，如下所示：

```
import numpy as np
from keras.datasets import cifar10
from keras.models import Sequential
from keras.layers import Dense
from keras.layers import Flatten
from keras.layers import Conv2D
from keras.layers import MaxPooling2D
from keras.layers import Dropout
from keras.utils import to_categorical

seed = 10
np.random.seed(seed)
```

上述代码导入 NumPy 包，Keras 有 Sequential、Dense、Flatten、Conv2D、MaxPooling2D 和 Dropout 层，to_categorical 为 One-hot 编码，然后指定随机种子数为 10。

1. 步骤一：数据预处理

Cifar-10 数据集已经是四维张量，因此数据预处理只需进行归一化和 One-hot 编码。Python 程序首先载入数据集，如下所示：

```
(X_train, Y_train), (X_test, Y_test) = cifar10.load_data()
```

上述代码调用 load_data() 函数载入数据集后，执行特征标准化的归一化（Normalization），将色彩值从 0~255 转换为 0~1，如下所示：

```
X_train = X_train.astype("float32") / 255
X_test = X_test.astype("float32") / 255
```

然后是标签数据的 One-hot 编码，如下所示：

```
Y_train = to_categorical(Y_train)
Y_test = to_categorical(Y_test)
```

2. 步骤二：定义模型

下面定义神经网络模型，规划的卷积神经网络如图 9-5 所示。

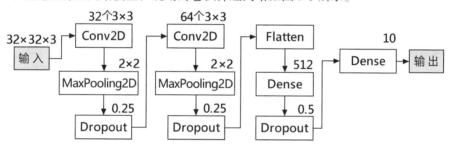

图9-5

图 9-5 中有两组卷积层和池化层、三个 Dropout 层、一个 Flatten 层和两个 Dense 层。因为 Cifar-10 数据集预测 10 种分类，属于多元分类问题，所以输出层是 10，如下所示：

```
model = Sequential()
model.add(Conv2D(32, kernel_size=(3, 3), padding="same",
                 input_shape=X_train.shape[1:], activation="relu"))
model.add(MaxPooling2D(pool_size=(2, 2)))
model.add(Dropout(0.25))
model.add(Conv2D(64, kernel_size=(3, 3), padding="same",
                 activation="relu"))
model.add(MaxPooling2D(pool_size=(2, 2)))
model.add(Dropout(0.25))
model.add(Flatten())
model.add(Dense(512, activation="relu"))
model.add(Dropout(0.5))
model.add(Dense(10, activation="softmax"))
```

上述两组卷积层和池化层分别是 32 个和 64 个（3, 3）滤波器，最后的 Dense 输出层对象有 10 个神经元，激活函数是 Softmax() 函数。然后调用 summary() 函数显示模型的摘要信息，如下所示：

```
model.summary()
```

上述函数显示每一层神经层的参数个数和整个神经网络的参数总数，其执行结果如下所示：

```
Layer (type)                   Output Shape              Param #
=================================================================
conv2d_47 (Conv2D)             (None, 32, 32, 32)        896

max_pooling2d_22 (MaxPooling   (None, 16, 16, 32)        0

dropout_1 (Dropout)            (None, 16, 16, 32)        0

conv2d_48 (Conv2D)             (None, 16, 16, 64)        18496

max_pooling2d_23 (MaxPooling   (None, 8, 8, 64)          0

dropout_2 (Dropout)            (None, 8, 8, 64)          0

flatten_1 (Flatten)            (None, 4096)              0

dense_16 (Dense)               (None, 512)               2097664

dropout_3 (Dropout)            (None, 512)               0

dense_17 (Dense)               (None, 10)                5130
=================================================================
Total params: 2,122,186
Trainable params: 2,122,186
Non-trainable params: 0
```

上述各神经层的参数计算，第一个 Conv2D 卷积层的参数为输入层的输出通道数 3（彩色图），乘以滤波器的窗口大小（3, 3），再乘以滤波器数 32，再加上滤波器数的偏移量 32，如下所示：

```
3*(3*3)*32+32 = 896
```

第二个 Conv2D 卷积层是 64 个滤波器，需要乘以上一层的通道数 32（即特征图数），如下所示：

```
32*(3*3)*64+64 = 18496
```

第一个 Dense 全连接层有 512 个神经元，平坦层的输入为 $8 \times 8 \times 64 = 4096$，其参数数量的计算如下所示：

```
4096*512+512 = 2097664
```

最后是输出层的 Dense 层有 10 个神经元，如下所示：

```
512*10+10 = 5130
```

3. 步骤三：编译模型

在定义模型后，我们需要编译模型转换为低阶 TensorFlow 计算图，如下所示：

```
model.compile(loss="categorical_crossentropy", optimizer="adam",
              metrics=["accuracy"])
```

上述 compile() 函数的损失函数为 categorical_crossentropy()，优化器为 adam，评估标准为准确度。

4. 步骤四：训练模型

在成功编译模型后，就可以开始训练模型，如下所示：

```
history = model.fit(X_train, Y_train, validation_split=0.2,
                    epochs=9, batch_size=128, verbose=2)
```

上述 fit() 函数的第一个参数是训练数据集 X_train，第二个参数是标签数据集 Y_train，并且分割出验证数据集 20%，其训练周期为 9 次，批次尺寸为 128，训练模型的执行结果如下所示：

```
Train on 40000 samples, validate on 10000 samples
Epoch 1/9
 - 126s - loss: 1.6589 - acc: 0.3938 - val_loss: 1.3264 - val_acc: 0.5304
Epoch 2/9
 - 122s - loss: 1.2918 - acc: 0.5383 - val_loss: 1.1185 - val_acc: 0.6169
Epoch 3/9
 - 132s - loss: 1.1486 - acc: 0.5927 - val_loss: 1.0393 - val_acc: 0.6455
Epoch 4/9
 - 129s - loss: 1.0586 - acc: 0.6244 - val_loss: 0.9732 - val_acc: 0.6713
Epoch 5/9
 - 132s - loss: 0.9936 - acc: 0.6484 - val_loss: 0.9380 - val_acc: 0.6730
Epoch 6/9
 - 132s - loss: 0.9413 - acc: 0.6678 - val_loss: 0.8914 - val_acc: 0.6949
Epoch 7/9
 - 132s - loss: 0.8915 - acc: 0.6847 - val_loss: 0.8576 - val_acc: 0.7063
Epoch 8/9
 - 132s - loss: 0.8543 - acc: 0.6990 - val_loss: 0.8316 - val_acc: 0.7124
Epoch 9/9
 - 131s - loss: 0.8210 - acc: 0.7108 - val_loss: 0.8243 - val_acc: 0.7166
```

5. 步骤五：评估与存储模型

当使用训练数据集训练模型后，我们可以使用测试数据集来评估模型效能，如下所示：

```
loss, accuracy = model.evaluate(X_train, Y_train)
```

```
print("训练数据集的准确度 = {:.2f}".format(accuracy))
loss, accuracy = model.evaluate(X_test, Y_test)
print("测试数据集的准确度 = {:.2f}".format(accuracy))
```

上述代码调用 evaluate() 函数评估模型，准确度分别为 0.78（即 78%）和 0.71（即 71%），如下所示：

```
50000/50000 [==============================] - 54s 1ms/step
训练数据集的准确度 = 0.78
10000/10000 [==============================] - 10s 1ms/step
测试数据集的准确度 = 0.71
```

然后使用 save() 函数存储模型结构和权重，如下所示：

```
print("Saving Model: cifar10.h5 ...")
model.save("cifar10.h5")
```

上述代码的执行结果是存储为文件 cifar10.h5，如下所示：

```
Saving Model: cifar10.h5 ...
```

Python 程序最后绘制出训练损失和验证损失的趋势图，可以帮助我们分析模型的效能，如图 9-6 所示。

从图 9-6 中可以看出，训练损失和验证损失都持续减少。同理，我们可以绘制出训练和验证准确度的图，如图 9-7 所示。

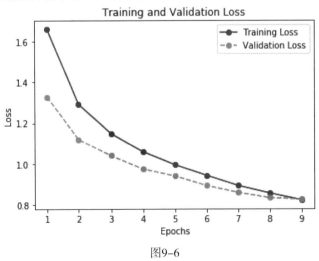

图9-6

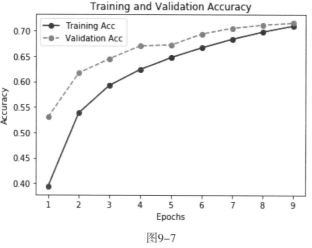

图9-7

可以看出随着训练周期的增加，训练和验证准确度都持续提升。

9-1-3 彩色图片影像识别的预测结果

Python 程序 Ch9_1_2.py 已经将 CNN 模型结构和权重存储为 cifar10.h5 文件，本节将创建 Python 程序，并且载入模型结构和权重来分析彩色图片影像识别的预测结果。

1. 使用混淆矩阵分析预测结果：Ch9_1_3.py

我们可以使用 Pandas 创建混淆矩阵分析模型的预测结果。首先调用 predict_classes() 函数计算测试数据集的预测值 Y_pred，如下所示：

```
Y_pred = model.predict_classes(X_test)
tb = pd.crosstab(Y_test_bk.astype(int).flatten(),
                 Y_pred.astype(int),
                 rownames=["label"], colnames=["predict"])
```

上述 crosstab() 函数的第一个参数是真实标签值（Y_test_bk 是原始标签数据的备份），使用 flatten() 函数转换为一维数组，第二个参数是预测值，rownames 参数是行名称，colnames 参数是列名称，其执行结果如下所示：

predict label	0	1	2	3	4	5	6	7	8	9
0	733	10	55	24	25	4	19	20	67	43
1	16	787	7	12	5	8	27	4	19	115
2	51	1	533	57	121	64	123	31	8	11
3	12	8	61	474	72	182	131	41	8	11
4	18	0	62	43	674	29	105	58	9	2
5	8	1	43	180	63	596	57	45	2	5
6	1	2	31	40	22	7	890	4	3	0
7	11	0	30	27	69	62	15	778	1	7
8	55	33	16	14	11	11	19	4	809	28
9	22	67	11	19	8	11	21	16	23	799

上述表格从左上至右下的对角线是分类预测正确的数量，其他是分类预测错误的数量。

2. 绘制出图片 0~9 分类的预测概率：Ch9_1_3a.py

我们准备绘制出模型对指定图片的预测概率，Python 程序修改自 Ch8_4a.py，直接指定 i=8（索引值为 8）来显示各分类的预测概率，如图 9-8 所示。

上述图例是一张分类为 3 的图片，左图是原图，右图是概率柱状图，可以显示各分类预测结果的概率。

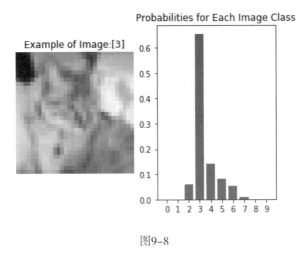

图9-8

3. 筛选分类错误和绘制出错误分类的预测概率：Ch9_1_3b.py

我们准备筛选出测试数据中模型预测错误的数据，并显示图片 0~9 各分类的预测概率。Python 程序修改自 Ch8_4b.py，首先调用 predict_classes() 和 predict_proba() 函数计算测试数据集的分类和概率的预测值，如下所示：

```
Y_pred = model.predict_classes(X_test)      # 分类
Y_probs = model.predict_proba(X_test)       # 概率
Y_test = Y_test.flatten()
df = pd.DataFrame({"label":Y_test, "predict":Y_pred})
df = df[Y_test!=Y_pred]                      # 筛选出分类错误的数据
print(df.head())
```

上述代码创建分类错误的 DataFrame 对象，label 字段是真实标签值（调用 flatten() 函数转换为一维数组），predict 字段是预测值，然后使用 df[Y_test!=Y_pred] 筛选出分类错误的记录数据并显示前 5 条，如下所示：

	label	predict
3	0	8
22	4	2
24	5	4
25	2	4
31	5	4

上述结果的索引是错误记录的原始索引值，下面，我们调用 sample() 函数随机选出一个错误分类的索引值 i，再使用 X_test[i] 取得图片，即可绘出图片和预测概率图，如图 9-9 所示。

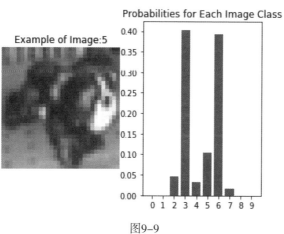

图9-9

图 9-9 是一张预测错误的图片，左图是原图（应为分类 5）、右图是概率柱状图，可以显示各分类预测结果的概率（预测为 3）。

9-2 案例：使用自编码器去除图片噪声

自编码器（Autoencoder，AE）是一种类神经网络，我们可以使用 MLP 或 CNN 实现自编码器。

9-2-1 认识自编码器（AE）

自编码器是一种实现编码和解码的神经网络，是一种数据压缩算法，可以将原始数据通过编码器（Encoder）进行压缩，以及使用解码器（Decoder）还原成原始数据，如图 9-10 所示。

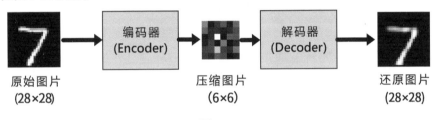

图9-10

在图 9-10 中，编码器和解码器是两个神经网络，可以将原始 28×28 的图片压缩成 6×6，最后还原成 28×28。自编码器的主要特点及说明如下。

- **只适用于特定数据**（Data-specific）：自编码器只适用于与训练数据集相似的数据压缩。
- **数据损失**：自编码器压缩和还原会有数据损失，还原数据不会和原始数据完全相同。
- **非监督式学习**：自编码器是自行从数据进行学习，属于一种非监督式学习，因为它不需要标签数据。事实上，自编码器是一种自我监督式学习，因为训练数据集就是和自己比较损失来进行学习。

在实战上，自编码器可以应用在机器学习的**主成分分析**（Principal Component Analysis，PCA），目的是在减少数据集的维数，但是仍然可以保留数据集的主要特征。换句话说，这是一种**降维**（Dimensionality Reduction）的特征提取。

当 CNN 需要处理尺寸很大的图片时，我们就可以先创建自编码器来降维提取主要特征，只使用主要特征进行学习，本章将使用自编码器去除图片中的噪声。

9-2-2 Keras 的 Functional API

Keras 除了使用 Sequential 模型创建神经网络模型外，如果需要定义复杂的多输入 / 多输出模型、拥有共享层模型或需要重复使用已训练的模型，我们需要使用 Keras 的 Functional API 来创建 Model 模型。

1. Keras 神经层对象就是一个函数

在 Keras 创建的神经层对象可以当成函数调用，也就是将各神经层视为一个函数，如下所示：

```
a = Input(shape=(32, ))
b = Dense(32, activation="relu")(a)
```

上述代码先创建 Input 输入层对象，返回值是张量 a（即输入层输入神经网络的特征数据），然后创建 Dense 对象，我们可以将 Dense 对象视为函数调用，函数的参数是此层神经层的输入张量 a，返回值是此层神经层的输出张量 b，然后，我们可以创建 Model 模型，如下所示：

```
model = Model(inputs=a, outputs=b)
```

上述 Model() 的参数 inputs 是输入张量，outputs 是输出张量。如果是多输入和多输出模型，我们可以使用列表来指定输入和输出张量，如下所示：

```
model = Model(inputs=[a1, a2], outputs=[b1, b2, b3])
```

2. 使用 Functional API 定义神经网络模型

我们准备将第 5-2-2 节 Ch5_2_2.py 的 Sequential 模型改为用 Functional API 来创建 Model 模型（只有定义模型部分不同，其他部分完全相同），这是一个 4 层的深度神经网络，如图 9-11 所示。

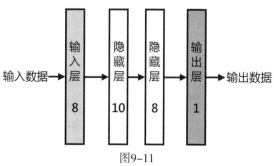

图9-11

Python 程序 Ch9_2_2.py 的开头需要导入 Model 和 Input 层，如下所示：

```
from keras.models import Model
from keras.layers import Input, Dense
```

然后使用 Functional API 定义模型，第一步需要创建输入层的 Input 层（Sequential 模型不需要创建 Input 层），如下所示：

```
inputs = Input(shape=(8, ))
```

上述代码创建 Input 输入层，shape 为输入数据的形状，其返回值就是作为第一层隐藏层的输入数据 inputs 张量，如下所示：

```
hidden1 = Dense(10, activation="relu")(inputs)
```

上述代码创建 Dense 对象的第一层隐藏层，函数调用的参数 inputs 是输入层的返回张量，其返回值是第一层隐藏层的输出数据 hidden1 张量，也是第二层隐藏层的输入张量，如下所示：

```
hidden2 = Dense(8, activation="relu")(hidden1)
```

上述代码创建 Dense 对象的第二层隐藏层，函数调用的参数 hidden1 是第一层隐藏层的输出张量，返回值是第二层隐藏层的输出数据 hidden2 张量，也是最后输出层的输入张量，如下所示：

```
outputs = Dense(1, activation="sigmoid")(hidden2)
```

上述代码创建 Dense 对象的输出层，函数调用的参数 hidden2 是第二层隐藏层的输出张量，返回值是模型的输出数据 outputs 张量，最后，可以创建 Model 模型，如下所示：

```
model = Model(inputs=inputs, outputs=outputs)
```

上述代码创建 Model 模型，参数 inputs 是模型的输入张量（输入层的返回值）、outputs 是模型的输出张量（输出层的返回值）。

9-2-3 使用 MLP 创建自编码器

Keras 并不能使用 Sequential 模型创建自编码器，因为我们需要重组自编码器的神经层来创建编码器和解码器模型，所以使用 Functional API 创建自编码器，首先使用 MLP 创建自编码器，如图 9-12 所示。

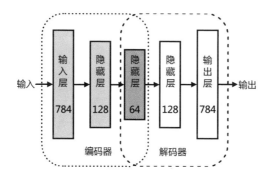

图9-12

上述自编码器的前半段是编码器，每一层的神经元数都比上一层少，后半段是解码器（最中间的隐藏层有重叠），每一层的神经元数都比上一层多，而且前后各神经层的神经元数是对称的。

Python 程序 Ch9_2_3.py 是使用 MLP 打造自编码器，用来压缩和解压缩 MNIST 手写识别数据集的图片，首先导入相关模块与包，并指定随机种子数为 7，如下所示：

```
import numpy as np
from keras.datasets import mnist
from keras.models import Model
from keras.layers import Dense, Input

seed = 7
np.random.seed(seed)
```

上述代码导入 Functional API 的 Model 和 Input，然后载入数据集，因为是非监督式学习，所以只需要训练和测试数据集的特征数据，并不需要标签数据，因此使用"_"变量代替，如下所示：

```
(X_train, _), (X_test, _) = mnist.load_data()
```

上述代码调用 load_data() 函数载入 X_train 和 X_test 数据集。

1. 步骤一：数据预处理

在载入数据集后，我们需要执行数据预处理，将特征数据转换成 $28 \times 28 = 784$ 的向量，如下所示：

```
X_train = X_train.reshape(X_train.shape[0], 28*28).astype("float32")
X_test = X_test.reshape(X_test.shape[0], 28*28).astype("float32")
```

因为灰度值为固定范围 0~255，所以执行归一化将 0~255 的整数转换为 0~1 的浮点数，如下所示：

```
X_train = X_train / 255
X_test = X_test / 255
```

2. 步骤二：定义模型

现在，我们已经完成数据载入和数据预处理，可以定义自编码器的神经网络模型。首先定义自编码器（AE）模型，如下所示：

```
input_img = Input(shape=(784, ))
x = Dense(128, activation="relu")(input_img)
encoded = Dense(64, activation="relu")(x)
x = Dense(128, activation="relu")(encoded)
decoded = Dense(784, activation="sigmoid")(x)
```

上述代码创建 Input 输入层后，依次创建三层 Dense 层，神经元数依次为 128、64、128 个，激活函数都是 ReLU()，然后是 Dense 输出层（784 个神经元对应输入层的 784），激活函数是 Sigmoid()。根据上述流程便可以创建出一个 Model 对象，如下所示：

```
autoencoder = Model(input_img, decoded)
```

上述 Model() 函数的第一个参数是输入张量 input_img（即 inputs 参数），第二个参数是输出张量 decoded（即 outputs 参数），其模型摘要信息如下所示：

```
Layer (type)              Output Shape              Param #
=================================================================
input_1 (InputLayer)      (None, 784)               0

dense_7 (Dense)           (None, 128)               100480

dense_8 (Dense)           (None, 64)                8256

dense_9 (Dense)           (None, 128)               8320

dense_10 (Dense)          (None, 784)               101136
=================================================================
Total params: 218,192
Trainable params: 218,192
Non-trainable params: 0
```

从上述模型摘要信息可以看出前后神经层的形状是对称的，第一层和最后一层为

（，784）；第二层和倒数第二层为（，128）；中间层为（，64）。然后创建编码器模型，就是自编码器（AE）模型的前半段，如下所示：

```
encoder = Model(input_img, encoded)
```

上述代码创建 Model 对象，第一个参数是输入张量 input_img，第二个参数是输出张量 encoded，其模型摘要信息如下所示：

```
Layer (type)                 Output Shape              Param #
=================================================================
input_1 (InputLayer)         (None, 784)               0
_____
dense_7 (Dense)              (None, 128)               100480
_____
dense_8 (Dense)              (None, 64)                8256
=================================================================
Total params: 108,736
Trainable params: 108,736
Non-trainable params: 0
```

最后是解码器模型，除了使用自编码器（AE）模型的后半段外，我们还需要新增 Input 输入层（形状是编码器模型的输出层），如下所示：

```
decoder_input = Input(shape=(64, ))
decoder_layer = autoencoder.layers[-2](decoder_input)
decoder_layer = autoencoder.layers[-1](decoder_layer)
decoder = Model(decoder_input, decoder_layer)
```

上述代码首先新增解码器模型的 Input 输入层，然后使用 Model 对象的 layers 属性取出 autoencoder 模型最后两层神经层（–1 是最后一层、–2 是倒数第二层），接着可以创建解码器的 Model 模型，其模型摘要信息如下所示：

```
Layer (type)                 Output Shape              Param #
=================================================================
input_2 (InputLayer)         (None, 64)                0
_____
dense_9 (Dense)              (None, 128)               8320
_____
dense_10 (Dense)             (None, 784)               101136
=================================================================
Total params: 109,456
Trainable params: 109,456
Non-trainable params: 0
```

3. 步骤三：编译模型

在定义模型后，我们需要编译模型转换为低阶 TensorFlow 计算图，如下所示：

```
autoencoder.compile(loss="binary_crossentropy", optimizer="adam",
                    metrics=["accuracy"])
```

上述 compile() 函数的损失函数为 binary_crossentropy，优化器为 adam，评估标准为准确度。

4. 步骤四：训练模型

成功编译模型后就可以开始训练模型，如下所示：

```
autoencoder.fit(X_train, X_train, validation_data=(X_test, X_test),
                epochs=10, batch_size=256, shuffle=True, verbose=2)
```

上述 fit() 函数的第一个参数是 X_train 训练数据集，第二个参数也是 X_train（**标签数据就是自己**），并且使用 validation_data 参数指定验证数据集为测试数据集，shuffle 参数值 True 表示打乱数据，其训练周期为 10 次，批次尺寸为 256，训练模型的执行结果如下所示：

```
Train on 60000 samples, validate on 10000 samples
Epoch 1/10
 - 6s - loss: 0.2224 - acc: 0.7899 - val_loss: 0.1414 - val_acc: 0.8067
Epoch 2/10
 - 6s - loss: 0.1253 - acc: 0.8099 - val_loss: 0.1113 - val_acc: 0.8116
Epoch 3/10
 - 6s - loss: 0.1069 - acc: 0.8127 - val_loss: 0.1008 - val_acc: 0.8125
Epoch 4/10
 - 6s - loss: 0.0995 - acc: 0.8135 - val_loss: 0.0957 - val_acc: 0.8131
Epoch 5/10
 - 6s - loss: 0.0946 - acc: 0.8140 - val_loss: 0.0913 - val_acc: 0.8132
Epoch 6/10
 - 6s - loss: 0.0912 - acc: 0.8143 - val_loss: 0.0887 - val_acc: 0.8134
Epoch 7/10
 - 6s - loss: 0.0888 - acc: 0.8145 - val_loss: 0.0868 - val_acc: 0.8136
Epoch 8/10
 - 6s - loss: 0.0870 - acc: 0.8146 - val_loss: 0.0853 - val_acc: 0.8138
Epoch 9/10
 - 6s - loss: 0.0855 - acc: 0.8147 - val_loss: 0.0839 - val_acc: 0.8138
Epoch 10/10
 - 6s - loss: 0.0842 - acc: 0.8148 - val_loss: 0.0828 - val_acc: 0.8138
```

5. 步骤五：使用自编码器来编码和解码手写数字图片

当使用训练数据集成功训练模型后，我们可以使用 encoder 编码器模型来编码输入数据的手写图片，也就是压缩图片，如下所示：

```
encoded_imgs = encoder.predict(X_test)
```

上述代码使用 encoder 模型的 predict() 函数压缩 X_test 测试数据集的图片，可以返回编码压缩后的图片数据，然后使用 decoder 解码器模型来解压缩图片（即解码图片），如下所示：

```
decoded_imgs = decoder.predict(encoded_imgs)
```

上述代码使用 decoder 模型内部的 predict() 函数解压缩 encoded_imgs 的图片，可以返回解压缩后的还原图片 decoded_imgs，最后，我们可以使用 Matplotlib 绘制出前 10 张原始图片、压缩图片和最后的还原图片，如下所示：

```
import matplotlib.pyplot as plt

n = 10
plt.figure(figsize=(20, 6))
for i in range(n):
    # 原始图片
    ax = plt.subplot(3, n, i + 1)
    ax.imshow(X_test[i].reshape(28, 28), cmap="gray")
    ax.axis("off")
    # 压缩图片
    ax = plt.subplot(3, n, i + 1 + n)
    ax.imshow(encoded_imgs[i].reshape(8, 8), cmap="gray")
    ax.axis("off")
    # 还原图片
    ax = plt.subplot(3, n, i + 1 + 2*n)
    ax.imshow(decoded_imgs[i].reshape(28, 28), cmap="gray")
    ax.axis("off")
plt.show()
```

上述 for 循环依次绘制出测试数据集的前 10 张原始图片、编码后的压缩图片和解码还原的图片，其执行结果如图 9-13 所示。

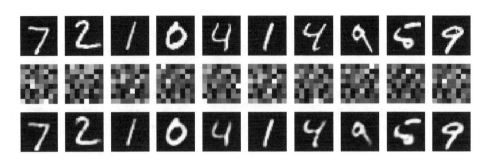

图9–13

从图 9-13 中可以看出，还原图片和原始图片并非完全相同，因为自编码器有数据损失。

9-2-4 使用 CNN 创建自编码器

本节将使用 CNN 创建自编码器，其过程简称 CAE，CNN 自编码器的结构如下。

■ **前半段编码器**：3 组 Conv2D 和 MaxPooling2D 神经层。

■ **后半段解码器**：3 组 Conv2D 和 UpSampling2D 神经层。

上述 MaxPooling2D 最大池化层会压缩图片，UpSampling2D 对应 MaxPooling2D 还原图片。

Python 程序 Ch9_2_4.py 使用 CNN 打造自编码器，用来压缩和解压缩 MNIST 手写识别数据集的图片，程序结构与 Ch9_2_3.py 相似，数据预处理转换为四维张量后定义自编码器（AE）模型，如下所示：

```python
input_img = Input(shape=(28, 28, 1))
x = Conv2D(16, (3, 3), activation="relu", padding="same")(input_img)
x = MaxPooling2D((2, 2), padding="same")(x)
x = Conv2D(8, (3, 3), activation="relu", padding="same")(x)
x = MaxPooling2D((2, 2), padding="same")(x)
x = Conv2D(8, (3, 3), activation="relu", padding="same")(x)
encoded = MaxPooling2D((2, 2), padding="same")(x)
x = Conv2D(8, (3, 3), activation="relu", padding="same")(encoded)
x = UpSampling2D((2, 2))(x)
x = Conv2D(8, (3, 3), activation="relu", padding="same")(x)
x = UpSampling2D((2, 2))(x)
x = Conv2D(16, (3, 3), activation="relu")(x)
x = UpSampling2D((2, 2))(x)
```

```
decoded = Conv2D(1, (3, 3), activation="sigmoid", padding="same")(x)
```

上述代码创建 Input 输入层后，依次创建 3 组 Conv2D 和 MaxPooling2D 神经层，以及 3 组 Conv2D 和 UpSampling2D 神经层，最后的输出层也是 Conv2D 层。请注意，为了还原图片尺寸，6 层 Conv2D 层（不含 Conv2D 输出层）中只有最后一层没有指定 padding="same"。

最后我们可以创建 Model 对象的自编码器，如下所示：

```
autoencoder = Model(input_img, decoded)
```

上述 Model() 函数的第一个参数是输入张量 input_img（即 inputs 参数），第二个参数是输出张量 decoded（即 outputs 参数），其模型摘要信息如下所示：

```
Layer (type)                  Output Shape             Param #
=================================================================
input_1 (InputLayer)          (None, 28, 28, 1)        0
_____
conv2d_1 (Conv2D)             (None, 28, 28, 16)       160
_____
max_pooling2d_1 (MaxPooling2  (None, 14, 14, 16)       0
_____
conv2d_2 (Conv2D)             (None, 14, 14, 8)        1160
_____
max_pooling2d_2 (MaxPooling2  (None, 7, 7, 8)          0
_____
conv2d_3 (Conv2D)             (None, 7, 7, 8)          584
_____
max_pooling2d_3 (MaxPooling2  (None, 4, 4, 8)          0
_____
conv2d_4 (Conv2D)             (None, 4, 4, 8)          584
_____
up_sampling2d_1 (UpSampling2  (None, 8, 8, 8)          0
_____
conv2d_5 (Conv2D)             (None, 8, 8, 8)          584
_____
up_sampling2d_2 (UpSampling2  (None, 16, 16, 8)        0
_____
conv2d_6 (Conv2D)             (None, 14, 14, 16)       1168
_____
up_sampling2d_3 (UpSampling2  (None, 28, 28, 16)       0
_____
conv2d_7 (Conv2D)             (None, 28, 28, 1)        145
=================================================================
Total params: 4,385
Trainable params: 4,385
Non-trainable params: 0
```

从上述模型摘要信息可以看出前后神经层的形状几乎是对称的，但是，因为池化运算缩小 2 倍，上采样运算放大 2 倍，所以运算过程会产生误差，如下所示：

池化运算： $28/2 \rightarrow 14/2 \rightarrow 7/2 \rightarrow 4$

上采样运算： $4*2 \rightarrow 8*2 \rightarrow 16*2 \rightarrow 32$

　　从上述运算过程可以看出，最后输出结果为 32，并不是原来的 28，所以在 conv2d_6 的 Conv2D 层不使用 padding="same" 参数，将尺寸调整为 14，就可以使最后输出结果为 28（即 14×2）。

　　然后创建编码器模型，也就是自编码器（AE）模型的前半段，如下所示：

```
encoder = Model(input_img, encoded)
```

　　上述代码创建 Model 对象，第一个参数是输入张量 input_img，第二个参数是输出张量 encoded，其模型摘要信息如下所示：

```
Layer (type)                 Output Shape              Param #
=================================================================
input_1 (InputLayer)         (None, 28, 28, 1)         0

conv2d_1 (Conv2D)            (None, 28, 28, 16)        160

max_pooling2d_1 (MaxPooling2 (None, 14, 14, 16)        0

conv2d_2 (Conv2D)            (None, 14, 14, 8)         1160

max_pooling2d_2 (MaxPooling2 (None, 7, 7, 8)           0

conv2d_3 (Conv2D)            (None, 7, 7, 8)           584

max_pooling2d_3 (MaxPooling2 (None, 4, 4, 8)           0
=================================================================
Total params: 1,904
Trainable params: 1,904
Non-trainable params: 0
```

　　最后是解码器模型，除了使用自编码器（AE）模型的后半段外，我们还需要新增 Input 输入层，如下所示：

```
decoder_input = Input(shape=(4, 4, 8))
decoder_layer = autoencoder.layers[-7](decoder_input)
decoder_layer = autoencoder.layers[-6](decoder_layer)
decoder_layer = autoencoder.layers[-5](decoder_layer)
decoder_layer = autoencoder.layers[-4](decoder_layer)
decoder_layer = autoencoder.layers[-3](decoder_layer)
decoder_layer = autoencoder.layers[-2](decoder_layer)
decoder_layer = autoencoder.layers[-1](decoder_layer)
```

```
decoder = Model(decoder_input, decoder_layer)
```

上述代码首先新增解码器模型的 Input 输入层，然后使用 Model 对象的 layers 属性取出 autoencoder 模型最后 7 层神经层，就可以创建解码器的 Model 模型，其模型摘要信息如下所示：

```
Layer (type)                 Output Shape              Param #
=================================================================
input_2 (InputLayer)         (None, 4, 4, 8)           0

conv2d_4 (Conv2D)            (None, 4, 4, 8)           584

up_sampling2d_1 (UpSampling2)(None, 8, 8, 8)           0

conv2d_5 (Conv2D)            (None, 8, 8, 8)           584

up_sampling2d_2 (UpSampling2)(None, 16, 16, 8)         0

conv2d_6 (Conv2D)            (None, 14, 14, 16)        1168

up_sampling2d_3 (UpSampling2)(None, 28, 28, 16)        0

conv2d_7 (Conv2D)            (None, 28, 28, 1)         145
=================================================================
Total params: 2,481
Trainable params: 2,481
Non-trainable params: 0
```

当使用训练数据集成功训练模型后，我们可以使用自编码器来编码和解码手写数字图片，并使用 Matplotlib 绘制出前 10 张原始图片、压缩图片和最后的还原图片，如图 9-14 所示。

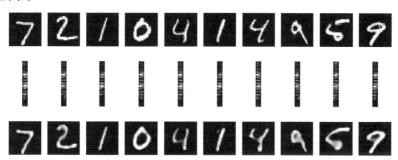

图9-14

从图 9-14 中可以看出还原图片和原始图片并非完全相同，因为有数据损失。在中间显示的压缩图片是 8 张 4×4 特征图，将 imshow() 函数改为（4, 32）尺寸绘制出压缩图片，如下所示：

```
ax.imshow(encoded_imgs[i].reshape(4, 4*8).T, cmap="gray")
```

9-2-5 使用 CNN 自编码器去除图片噪声

CNN 自编码器只需使用有噪声的图片来进行训练，就可以用来去除图片上的噪声，Python 程序 Ch9_2_5.py 使用的自编码器模型和 Ch9_2_4.py 相同，只是改用有噪声图片进行训练，便能用 CNN 自编码器去除图片上的噪声。

1. 为 MNIST 手写数字图片添加噪声

因为 MNIST 手写识别数据集的图片上并没有噪声，我们需要使用随机正态分布为图片添加噪声。首先为 X_train 训练数据集的图片添加噪声，变量 nf 是噪声比率，如下所示：

```
nf = 0.5
size_train = X_train.shape
X_train_noisy = X_train+nf*np.random.normal(loc=0.0,
                         scale=1.0, size=size_train)
X_train_noisy = np.clip(X_train_noisy, 0., 1.)
```

上述代码取得 X_train.shape 形状后，调用 np.random.normal() 函数随机产生此形状的正态分布，再乘以噪声比率 nf，即可为 X_train 添加噪声，最后使用 np.clip() 函数将值限制在 0~1。接着为 X_test 数据集的图片添加噪声，如下所示：

```
size_test = X_test.shape
X_test_noisy = X_test+nf*np.random.normal(loc=0.0,
                        scale=1.0, size=size_test)
X_test_noisy = np.clip(X_test_noisy, 0., 1.)
```

上述 X_train_noisy 是用来训练 CNN 自编码器的训练数据集，而 X_test_noisy 是用来去除图片噪声的测试数据集。

2. 使用 CNN 自编码器去除图片噪声

Python 程序 Ch9_2_5.py 改用 X_train_noisy 有噪声的图片训练模型，如下所示：

```
autoencoder.fit(X_train_noisy, X_train,
                validation_data=(X_test_noisy, X_test),
                epochs=10, batch_size=128, shuffle=True, verbose=2)
```

上述 fit() 函数的第一个参数是 X_train_noisy，在完成训练后，我们可以压缩图片和解压缩图片，如下所示：

```
encoded_imgs = encoder.predict(X_test_noisy)
decoded_imgs = decoder.predict(encoded_imgs)
```

上述代码是压缩 X_test_noisy 图片，因为 CNN 自编码器已经训练成可以去除图片噪声，所以最后还原的图片是没有噪声的手写数字图片，其执行结果如图 9-15 所示。

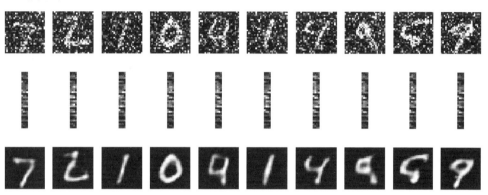

图9-15

9

MEMO

第10章

图解RNN、LSTM和GRU

10-1 认识序列数据

人类的语言是一种**序列数据**（Sequence Data），而**自然语言处理**（Natural Language Processing，NLP）就是处理语言的序列数据，这是循环神经网络的主要应用领域之一，在介绍自然语言处理前，我们需要先了解什么是序列数据。

1. 空间和顺序关系的问题

第 3 篇中的卷积神经网络主要是处理空间关系的问题，也就是说，在 $W \times W$ 矩阵上分布的像素是有意义的，我们使用这些像素组合出图片上的图形，如果打乱这些像素的位置，就不会是原来的图片。例如，一群蚂蚁形成的图形，如图 10-1 所示。

图 10-1 对于传统神经网络和卷积神经网络来说，我们重视的是每一只蚂蚁的位置，即以空间关系形成的图形。当你观察一群行进中的蚂蚁时，会发现这些蚂蚁是有顺序（Order）地前进，如果打乱蚂蚁的前后关系，就如同打乱了数据的顺序关系，如图 10-2 所示。

图10-1   图10-2

上述蚂蚁部队中每一只蚂蚁的头跟随着前一只蚂蚁的尾行走，如果有任意一只蚂蚁转了方向，就会影响之后所有蚂蚁的行走方向，不同于空间关系，**有些数据的前后关联性是有意义的**。想一想，如果将一句话中的字调换位置，马上就失去句子原来的意义；同理，如果将股价时间顺序打乱，我们画出的分析线型就没有任何意义，设计循环神经网络就是用来处理这种有顺序性的数据（称为**序列数据**）。

2. 什么是序列数据

序列数据是一种有顺序的向量数据（不一定是时间顺序），简单地说，序列数据就是数据前后拥有关联性。例如，DNA 序列是一种与时间序无关的序列数据（与前后位置顺序有关），自然语言的句子也是一种序列数据，其相关程度可以使用 N-gram 模型来判断，分为与前一个字有关的 2-gram（Bi-gram）和与前两个字有关的 3-gram（Tri-gram）。

 Tips N-gram 模型是一种基于统计的语言模型，第 N 个字的出现概率只与前 N-1 个字有关，与其他任何字都无关，可以帮助我们预测接下来会出现的单字，如 3-gram 模型，如图 10-3 所示。

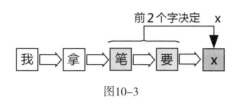

图10-3

当然，序列数据也可能是与时间顺序相关的序列数据，例如公司股价，如果是一种固定时间间隔的序列数据，称为**时间序列**（Time Series），常见的序列数据有语言、音乐和影片数据等。

如同第 3 篇的图像数据，序列数据一样拥有和位置无关的样式，即特征。例如，人名可以出现在句子中的任何位置，DNA 排列是一种特征，产生特殊蛋白质的 DNA 片段序列也可能出现在整个 DNA 序列中的任何位置。

10-2 自然语言处理的基础

自然语言处理是计算机科学一个很重要的研究领域，机器学习和深度学习事实上只涉及自然语言处理的一部分，如图 10-4 所示。

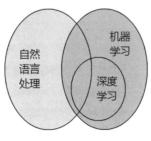

图10-4

1. 认识自然语言处理

自然语言处理就是处理人类语言和文字的序列数据，其目的是让计算机能够了解语言，并使用语言进行对话。

- **了解自然语言**（Natural Language Understanding）：系统能够**了解**语言，包含口语、文章、语法、语意和直译等。
- **产生自然语言**（Natural Language Generation）：系统能够**使用**语言或文字来响应，包含产生字、有意义的词语和句子等。

2. 机器学习在自然语言处理的应用

机器学习与深度学习应用在自然语言处理的常用领域如下。

- 文件分类与信息爬取。
- 机器翻译。
- 语音识别。
- 语句和语意分析。
- 拼字与文法检查。
- 问答系统——聊天机器人。

10-3 循环神经网络

循环神经网络（Recurrent Neural Networks，RNN）基本上和第 3 篇的卷积神经网络十分相似，卷积神经网络是在空间上执行卷积，循环神经网络是在时间序列数据上执行卷积，这两种神经网络都是在找特征，都可以执行自动特征提取。

10-3-1 循环神经网络的结构

多层感知器的传统神经网络和卷积神经网络都是一种**前馈神经网络**（Feedforward Neural Network，FNN），训练过程中的输入和输出相互独立，不会保留任何状态，也就是说，这种神经网络没有记忆能力，无法处理拥有顺序关系的序列数据。

不同于传统神经网络，循环神经网络是一种拥有记忆能力的神经网络，能够累积之前输出的数据来分析目前的数据，即处理序列数据。

1. 循环神经网络的基本结构

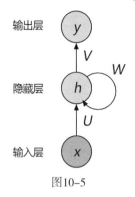

图10-5

基本上，循环神经网络的结构就是一组全连接的神经网络集合，每一个神经网络的隐藏层输出同时也是下一个神经网络的输入，如图 10-5 所示。

图 10-5 中的每一个圆形顶点代表一层神经层，并不是单一神经元，这是没有展开的循环神经网络，x 是输入层，y 是输出层，在隐藏层 h 有一个**时步**（Timestep，也称为时间步长）的循环，时步简单来说就是间隔时间。

循环神经网络有 3 种权重，U 是隐藏层权重，V 是输出层权重，W 是时步的权重，这是用来决定之前神经网络累积信息的保留量（或称为保留程度）。

2. 展开循环神经网络的隐藏层

因为隐藏层 h 有一个时步的循环，当展开隐藏层时，就可以看到循环神经网络是一组 3 层神经网络的集合，如图 10-6 所示。

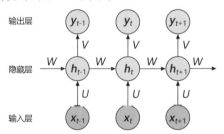

图10-6

在上述展开的循环神经网络中，下标 t 就是时步，每一个时步都是一个全连接的 3 层神经网络。假设现在有一个序列数据，在每一个时步 t 有一个输入向量 x_t（输入层），神经网络会输出向量 y_t（输出层），输入向量除了 x_t，还需要将上一个时步 $t-1$ 的隐藏层输出 h_{t-1} 合并后才是输入数据，隐藏层的输出 h_t，除了输出至 y_t（输出层），同时还输出至下一个时步 $t+1$ 作为输入，如图 10-7 所示。

图 10-7 是循环神经网络的组成单元，此例的隐藏层激活函数是 Tanh() 函数，每一个时步的输入除了当前时步 t，还有上一个时步 $t-1$ 的隐藏层输出合并输入来一起预测 y_t，换句话说，循环神经网络的每一个时步 t 不只有当前数据，还包含之前时步的所有累积信息（即权重 W），这也是为什么循环神经网络拥有记忆能力。

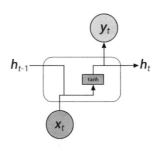

图10-7

注意，如同卷积神经网络的卷积层，在循环神经网络每一个时步的神经网络权重 U、V 和 W 都是**权重共享**（Shared Weights）。

3. 循环神经网络的前向传播与反向传播

现在，我们就来看一看循环神经网络前向传播，在时步 t=0 时，随机初始化 U、V 和 W 的权重（为了方便说明，没有使用偏移量），h_0 的隐藏层输出通常初始为 0，在时步 t=1 时，隐藏层输出 h_1，输出层输出 y_1，如下所示：

$$h_1 = f(U \cdot x_1 + W \cdot h_1)$$
$$y_1 = g(V \cdot h_1)$$

其中，$U \cdot x_1$ 是点积运算，$f()$ 函数是隐藏层的激活函数，可以使用 Tanh()、ReLU() 或 Sigmoid() 函数，$g()$ 函数是输出层的激活函数，如果是分类问题，一般来说，就是使用 Softmax() 函数。循环神经网络在时步 t 计算预测值 y_t 的公式，如下所示：

$$h_t = f(U \cdot x_t + W \cdot h_{t-1})$$
$$y_t = g(V \cdot h_1)$$

其中，$U \cdot x_t$ 是当前输入，$W \cdot h_{t-1}$ 则视为过去的记忆，所以，循环神经网络的记忆能力，就是使用权重 W 记录过往的历史数据。循环神经网络损失函数的损失分数计算，如下所示：

$$E = \sum_{i=1}^{t} f_e(y_i - t_i)$$

上述公式可以计算循环神经网络的全部损失 E，$f_e()$ 函数是损失函数。例如，使用均方误差或交叉熵（Cross-Entropy），y_i 是输出的预测值，t_i 是对应的标签值。

计算出循环神经网络的全部损失 E 后，我们可以使用反向传播更新权重，也就是从最后一个时步 t 累积的损失反向传递来更新权重，其算法和一般反向传播算法相同，差别在于加入了时步，称为**通过时间的反向传播算法**（Backpropagation Through Time，BPTT），关于 BPTT 的完整推导不在本书所讲范围，有兴趣读者请参阅其他网络教学文件或相关图书。

4. 循环神经网络的情绪分析示例

循环神经网络有很多种，输出层和输入层的长度不见得相同。例如，情绪分析的循环神经网络可以分析英文句子的情绪是正面或负面，如下所示：

```
This movie is not good.
```

上述句子的标签是负面情绪，用来分析上述英文句子的循环神经网络，如图10-8所示。

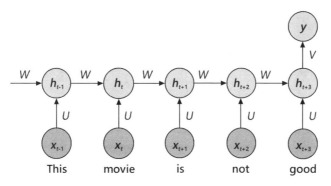

图10-8

上述循环神经网络的输入数据是使用 One-hot 编码的英文单词，这是多个输入的序列数据，每一个时步是一个单词，输出只有一个，当循环神经网络训练完成后，我们就可以进行英文句子的情绪分析，只需输入英文句子，就可以判断此句子是正面情绪还是负面情绪。

10-3-2 循环神经网络的种类

循环神经网络因输出和输入的不同，可以分成多种类型的循环神经网络，如下所示。

1. 一对多

一对多循环神经网络有一个输入和序列数据的输出，这类网络的目的是产生序列数据。例如，一张图片的输入可以产生图片说明文字的序列数据或产生音乐等，如图10-9所示。

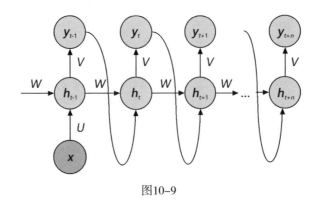

图10-9

2. 多对一

多对一循环神经网络是序列数据的输入，但只产生一个输出，这类网络的主要目的是分析情绪。例如，输入电影评论描述文字，可以输出正面情绪或负面情绪的结果，即第 10-3-1 节最后的 RNN 示例，如图 10-10 所示。

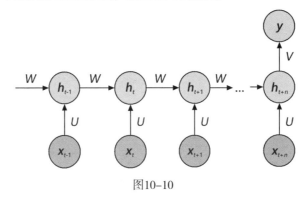

图10-10

3. 多对多

多对多循环神经网络的输入与输出都是序列数据，按输入与输出的长度是否相同分成如下两种。

- **输入与输出等长**：这就是第 10-3-1 节介绍的循环神经网络结构，每一个输入都有对应的输出，此时的每一个输出如同二元分类。例如，判断每一个位置的单词是否是一个人名，如图 10-11 所示。
- **输入与输出不等长**：因为输入和输出的序列数据长度不同，常用于机器翻译。例如，将中文句子翻译成英文，通常句子的序列数据不会是相同长度，如图 10-12 所示。

256

TensorFlow与Keras——Python深度学习应用实战

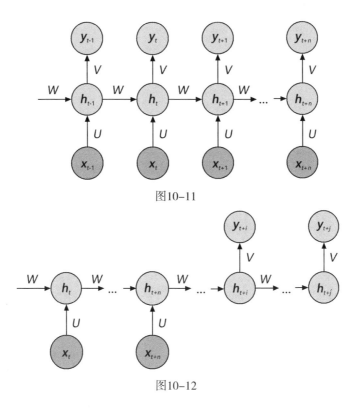

图10-11

图10-12

10-3-3　循环神经网络的梯度消失问题

　　循环神经网络虽然能够保留之前累积的信息，帮助我们解决现在的问题（例如，使用之前电影画面的信息，帮助我们理解当前画面的剧情），但其实循环神经网络的表现并不好，其记忆能力只能保留很短时步的信息，如同人类年龄大了记性就不好，如下所示：

The clouds are in the ____.

The clouds are in the sky.

　　上述英文句子使用上下文来预测最后的单词，因为答案 sky 和相关信息 clouds 间隔的时步并不长，循环神经网络足以胜任此单词的预测工作。如果英文句子上下文相关的信息很长且间隔很长的时步，如下所示：

The cat which already ate, ..., was full.

The cats which already ate, ..., were full.

上述 was 或 were 需要依据之前间隔非常长时步的 cat 或 cats 来判断其词性，在这种情况下，循环神经网络很难将信息连接起来，而这也是**梯度消失问题**（Vanishing Gradient Problem）造成的结果，如图 10-13 所示。

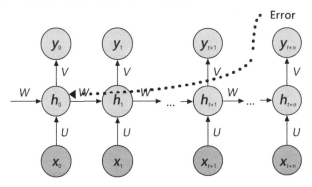

图10-13

上述循环神经网络如果从各时步的隐藏层来看，是一个很深的深度神经网络。如果反向传播计算出的梯度小于 1，因为是合成函数，当使用连锁律计算时会加速呈现指数衰减，造成循环神经网络只能更新最近几个时步的权重，产生梯度消失问题。换句话说，循环神经网络在结构上只拥有短期记忆能力，并没有长期记忆能力。

相反地，如果反向传播计算出的梯度大于 1，就会加速呈现指数增加，造成**梯度爆炸问题**（Exploding Gradient Program），但梯度爆炸并不是大问题，我们可以使用神经网络最优化方法来解决此问题。但是，梯度消失问题就只能使用第 10-4 节的 LSTM 和第 10-5 节的 GRU 来解决。

10-4 长短期记忆神经网络

长短期记忆神经网络（Long Short-Term Memory，LSTM）改良自 RNN，这是一种拥有长期记忆能力的神经网络，因为 RNN 在结构上会产生梯度消失问题，所以实际的循环神经网络通常不使用 RNN，而使用本节的 LSTM 和下一节的 GRU。

10-4-1 长短期记忆神经网络的结构

长短期记忆神经网络（LSTM）是德国科学家 Hochreiter 和 Schmidhuber 为了解决循环神经网络的梯度消失问题而开发出的一种循环神经网络结构。LSTM 的做法是先创建一条如同输送带的长期记忆线，然后使用多个不同的门（Gate）筛选处理需要长期记忆的数据，如同人脑的海马体负责处理短期记忆和长期记忆。

基本上，长短期记忆神经网络和循环神经网络的结构并没有什么不同，只是循环神经网络的隐藏层只有一层神经层，长短期记忆神经网络的隐藏层是一个 LSTM 单元（Cell），如图 10-14 所示。

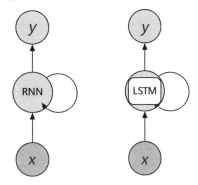

图10-14

图 10-14 中的 LSTM 和 RNN 一样拥有时步的循环，其主要差异是隐藏层的 LSTM 单元，这个单元不只有一层神经层，而是有四层神经层，如图 10-15 所示。

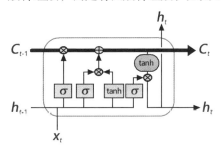

图10-15

在上述 LSTM 单元上方的那条输送带就是长期记忆线，也称为**单元状态**（Cell State），位于下方的 4 个小方框是四层神经层，根据激活函数分成如下两种。

- **Sigmoid 神经层**：3 个 σ 符号的小方框是 3 种门的神经层，使用 Sigmoid() 函数的值 0~1 来控制数据通过的比例，如同打开门的大小，0 是关闭，不让任何数据通过；1 是打开，表示全部通过，然后与数据执行逐元素相乘（⊗）。例如，删除上方输送带保留的记忆数据，如图 10-16 所示。

- **Tanh 神经层**：Sigmoid 神经层只是决定通过哪些数据，我们还需要 Tanh() 激活函数的神经层来取得准备通过的候选数据，才能使用逐元素相乘（⊗）创建数据后，再以逐元素相加（⊕）来更新上方输送带保留的记忆数据，如图 10-17 所示。

图10-16   图10-17

    简单地说，循环神经网络的记忆能力并没有区分哪些是长期记忆、哪些是短期记忆，对于时步间隔太久的数据，就如同人类回想数年前一些没有特殊印象和特别深刻的记忆一样，容易记忆模糊。

    长短期记忆神经网络的记忆能力是使用门来筛选数据，能够自动学习哪些数据需要保留久一点（如同再次回忆）、哪些可以删除（永远忘记），能够保留面对现在问题所需的长期记忆数据。

10-4-2　长短期记忆神经网络的运行机制

    在了解了 LSTM 单元的结构后，我们来看一看长短期记忆神经网络的运行机制，也就是输入门、遗忘门和输出门这 3 种门是如何运行并创建拥有长期记忆能力的神经网络。

    基本上，长短期记忆神经网络的运行机制可以想象为一部有很多集的电视剧，在每一集都有主角、配角和跑龙套等多种角色登场，但并不是所有角色都会与下一集有关系，我们需要记得一些和之后集数有关系的角色，以便在下一集或之后剧集中能够看得懂剧情，这些角色就存储在 LSTM 单元上方的长期记忆线中，其运行方式如下。

- **在这一集就消失或跑龙套的角色**：因为角色在之后不会再出现，我们可以使用遗忘门让这些角色从长期记忆线中删除。
- **在这一集新出现的角色且在之后的剧集会登场**：因为角色之后会登场，为了在之后的集数可以看得懂剧情，我们需要使用输入门将新增角色加入长期记忆线中。
- **在下一集会登场的角色**：对于下一集登场的角色，使用输出门从长期记忆线中取出这些角色，然后送至下一集中，以便帮助我们看懂下一集的剧情。

1. 遗忘门

    遗忘门用来决定保留哪些数据、遗忘哪些数据，也就是从长期记忆线中删除数据。遗忘门的输入数据是合并 h_{t-1} 和 x_t 成为 $[h_{t-1}, x_t]$ 向量，如图 10-18 所示。

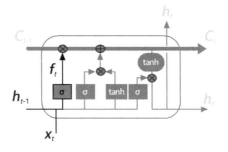

图10-18

上述遗忘门是一层 Sigmoid 神经层，输出 f_t 的值是 0~1 的向量，表示通过遗忘门数据的比例，没有通过就是需要忘掉的数据，输出 f_t 的计算公式如下所示：

$$f_t = \sigma(W_f \cdot [h_{t-1}, x_t] + b_f)$$

其中，$\sigma()$ 是 Sigmoid() 函数，"·" 是点积运算，$[h_{t-1}, x_t]$ 向量是输入数据，W_f 是遗忘门权重，b_f 是遗忘门偏移量，即 $wx+b$ 的权重计算。

2. 输入门

输入门决定需要更新长期记忆线中的哪些数据，包含新增数据和需要替换的数据。输入门的输入数据也是合并 h_{t-1} 和 x_t 成为 $[h_{t-1}, x_t]$ 向量，如图 10-19 所示。

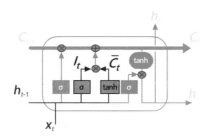

图10-19

上述输入门是一层 Sigmoid 神经层，输出 I_t 的值是 0~1 的向量，用来决定输入门需要更新哪些数据，准备更新的数据则是来自另一层 Tanh 神经层，输出 I_t 和 C_t 的计算公式如下所示：

$$I_t = \sigma(W_i \cdot [h_{t-1}, x_t] + b_i)$$
$$\overline{C}_t = \tanh(W_c \cdot [h_{t-1}, x_t] + b_c)$$

其中，$\sigma()$ 是 Sigmoid 函数，$[h_{t-1}, x_t]$ 向量是输入数据，W_i 是输入门权重，b_i 是输入门偏移量，W_c 是 Tanh 层权重，b_c 是 Tanh 层偏移量。

现在，我们已经计算出长期记忆线要删除和

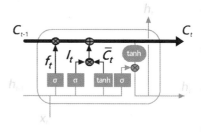

图10-20

更新的数据，接着可以更新长期记忆线从前一时步 $t-1$ 的 C_{t-1} 至目前时步 t 的 C_t，如图10-20 所示。

图 10-20 中有遗忘门准备删除的数据和输入门准备更新的数据，其公式如下：

$$C_t = f_t * C_{t-1} + I_t * \overline{C_t}$$

其中，$f_t * C_{t-1}$ 是逐元素相乘（$\otimes$）删除遗忘门的数据，然后再逐元素相加（$\oplus$）输入门需更新的数据 $I_t * \overline{C_t}$ 至长期记忆线中。

3. 输出门

输出门决定从长期记忆线 C_t 中有哪些数据需要输出至下一个时步 $t+1$，作为下一个时步 $t+1$ 的输入数据，如图 10-21 所示。

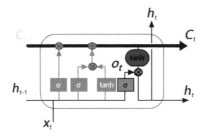

图10-21

图 10-21 右上方的 h_t 为送到输出层的输出数据，右下方的 h_t 为输出至下一个时步 $t+1$ 的输入数据，其计算公式如下：

$$o_t = \sigma(W_o \cdot [h_{t-1}, x_t] + b_o)$$
$$h_t = o_t * \tanh(C_t)$$

其中，$\sigma()$ 是 Sigmoid() 函数，$[h_{t-1}, x_t]$ 向量是输入数据，W_o 是输出门权重，b_o 是输出门偏移量。在计算出要输出哪些数据 o_t 后，再逐元素相乘（$\otimes$）经过 Tanh() 函数处理的 C_t，即可得到输出的隐藏层数据 h_t。

10-5 门控循环单元神经网络

LSTM 还有一个兄弟神经网络，称为门控循环单元神经网络（Gated Recurrent Unit，GRU），这是 2014 年 Kyunghyun Cho 主导团队所提出的一种 LSTM 更新版，一个比 LSTM 结构更简单的版本，可以提供更快的执行速度以及减少内存的使用。

1. 门控循环单元神经网络的基本结构

如同 LSTM 的 LSTM 单元，GRU 的基本结构是 GRU 单元（GRU Cell），如图 10-22 所示。

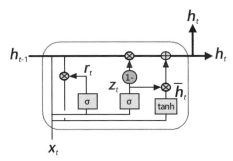

图10-22

图 10-22 中的 GRU 单元合并 LSTM 单元的长期记忆线 C_t 和隐藏层状态 h_t，只使用两个门来控制数据的保留与更新，右边的σ方框是更新门，左边的σ方框是重置门，再加上 tanh 方框的 Tanh 神经层，其说明如下。

- **重置门**（Reset Gate）：GRU 使用重置门决定是否将之前的记忆删除，换句话说，r_t 就是控制保留多少之前的记忆数据，如果 $r_t = 0$，表示遗忘之前的所有记忆，然后重设成目前输入数据的状态。σ() 是 Sigmoid() 函数，"·" 是点积运算，$[h_{t-1}, x_t]$ 向量是输入数据，W_r 是重置门权重，b_r 是重置门偏移量，其计算公式如下：

$$r_t = \sigma(W_r \cdot [h_{t-1}, x_t] + b_r)$$

- **更新门**（Update Gate）：GRU 通过更新门控制记忆数据的保留与更新。W_z 是更新门权重，b_z 是更新门偏移量，其计算公式如下：

$$z_t = \sigma(W_z \cdot [h_{t-1}, x_t] + b_z)$$

- **Tanh 神经层**：在 Tanh 神经层产生最后需要输出的候选数据，其输入数据是将重置门所保留下来的记忆和目前的输入数据合并成 $[r_t h_{t-1}, x_t]$ 向量。W_h 是 Tanh 神经层的权重，b_h 是 Tanh 神经层的偏移量，其计算公式如下：

$$\overline{h}_t = \tanh(W_h \cdot [r_t h_{t-1}, x_t] + b_h)$$

最后，我们可以计算出 GRU 单元的输出数据 h_t，如图 10-23 所示。

10

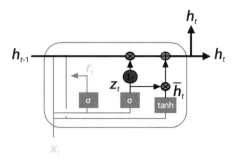

图10-23

上述输出数据 h_t 的计算共分成两部分，其计算公式如下：

$$h_t = (1 - z_t)h_{t-1} + z_t\overline{h_t}$$

其中，$(1 - z_t)h_{t-1}$ 是之前留下来的记忆数据，$z_t\overline{h_t}$ 是更新的记忆数据。

2. GRU 与 LSTM 的主要差异

GRU 与 LSTM 都是一种拥有长期记忆能力的循环神经网络，两者的主要差异如下。

- GRU 有两个门，比 LSTM 少一个门，并且没有长期记忆线 C_t，GRU 处理的都是隐藏层状态 h_t。
- LSTM 需要使用遗忘门和输入门控制记忆数据的删除与输入数据的更新，GRU 使用重置门 r_t 控制是否保留之前隐藏层的记忆数据，但并没有限制当前输入数据 x_t 的新增。
- LSTM 的长期记忆线 C_t 需要经过 Tanh() 函数和输出门产生输出数据 h_t，GRU 隐藏层状态 $\overline{h_t}$ 是使用更新门 z_t 控制最后的输出数据 h_t，公式如下：

$$\text{LSTM的输出} h_t : h_t = o_t \tanh(C_t)$$

$$\text{GRU的输出} h_t : \begin{array}{l} \overline{h_t} = \tanh(W_h \bullet [r_t h_{t-1}, x_t] + b_h) \\ h_t = (1 - z_t)h_{t-1} + z_t\overline{h_t} \end{array}$$

10-6 文字数据向量化

数据向量化（Data Vectorization）就是将声音、图片、文字数据转换成数值数据的张量，对于自然语言处理来说，就是文字数据向量化。

RNN、LSTM 和 GRU 神经网络的输入 / 输出数据都是张量，我们需要将文字数据向量化后，才能使用这些神经网络来进行自然语言处理。

10-6-1 文字数据的 One-hot 编码

最简单的文字数据向量化就是使用第 4-6-1 节的 One-hot 编码，我们可以以**字符**（Character）或**单词**（Word）为单位来执行文字数据的 One-hot 编码，将每一个字符或单词转换成只有一个元素为 1，其他都为 0 的向量。

1. 英文单词的 One-hot 编码

本节将说明如何将英文句子以单词为单位进行 One-hot 编码。例如，现在有两个英文句子的样本数据，如下所示：

```
I hated this movie.
This movie is not good.
```

上述英文句子没有区分英文大小写（都转为小写）和标点符号，我们可以将两个样本的英文句子分割成 7 个不重复的英文单词，称为**分词**（Tokenization）或断词，如下所示：

```
i、hated、this、movie、is、not、good
```

如同第 4-6-1 节标签数据的 One-hot 编码，我们一样可以使用 Onc-hot 编码将这些英文单词向量化（在向量的第一个元素并没有使用），具体见表 10-1。

表 10–1

英文单词	One-hot 编码
i	[0. 1. 0. 0. 0. 0. 0. 0.]]
hated	[0. 0. 1. 0. 0. 0. 0. 0.]
this	[0. 0. 0. 1. 0. 0. 0. 0.]
movie	[0. 0. 0. 0. 1. 0. 0. 0.]
is	[0. 0. 0. 0. 0. 1. 0. 0.]
not	[0. 0. 0. 0. 0. 0. 1. 0.]
good	[0. 0. 0. 0. 0. 0. 0. 1.]

表 10-1 是 7 个英文单词的 One-hot 编码，然后可以使用这些英文单词的编码代替

整个英文句子进行 One-hot 编码。

2. Python 程序实现英文句子的 One-hot 编码：Ch10_6_1.py

Python 程序首先使用字符串函数分割单词创建样本的单词索引，然后依据单词索引转换整个英文句子成为 One-hot 编码，如下所示：

```
import numpy as np

samples = ["I hated this movie",
           "This movie is not good"]

token_index = {}

def word_tokenize(text):
    text = text.lower()
    return text.split()
```

上述代码创建样本列表和 token_index 索引字典，word_tokenize() 函数是将参数的英文句子转换成小写后，分割成单词列表。在下方嵌套 for 循环的外层取出每一个句子，内层 for 循环取出句子的每一个单词，如下所示：

```
for text in samples:
    for word in word_tokenize(text):
        if word not in token_index:
            token_index[word] = len(token_index) + 1

print(token_index)
```

上述 if 条件判断单词是否已经存在于 token_index 索引字典中，如果没有，就新增至字典并且将索引值加 1，可以创建英文单词的索引字典，最后显示创建的 token_index 索引字典，其执行结果如下所示：

```
{'i': 1, 'hated': 2, 'this': 3, 'movie': 4, 'is': 5, 'not': 6, 'good': 7}
```

在创建单词的 token_index 索引字典后，我们可以依据此字典将样本的各英文句子的每一个单词转换为 One-hot 编码的向量，如下所示：

```
max_length = 6
results = np.zeros((len(samples), max_length,
                    max(token_index.values())+1 ))

for i, text in enumerate(samples):
    words = list(enumerate(word_tokenize(text)))[:max_length]
    for j, word in words:
        index = token_index.get(word)
        results[i, j, index] = 1.0

print(results[0])
```

上述代码首先定义每一个句子的最大单词数 max_length 和转换结果的二维全零阵列，这是样本每一个句子 One-hot 编码的二维阵列，然后使用二层 for 嵌套循环将样本的英文句子转换成 One-hot 编码。

然后，在二层 for 循环依次取出句子和单词，同时取出对应索引值 i 和 j，在内层 for 循环调用 token_index.get() 函数取出单词对应索引字典的索引值后，指定 results 二维阵列该位置的值是 1（其他默认是 0），即可转换为 One-hot 编码，其执行结果显示第一个句子的 One-hot 编码，如下所示：

```
[[0. 1. 0. 0. 0. 0. 0. 0.]
 [0. 0. 1. 0. 0. 0. 0. 0.]
 [0. 0. 0. 1. 0. 0. 0. 0.]
 [0. 0. 0. 0. 1. 0. 0. 0.]
 [0. 0. 0. 0. 0. 0. 0. 0.]
 [0. 0. 0. 0. 0. 0. 0. 0.]]
```

上述二维阵列就是样本的第一个英文句子，这个句子共有 i、hated、this 和 movie 4 个英文单词。

10-6-2 词向量与词嵌入

词向量（Word Vector）或**词嵌入**（Word Embedding）也是一种文字数据向量化的方法，可以将单词嵌入一个浮点数的数学空间。假设现在有 10000 个不同单词（词库），分别使用 One-hot 编码和词向量（使用 200 个神经元的隐藏层）执行文字数据向量化。

- One-hot 编码需要使用代码转换单词成为向量；词向量是创建神经网络来自行学习单词的词向量。
- One-hot 编码创建的是一个高维度的稀疏矩阵（每一个向量长 10000，其中只有一个元素为 1，其他都为 0），此例中是 10000×10000，即 10000 个单词，每一个单词是长度 10000 的向量；词向量是低维度浮点数的紧密矩阵，因为隐藏层是 200 个神经元，可以压缩成 10000×200，即 10000 个单词，每一个单词为长度 200 的向量。

词向量就是将原来**词库**（Lexicon）中每一个单词的高维度 One-hot 编码的向量（10000），转换为低维度浮点数向量（200），不仅如此，因为词向量是通过神经网络自行学习创建的，因此可以自动创建单词之间上下文关系，即单词的意义。

1. 词向量的几何意义

词向量就是将人类的自然语言对应到几何空间，使用空间来表示单词之间的关系。例如，英文同义词会转换成相近的词向量。现在，我们有 4 个英文单词 wolf、tiger、dog、cat，将其转换成的二维几何空间如图 10-24 所示。

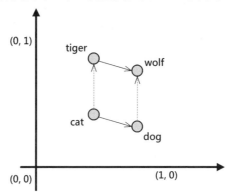

图10-24

图 10-24 是二维几何空间表示的 4 个单词，我们可以使用几何关系找出词向量之间的关系（即意义），如下所示。

- cat–tiger 和 dog–wolf 有相同的向量：这个向量的意义是从宠物到野生动物。
- tiger–wolf 和 cat–dog 有相同的向量：这个向量的意义是从猫科动物到犬科动物。

同理，对于从词库转换成的词向量，我们可以在空间中找出各种单词之间的关系，如性别、英文时态和复数等向量。

2. CBOW 模型和 Skip-gram 模型

我们有两种算法可以找出单词在句子中的上下文关系，用来创建神经网络学习词向量所需的输入和目标数据。例如，一个英文句子如下所示：

```
Mary goes crazy about deep learning.
```

在上述英文句子如果使用 3 个单词的窗格，即从单词 goes 来预测其周围单词 Mary 和 crazy，共有两种做法，如下所示。

- **CBOW 模型**（Continuous Bag-of-Words model）：使用周围单词来预测中间的单词。例如，使用 Mary 和 crazy 预测中间的 goes 单词，goes 是目标数据，其他两个单词是输入数据。
- **Skip–gram 模型**（Skip-gram model）：源于 N-gram 模型，我们可以使用一个单词来预测周围的单词。例如，使用 goes 单词预测周围的 Mary 和 crazy 两个单词，此时的 goes 单词是输入数据，其他两个单词是目标数据（转换成输出概率）。

3. 使用神经网络学习词向量

使用 CBOW 或 Skip-gram 模型创建神经网络所需的训练数据后，我们可以创建神经网络学习词向量。例如，输入层有单词数的 10000 个神经元，隐藏层有 200 个神经元（最后词向量的维度），输出层也有单字数的 10000 个神经元，这个 3 层神经网络如图 10-25 所示。

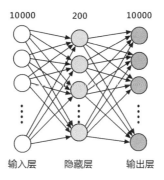

图10–25

上述神经网络的隐藏层**没有激活函数**，输出层使用 Softmax() 函数输出各预测单词的概率，因为使用 Skip-gram 模型，输入层的输入数据是 goes 单词的 One-hot 编码，输出层输出这 10000 个单词的概率分布，当与 Mary、crazy 目标数据的概率分布比较后，可以计算出损失分数训练神经网络。

当训练完神经网络后，我们可以得到隐藏层权重的 10000 × 200 矩阵，权重矩阵的每一行对应 One-hot 编码单词的词向量，即 200 个浮点数元素的向量（原来是 10000 个元素的 One-hot 编码向量）。

1. 请回答什么是序列数据以及什么是自然语言处理。
2. 请使用图例说明 RNN 。
3. 请简单说明 RNN 有哪几种。
4. 请说明 RNN 的问题是什么。
5. 请使用图例说明 LSTM。LSTM 有几个门？这些门是如何运行的？
6. 请使用图例说明 GRU。GRU 有几个门？ LSTM 和 GRU 的主要差异是什么？
7. 请简单说明什么是文字数据向量化。
8. 请回答 One-hot 编码如何将文字数据向量化、什么是词向量以及词向量和 One-hot 编码的差异是什么。

第11章

构建循环
神经网络

11-1 认识 IMDb 网络电影数据集

IMDb 网络电影数据库（Internet Movie Database）是一个线上的电影、电视节目、家庭影片、网络串流和游戏数据库，包含详细影音数据说明、介绍和评论，隶属于 Amazon 公司。

IMDb 网络电影数据集从 IMDb 网站收集电影评论，拥有 50000 条影评数据，分成训练与测试数据集，各有 25000 条，其中每一条影评的文字内容都已经标记成正面评价或负面评价。

1. 载入和探索 IMDb 网络电影数据集：Ch11_1.py

Keras 内置 IMDb 网络电影数据集，首先导入 imdb，如下所示：

```
from keras.datasets import imdb
```

上述代码导入 Keras 内置的 IMDb 数据集后，就可以调用 load_data() 函数载入数据集，如下所示：

```
top_words = 1000
(X_train, Y_train), (X_test, Y_test) = imdb.load_data(
        num_words=top_words)
```

上述 load_data() 函数的参数 num_words 指定取出数据集中前多少个最常出现的单词，不常见的单词会舍弃，此例中为 1000 个单词，如果是第一次载入数据集，请等待自动下载 IMDb 数据集。

Tips　　若执行时遇到问题，可以先关闭 Spyder，在 Anaconda Prompt 中输入 **pip install numpy==1.16.2** 将 NumPy 版本降到 1.16.2，即可使用。

> **Tips** 　　**请注意！** Google Colaboratory 云服务在调用 load_data() 函数载入 IMDb 数据集时，如果出现下列错误信息：
>
> ```
> ValueError: Object arrays cannot be loaded when allow_pickle=False
> ```
>
> 是因为 NumPy 版本的 np.load() 函数的 allow_pickle 默认值为 False，请在 Colab 使用代码更改 np.load() 函数的参数，如下所示：
>
> ```
> import numpy as np
>
>
> np_load_old = np.load
> np.load = lambda *a, **k: np_load_old(*a, allow_pickle=True,
>                                                     **k)
> # 载入 IMDb 数据集，如果是第一次载入会自行下载数据集
> top_words = 1000
> (X_train, Y_train), (X_test, Y_test) = imdb.load_data(
>                                             num_words=top_words)
> np.load = np_load_old
> ```
>
> 　　上述代码首先保留 np.load，在修改 allow_pickle 参数为 True 后，就可以使用 load_data() 函数成功载入 IMDb 数据集，然后再恢复为原来 np.load 的参数，完整代码见 Ch11_1_Colab.ipynb。

　　在成功载入 IMDb 数据集后，可以显示训练和测试数据集的形状，如下所示：

```
print("X_train.shape: ", X_train.shape)
print("Y_train.shape: ", Y_train.shape)
print("X_test.shape: ", X_test.shape)
print("Y_test.shape: ", Y_test.shape)
```

　　上述代码显示训练和测试数据集的形状，可以看到都是 25000 条，每一条评论内容是一个列表，其执行结果如下所示：

```
X_train.shape:  (25000, )
Y_train.shape:  (25000, )
X_test.shape:  (25000, )
Y_test.shape:  (25000, )
```

下面我们可以显示训练数据集中的第一条评论内容及其标签，如下所示：

```
print(X_train[0])
print(Y_train[0])
```

上述执行结果首先显示第一条评论内容的整数值列表，其执行结果如下所示：

```
[1, 14, 22, 16, 43, 530, 973, 2, 2, 65, 458, 2, 66, 2, 4, 173, 36, 256, 5, 25,
...
12, 16, 283, 5, 16, 2, 113, 103, 32, 15, 16, 2, 19, 178, 32]
```

上述评论内容是一个整数值的列表，单词已经转换为**单词索引**（Word Indices），这是对应词库字典中各单词的索引值，然后显示对应的标签数据，如下所示：

```
1
```

标签值 1 为正面评价，0 为负面评价。

2. 解码显示 IMDb 数据集的评论内容：Ch11_1a.py

因为 Keras 内置 IMDb 数据集的评论内容已经转换为单词索引，我们需要使用词库字典来解码还原成英文单词，首先来看一看最大的单词索引值是多少，如下所示：

```
max_index = max(max(sequence) for sequence in X_train)
print("Max Index: ", max_index)
```

上述代码先找出每一条评论内容的最大索引值列表，然后从列表中找出最大值，可以看到最大值是 999（载入时指定不超过 1000），其执行结果如下所示：

```
Max Index:   999
```

在解码评论内容需要先创建评论内容的解码字典，首先取得单词索引列表，如下所示：

```
word_index = imdb.get_word_index()
we_index = word_index["we"]
print("'we' index:", we_index)
```

上述代码调用 get_word_index() 函数取得单词索引字典（第一次调用会自动下载此字典），字典的单词是键，对应为索引值，然后，我们可以取得单词 we 的索引值为 72，其执行结果如下所示：

```
'we' index: 72
```

现在，我们可以反转单词索引字典成为索引单词字典，如下所示：

```
decode_word_map = dict([(value, key) for (key, value)
                                      in word_index.items()])
print(decode_word_map[we_index])
```

上述代码创建一个新字典，然后将每一个项目的键和值对调，即可用来解码索引值 72，从其执行结果可以看到单词 we，如下所示：

```
we
```

最后，我们可以解码显示第一条训练数据集的评论内容，因为索引单词字典的前 3 个值 0~2 是保留索引，其值为 padding、start of sequence 和 unknown，所以评论内容真正的索引值列表是从 4 开始的（需减 3），如下所示：

```
decoded_indices = [decode_word_map.get(i-3, "?")
                                     for i in X_train[0]]
print(decoded_indices)
```

上述代码调用 get() 函数取得索引对应的单词，索引值需减 3，如果没有对应的索引，就是第二个参数的默认值 '?'，从其执行结果可以看到转换后的单词列表，而且有很多 '?'，如下所示：

```
['?', 'this', 'film', 'was', 'just', 'brilliant', 'casting', '?', '?',
 'story', 'direction', '?',
...
'because', 'it', 'was', 'true', 'and', 'was', '?', 'life', 'after',
'all', 'that', 'was', '?', 'with', 'us', 'all']
```

我们可以使用 join() 函数将列表连接为以空白字符连接的英文字符串，如下所示：

```
decoded_review = " ".join(decoded_indices)
print(decoded_review)
```

上述代码可以将列表转换为以空白字符连接，其执行结果如下所示：

```
? this film was just brilliant casting ? ? story direction ? really ?
the part they played and you could just imagine being there robert ?
is an amazing actor
...
```

11-2 数据预处理与 Embedding 层

在载入和探索 IMDb 网络电影数据集后，我们需要先执行数据预处理和使用 Embedding 层将评论内容的单词转换为词向量，才能送入神经网络模型来进行训练。

11-2-1 IMDb 数据集的数据预处理

在 IMDb 数据集的每一条评论内容是转换为索引值的整数值列表，首先我们需要将列表转换成张量，并将列表都填充或剪裁成相同单词数（即长度），也就是将列表转换成张量：（样本数，最大单词数）。

Python 程序 Ch11_2_1.py 使用 Keras 的 sequence 模块执行数据预处理，如下所示：

```
from keras.preprocessing import sequence
...
max_words = 100
X_train = sequence.pad_sequences(X_train, maxlen=max_words)
X_test = sequence.pad_sequences(X_test, maxlen=max_words)

print("X_train.shape: ", X_train.shape)
print("X_test.shape: ", X_test.shape)
```

上述变量 max_words 为要填充或剪裁成固定长度的单词数，然后调用 pad_sequences() 函数将第一个参数数据集的列表填充或剪裁成第二个参数的长度，即 100

个单词，从其执行结果可以看到转换后的张量形状，如下所示：

```
X_train.shape: (25000, 100)
X_test.shape:  (25000, 100)
```

11-2-2 Keras 的 Embedding 层

第 11-2-1 节已经将整数索引值的评论内容列表填充或剪裁为固定长度的张量，接着需要处理评论内容中的每一个单词，这就是第 10-6 节的**文字数据向量化**，我们使用的是**词向量**或**词嵌入**。

Keras 的 Embedding 层可以帮助我们将整数索引值转换为固定尺寸的词向量。**注意，Embedding 层一定是 Sequential 模型的第一层**，如下所示：

```
from keras.models import Sequential
from keras.layers import Embedding
...
top_words = 1000
max_words = 100
...
model = Sequential()
model.add(Embedding(top_words, 32, input_length=max_words))
```

上述 Embedding() 函数的第一个参数是最大单词数（即 input_dim 参数），第二个参数 32 是输出词向量的维度（即 output_dim 参数），第三个参数是输入数据的长度，也就是最大单词数的长度（即 input_length 参数）。

此例中的最大单词数是 1000，如果使用 One-hot 编码，我们需要 1000×1000，即 1000 个单词，每一个单词是长度为 1000 的向量，使用 Embedding 层可以创建低维度浮点数的紧密矩阵，即压缩为 1000×32 的尺寸，即 1000 个单词，每一个单词是长度为 32 的向量。

11-3 使用 MLP 和 CNN 实现 IMDb 情绪分析

情绪分析（Sentiment Analysis）也称为**意见探勘**（Opinion Mining），即使用

自然语言处理找出作者针对某些话题或评论上的态度、情感、评价或情绪。除了使用 RNN，我们还可以使用 MLP 和 CNN 实现 IMDb 情绪分析。

11-3-1　使用 MLP 实现 IMDb 情绪分析

本节使用 MLP 实现 IMDb 情绪分析，可以预测评论内容是正面的还是负面的，因为载入数据集和预处理与第 11-2-1 节相同，所以不再重复列出和说明。

1. 创建 MLP 的 IMDb 情绪分析

Python 程序 Ch11_3_1.py 定义 MLP 模型的代码，如下所示：

```
model = Sequential()
model.add(Embedding(top_words, 32, input_length=max_words))
model.add(Dropout(0.25))
model.add(Flatten())
model.add(Dense(256, activation="relu"))
model.add(Dropout(0.25))
model.add(Dense(1, activation="sigmoid"))
```

上述模型的第一层是 Embedding 层，在使用 Flatten 层平坦化为向量后，送入 Dense 隐藏层，中间有两层 Dropout 层，输出层有一个神经元并使用 Sigmoid() 函数进行二元分类，其模型摘要信息如下所示：

```
Layer (type)                 Output Shape              Param #
=================================================================
embedding_1 (Embedding)      (None, 100, 32)           32000

dropout_1 (Dropout)          (None, 100, 32)           0

flatten_1 (Flatten)          (None, 3200)              0

dense_1 (Dense)              (None, 256)               819456

dropout_2 (Dropout)          (None, 256)               0

dense_2 (Dense)              (None, 1)                 257
=================================================================
Total params: 851,713
Trainable params: 851,713
Non-trainable params: 0
```

上述 Embedding 层的参数计算是第一个 input_dim 参数乘以第二个参数 output_

dim，如下所示：

```
1000*32=32000
```

然后编译和训练模型，如下所示：

```
model.compile(loss="binary_crossentropy", optimizer="adam",
              metrics=["accuracy"])
history = model.fit(X_train, Y_train, validation_split=0.2,
                    epochs=5, batch_size=128, verbose=2)
```

上述优化器为 adam，损失函数为 binary_crossentropy()，训练周期为 5，批次尺寸为 128，其训练过程如下所示：

```
Train on 20000 samples, validate on 5000 samples
Epoch 1/5
 - 4s - loss: 0.5645 - acc: 0.6835 - val_loss: 0.4095 - val_acc: 0.8100
Epoch 2/5
 - 4s - loss: 0.3556 - acc: 0.8419 - val_loss: 0.4111 - val_acc: 0.8130
Epoch 3/5
 - 4s - loss: 0.2835 - acc: 0.8806 - val_loss: 0.4285 - val_acc: 0.8042
Epoch 4/5
 - 4s - loss: 0.2118 - acc: 0.9148 - val_loss: 0.4929 - val_acc: 0.8004
Epoch 5/5
 - 4s - loss: 0.1624 - acc: 0.9378 - val_loss: 0.5858 - val_acc: 0.7832
```

最后，我们可以使用测试数据集评估模型，在实战上，我们训练模型的目的是尽量提高测试数据集的准确度，如下所示：

```
loss, accuracy = model.evaluate(X_test, Y_test)
print("测试数据集的准确度 = {:.2f}".format(accuracy))
```

从上述代码的执行结果可以看到准确度为 0.79（即 79%），如下所示：

```
25000/25000 [==============================] - 1s 28us/step
测试数据集的准确度 = 0.79
```

2. 增加每一条评论内容的字数

Python 程序 Ch11_3_1a.py 增加每一条评论内容的字数至 500 个单词，如下所示：

```
max_words = 500
X_train = sequence.pad_sequences(X_train, maxlen=max_words)
```

```
X_test = sequence.pad_sequences(X_test, maxlen=max_words)
...
```

从上述 Python 程序的执行结果可以看到准确度提升至 0.86（即 86%），如下
所示：

```
25000/25000 [==============================] - 3s 115us/step
测试数据集的准确度 = 0.86
```

11-3-2　使用CNN实现IMDb情绪分析

本节准备使用 CNN 实现相同的 IMDb 情绪分析，可以预测评论内容是正面的还
是负面的，因为 CNN 是在时间维度的序列数据上执行卷积运算的，使用的是一维卷积
层，而不是图片的二维卷积层。

Python 程序 Ch11_3_2.py 载入数据集和预处理与第 11-2-1 节相同，所以不再重复
列出和说明，定义 CNN 模型的代码，如下所示：

```
model = Sequential()
model.add(Embedding(top_words, 32, input_length=max_words))
model.add(Dropout(0.25))
model.add(Conv1D(filters=32, kernel_size=3, padding="same",
                 activation="relu"))
model.add(MaxPooling1D(pool_size=2))
model.add(Flatten())
model.add(Dense(256, activation="relu"))
model.add(Dropout(0.25))
model.add(Dense(1, activation="sigmoid"))
```

上述模型的第一层是 Embedding 层，然后是 Conv1D 的一维卷积层，滤波器数
为 32，滤波器窗口尺寸为 3，接着是一维的最大池化层，参数值 2 代表缩小比例一
半，然后使用 Flatten 层平坦化的向量后，送入 Dense 隐藏层，中间有两层 Dropout
层，输出层有一个神经元并使用 Sigmoid() 函数进行二元分类，其模型摘要信息如下
所示：

```
Layer (type)                   Output Shape          Param #
=================================================================
embedding_3 (Embedding)        (None, 100, 32)       32000
_____
dropout_5 (Dropout)            (None, 100, 32)       0
_____
conv1d_1 (Conv1D)              (None, 100, 32)       3104
_____
max_pooling1d_1 (MaxPooling1   (None, 50, 32)        0
_____
flatten_3 (Flatten)            (None, 1600)          0
_____
dense_5 (Dense)                (None, 256)           409856
_____
dropout_6 (Dropout)            (None, 256)           0
_____
dense_6 (Dense)                (None, 1)             257
=================================================================
Total params: 445,217
Trainable params: 445,217
Non-trainable params: 0
```

上述 Conv1D 卷积层的参数计算是 Embedding 层的输出通道 32 乘以滤波器的窗口大小 3，再乘以滤波器数 32，最后加上滤波器数的偏移量 32，如下所示：

```
32*3*32+32 = 3104
```

然后编译和训练模型，如下所示：

```
model.compile(loss="binary_crossentropy", optimizer="adam",
              metrics=["accuracy"])
history = model.fit(X_train, Y_train, validation_split=0.2,
                    epochs=5, batch_size=128, verbose=2)
```

上述优化器为 adam，损失函数为 binary_crossentropy()，训练周期为 5，批次尺寸为 128，其训练过程如下所示：

```
Train on 25000 samples, validate on 25000 samples
Epoch 1/5
 - 5s - loss: 0.5191 - acc: 0.7164 - val_loss: 0.3836 - val_acc: 0.8271
Epoch 2/5
 - 5s - loss: 0.3724 - acc: 0.8341 - val_loss: 0.3654 - val_acc: 0.8339
Epoch 3/5
 - 5s - loss: 0.3477 - acc: 0.8455 - val_loss: 0.3586 - val_acc: 0.8364
Epoch 4/5
 - 5s - loss: 0.3251 - acc: 0.8578 - val_loss: 0.3576 - val_acc: 0.8390
Epoch 5/5
 - 5s - loss: 0.3013 - acc: 0.8716 - val_loss: 0.3620 - val_acc: 0.8367
```

最后，我们可以使用测试数据集评估模型，如下所示：

```
loss, accuracy = model.evaluate(X_test, Y_test)
print("测试数据集的准确度 = {:.2f}".format(accuracy))
```

从上述代码的执行结果可以看到准确度为 0.84（即 84%），如下所示：

```
25000/25000 [==============================] - 1s 38us/step
测试数据集的准确度 = 0.84
```

11-4 如何使用 Keras 实现循环神经网络

Keras 内置 RNN 预建神经层 SimpleRNN、LSTM 和 GRU，可以让我们轻松使用 Keras 打造循环神经网络。

11-4-1 Keras 的 RNN 预建神经层

Keras 除了提供第 11-2 节的 Embedding 层帮助我们执行文字数据向量化，还提供多种 RNN 预建神经层创建第 10 章的 3 种循环神经网络，在 Python 程序开头需要导入这 3 种 RNN 神经层，如下所示：

```
from keras.layers import SimpleRNN
from keras.layers import LSTM
from keras.layers import GRU
```

上述 3 种 RNN 神经层的简单说明见表 11-1。

表 11-1　RNN 预建神经层及说明

RNN 预建神经层	说　明
SimpleRNN	全连接 RNN 层，详见第 10-3-1 节的说明
LSTM	长短期记忆神经层，详见第 10-4 节的说明
GRU	门控循环单元神经层，详见第 10-5 节的说明

11-4-2 使用 Keras 实现循环神经网络

Keras 在创建 Sequential 模型后，首先新增一层 Embedding 层，就可以新增 SimpleRNN、LSTM 或 GRU 神经层实现循环神经网络，不过，因为 RNN 有多种类型，我们需要指定 RNN 神经层的返回序列构建出不同类型的循环神经网络。

1. 构建多对一的循环神经网络

Keras 的 SimpleRNN、LSTM 和 GRU 神经层默认只会返回每一个输入序列的最后一个输出序列（return_sequences=False），这是一种多对一的循环神经网络，如图 11-1 所示。

Python 程序 Ch11_4_2.py 是以 SimpleRNN 为例，构建多对一的循环神经网络，如下所示：

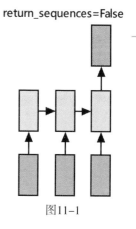

return_sequences=False

图11-1

```
model = Sequential()
model.add(Embedding(10000, 32, input_length=100))
model.add(SimpleRNN(32))
```

上述 SimpleRNN() 函数的参数 32（即 units 参数）为 RNN 的单元数，就是输出维度，activation 参数的激活函数默认为 Tanh() 函数，return_sequences 参数的默认值为 False，只返回输出序列的最后一个输出，即（样本数，输出特征数）的二维张量。SimpleRNN 模型的摘要信息如下所示：

```
Layer (type)                 Output Shape              Param #
=================================================================
embedding_4 (Embedding)      (None, 100, 32)           320000

simple_rnn_1 (SimpleRNN)     (None, 32)                2080
=================================================================
Total params: 322,080
Trainable params: 322,080
Non-trainable params: 0
```

上述 SimpleRNN 层的参数计算是 Embedding 层的输出维度 32 乘以单元数 32，因为有 RNN 有 U 和 W 两个权重，所以乘以 2，再加上单元数的偏移量 32，如下所示：

```
32*32*2+32 = 2080
```

2. 构建多对多的循环神经网络

Keras 的 SimpleRNN、LSTM 和 GRU 神经层的输出使用 return_sequences 参数指定，我们只需将参数值设为 True 就可以构建多对多的循环神经网络，如图 11-2 所示。

Python 程序 Ch11_4_2a.py 是以 LSTM 为例，构建多对多的循环神经网络，如下所示：

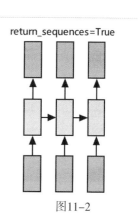

return_sequences=True

图11-2

```
model = Sequential()
```

```
model.add(Embedding(10000, 32, input_length=100))
model.add(LSTM(32, return_sequences=True))
```

上述 LSTM() 函数的参数 32（即 units 参数）为单元数的输出维度，activation 参数的激活函数默认为 Tanh() 函数，return_sequences 参数值设为 True，返回全部的输出序列，这是大小为（样本数、时步、输出特征数）的三维张量。LSTM 模型的摘要信息如下所示：

```
Layer (type)                 Output Shape              Param #
=================================================================
embedding_5 (Embedding)      (None, 100, 32)           320000

lstm_1 (LSTM)                (None, 100, 32)           8320
=================================================================
Total params: 328,320
Trainable params: 328,320
Non-trainable params: 0
```

上述 LSTM 层的参数计算，因为 LSTM 单元中有多个神经层，其计算公式如下：

LSTM 参数量 =（特征数 + 单元数）*（单元数 *4）+（单元数 *4）

上述 Embedding 层的输出为 32（即特征数），加上单元数 32（因为 LSTM 单元有输入和前一层输出的两种输入），乘以单元数 32×4（因为有 3 个门和一个 Tanh 神经层），再加上单元数乘以 4 的偏移量 32×4，如下所示：

```
(32+32)*(32*4)+(32*4) = 8320
```

3. 构建多个堆叠的循环神经网络

Keras 还可以将多个 SimpleRNN、LSTM 和 GRU 神经层堆叠起来，构建更复杂的循环神经网络，其中除了最后一层外，其他层的 return_sequences 参数值为 True，如图 11-3 所示。

Python 程序 Ch11_4_2b.py 是以 GRU 为例，构建多个堆叠的循环神经网络，如下所示：

```
model = Sequential()
model.add(Embedding(10000, 32, input_length=100))
model.add(GRU(32, return_sequences=True))
model.add(GRU(32, return_sequences=True))
model.add(GRU(32))
```

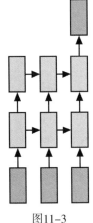

图11-3

上述代码有 3 个 GRU，GRU() 函数的参数 32（即 units 参数）

为单元数的输出维度，activation 参数的激活函数默认为 Tanh() 函数，前两个 return_sequences 参数值设为 True，返回全部输出序列，最后一个默认为 False，只返回最后一个输出序列。GRU 模型的摘要信息如下所示：

```
Layer (type)                    Output Shape              Param #
=================================================================
embedding_6 (Embedding)         (None, 100, 32)           320000

gru_1 (GRU)                     (None, 100, 32)           6240

gru_2 (GRU)                     (None, 100, 32)           6240

gru_3 (GRU)                     (None, 32)                6240
=================================================================
Total params: 338,720
Trainable params: 338,720
Non-trainable params: 0
```

上述 GRU 层的参数计算，因为 GRU 单元中有多个神经层，其计算公式如下：

```
GRU 参数量 = ( 特征数 + 单元数 ) * ( 单元数 *3)+( 单元数 *3)
```

上述 Embedding 层的输出为 32（即特征数）加上单元数 32（因为单元有输入和前一层输出的两个输入），乘以单元数 32×3（因为有两个门和一个 Tanh 神经层），再加上单元数乘以 3 的偏移量 32×3，如下所示：

```
(32+32)*(32*3)+(32*3) = 6240
```

11-5 使用 RNN、LSTM 和 GRU 实现 IMDb 情绪分析

Keras 可以分别使用 RNN、LSTM 和 GRU 来实现 IMDb 情绪分析，在实战上，如果是针对公司产品的话题或评论，情绪分析可以取得顾客对公司产品的观感，让管理者依据分析结果调整销售策略。

11-5-1 使用 RNN 实现 IMDb 情绪分析

本节我们准备使用 RNN 实现 IMDb 情绪分析，可以预测评论内容是正面的还是负面的，因为载入数据集和预处理与第 11-2-1 节相同，所以不再重复列出和说明。

1. 使用 SimpleRNN 构建循环神经网络

Python 程序 Ch11_5_1.py 定义 SimpleRNN 模型的代码，如下所示：

```
model = Sequential()
model.add(Embedding(top_words, 32, input_length=max_words))
model.add(Dropout(0.25))
model.add(SimpleRNN(32))
model.add(Dropout(0.25))
model.add(Dense(1, activation="sigmoid"))
```

上述模型的第一层是 Embedding 层，接着是 SimpleRNN 层，在中间有两层 Dropout 层，输出层有一个神经元并使用 Sigmoid() 函数进行二元分类，其模型摘要信息如下所示：

```
Layer (type)                 Output Shape              Param #
=================================================================
embedding_7 (Embedding)      (None, 100, 32)           32000

dropout_7 (Dropout)          (None, 100, 32)           0

simple_rnn_2 (SimpleRNN)     (None, 32)                2080

dropout_8 (Dropout)          (None, 32)                0

dense_7 (Dense)              (None, 1)                 33
=================================================================
Total params: 34,113
Trainable params: 34,113
Non-trainable params: 0
```

然后编译和训练模型，如下所示：

```
model.compile(loss="binary_crossentropy", optimizer="rmsprop",
              metrics=["accuracy"])
history = model.fit(X_train, Y_train, validation_split=0.2,
            epochs=5, batch_size=128, verbose=2)
```

上述优化器改用 rmsprop，损失函数为 binary_crossentropy()，训练周期为 5，批次尺寸为 128，其训练过程如下所示：

```
Train on 20000 samples, validate on 5000 samples
Epoch 1/5
 - 3s - loss: 0.6451 - acc: 0.6157 - val_loss: 0.5223 - val_acc: 0.7688
Epoch 2/5
 - 2s - loss: 0.4836 - acc: 0.7767 - val_loss: 0.6135 - val_acc: 0.7372
Epoch 3/5
 - 2s - loss: 0.4327 - acc: 0.8049 - val_loss: 0.4633 - val_acc: 0.7990
Epoch 4/5
 - 2s - loss: 0.4083 - acc: 0.8215 - val_loss: 0.4186 - val_acc: 0.8086
Epoch 5/5
 - 2s - loss: 0.3944 - acc: 0.8302 - val_loss: 0.4498 - val_acc: 0.7834
```

最后，我们可以使用测试数据集来评估模型，如下所示：

```
loss, accuracy = model.evaluate(X_test, Y_test)
print(" 测试数据集的准确度 = {:.2f}".format(accuracy))
```

从上述代码的执行结果可以看到准确度为 0.79（即 79%），如下所示：

```
25000/25000 [==============================] - 2s 74us/step
测试数据集的准确度 = 0.79
```

训练和验证损失趋势如图 11-4 所示。

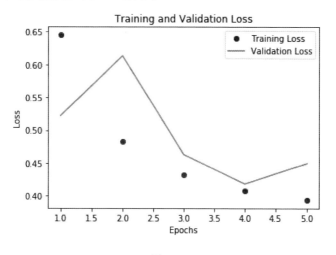

图11-4

训练和验证准确度趋势如图 11-5 所示。

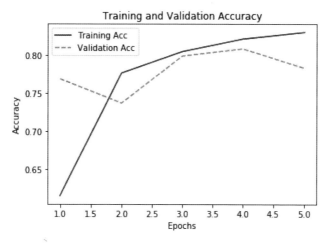

图11-5

2. 在 SimpleRNN 新增一层 Dense 层

Python 程序 Ch11_5_1a.py 是在 SimpleRNN 之后新增一层 Dense 层，如下所示：

```python
model = Sequential()
model.add(Embedding(top_words, 32, input_length=max_words))
model.add(Dropout(0.25))
model.add(SimpleRNN(32))
model.add(Dense(256, activation="relu"))
model.add(Dropout(0.25))
model.add(Dense(1, activation="sigmoid"))
```

上述新增的 Dense 层有 256 个神经元，激活函数是 ReLU() 函数，从其执行结果可以看到准确度提升至 0.82（即 82%），如下所示：

```
25000/25000 [==============================] - 2s 77us/step
测试数据集的准确度 = 0.82
```

11-5-2　使用 LSTM 实现 IMDb 情绪分析

本节我们准备使用 LSTM 实现 IMDb 情绪分析，可以预测评论内容是正面的还是负面的，因为载入数据集和预处理与第 11-2-1 节相同，所以不再重复列出和说明。

1. 使用 LSTM 构建循环神经网络

Python 程序 Ch11_5_2.py 定义 LSTM 模型的代码，如下所示：

```python
model = Sequential()
model.add(Embedding(top_words, 32, input_length=max_words))
model.add(Dropout(0.25))
model.add(LSTM(32))
model.add(Dropout(0.25))
model.add(Dense(1, activation="sigmoid"))
```

上述模型的第一层是 Embedding 层，接着是 LSTM 层，在中间有两层 Dropout 层，输出层有一个神经元并使用 Sigmoid() 函数进行二元分类，其模型摘要信息如下所示：

```
Layer (type)                Output Shape             Param #
=================================================================
embedding_9 (Embedding)     (None, 100, 32)          32000

dropout_11 (Dropout)        (None, 100, 32)          0

lstm_2 (LSTM)               (None, 32)               8320

dropout_12 (Dropout)        (None, 32)               0

dense_10 (Dense)            (None, 1)                33
=================================================================
Total params: 40,353
Trainable params: 40,353
Non-trainable params: 0
```

然后编译和训练模型，如下所示：

```
model.compile(loss="binary_crossentropy", optimizer="rmsprop",
              metrics=["accuracy"])
history = model.fit(X_train, Y_train, validation_split=0.2,
                    epochs=5, batch_size=128, verbose=2)
```

上述优化器为 rmsprop，损失函数为 binary_crossentropy()，训练周期为 5，批次尺寸为 128，其训练过程如下所示：

```
Train on 20000 samples, validate on 5000 samples
Epoch 1/5
 - 6s - loss: 0.5759 - acc: 0.7011 - val_loss: 0.4807 - val_acc: 0.7750
Epoch 2/5
 - 5s - loss: 0.4201 - acc: 0.8098 - val_loss: 0.5057 - val_acc: 0.7358
Epoch 3/5
 - 5s - loss: 0.3920 - acc: 0.8261 - val_loss: 0.4190 - val_acc: 0.8128
Epoch 4/5
 - 6s - loss: 0.3788 - acc: 0.8359 - val_loss: 0.3871 - val_acc: 0.8262
Epoch 5/5
 - 5s - loss: 0.3726 - acc: 0.8374 - val_loss: 0.3991 - val_acc: 0.8188
```

最后，我们可以使用测试数据集来评估模型，如下所示：

```
loss, accuracy = model.evaluate(X_test, Y_test)
print("测试数据集的准确度 = {:.2f}".format(accuracy))
```

从上述代码的执行结果可以看到准确度为 0.83（即 83%），比 SimpleRNN 的准确度高一些，如下所示：

```
25000/25000 [==============================] - 3s 131us/step
测试数据集的准确度 = 0.83
```

训练和验证损失趋势如图 11-6 所示。

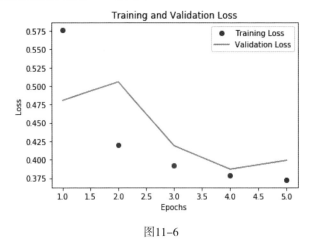

图11–6

训练和验证准确度趋势如图 11-7 所示。

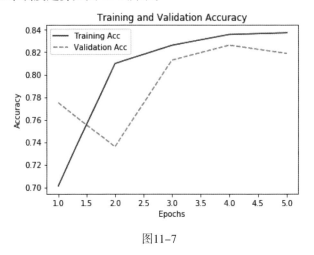

图11–7

2. 在 LSTM 单元中新增 Dropout 功能

Keras 除了可以在 Sequential 模型新增 Dropout 层，还可以直接在 LSTM 单元指定 dropout 参数新增 Dropout 功能。Python 程序 Ch11_5_2a.py 是在 LSTM 参数新增 Dropout 功能，如下所示：

```
model.add(LSTM(32, dropout=0.2, recurrent_dropout=0.2))
```

上述 dropout 参数是在第 10-4-1 节 LSTM 单元图例中，从输入 x_t 至输出 h_t 垂直方向新增 Dropout 功能。recurrent_dropout 是在**循环水平方向**新增 Dropout 功能，参数值为 0~1 的浮点数，0.2 表示 20% 随机归零，从执行结果可以看到准确度为 0.82（即 82%），差异并不大，如下所示：

```
25000/25000 [==============================] - 4s 154us/step
测试数据集的准确度 = 0.82
```

11-5-3 使用 GRU 实现 IMDb 情绪分析

本节我们准备使用 GRU 实现 IMDb 情绪分析，可以预测评论内容是正面的还是负面的，因为载入数据集和预处理与第 11-2-1 节相同，所以不再重复列出和说明。

Python 程序 Ch11_5_3.py 定义 GRU 模型的代码，如下所示：

```python
model = Sequential()
model.add(Embedding(top_words, 32, input_length=max_words))
model.add(Dropout(0.25))
model.add(GRU(32, activation="relu"))
model.add(Dropout(0.25))
model.add(Dense(1, activation="sigmoid"))
```

上述模型的第一层是 Embedding 层，接着是 GRU 层，指定激活函数为 ReLU() 函数，在中间有两层 Dropout 层，输出层有一个神经元并使用 Sigmoid() 函数进行二元分类，其模型摘要信息如下所示：

```
Layer (type)                 Output Shape              Param #
=================================================================
embedding_10 (Embedding)     (None, 100, 32)           32000

dropout_13 (Dropout)         (None, 100, 32)           0

gru_4 (GRU)                  (None, 32)                6240

dropout_14 (Dropout)         (None, 32)                0

dense_11 (Dense)             (None, 1)                 33
=================================================================
Total params: 38,273
Trainable params: 38,273
Non-trainable params: 0
```

然后编译和训练模型，如下所示：

```python
model.compile(loss="binary_crossentropy", optimizer="rmsprop",
              metrics=["accuracy"])
```

```
history = model.fit(X_train, Y_train, validation_split=0.2,
        epochs=5, batch_size=128, verbose=2)
```

上述优化器为 rmsprop，损失函数为 binary_crossentropy()，训练周期为 5，批次尺寸为 128，其训练过程如下所示：

```
Train on 20000 samples, validate on 5000 samples
Epoch 1/5
 - 6s - loss: 0.6599 - acc: 0.6040 - val_loss: 0.5715 - val_acc: 0.7218
Epoch 2/5
 - 5s - loss: 0.4873 - acc: 0.7782 - val_loss: 0.5023 - val_acc: 0.7614
Epoch 3/5
 - 5s - loss: 0.4307 - acc: 0.8082 - val_loss: 0.4329 - val_acc: 0.8012
Epoch 4/5
 - 5s - loss: 0.4015 - acc: 0.8238 - val_loss: 0.4135 - val_acc: 0.8070
Epoch 5/5
 - 5s - loss: 0.3876 - acc: 0.8293 - val_loss: 0.4043 - val_acc: 0.8150
```

最后，我们可以使用测试数据集来评估模型，如下所示：

```
loss, accuracy = model.evaluate(X_test, Y_test)
print(" 测试数据集的准确 = {:.2f}".format(accuracy))
```

从上述代码的执行结果可以看到准确度为 0.82（即 82%），如下所示：

```
25000/25000 [==============================] - 3s 112us/step
测试数据集的准确度 = 0.82
```

训练和验证损失趋势如图 11-8 所示。

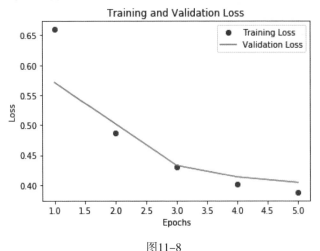

图11-8

训练和验证准确度趋势如图 11-9 所示。

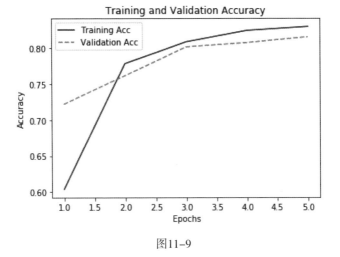

图11-9

11-6 堆叠 CNN 和 LSTM 实现 IMDb 情绪分析

深度学习的 CNN 非常适合学习空间结构的数据，IMDb 数据集的评论内容是一种一维的空间结构，在第 11-3-2 节我们已经使用 CNN 从评论内容中爬取出正面和负面情绪的特征数据，然后输入全连接 Dense 层进行二元分类。

在实战上，因为 CNN 适合学习空间结构的数据，而 LSTM 适合学习序列数据，我们可以堆叠 CNN 和 LSTM，将 CNN 学到的特征数据（这些特征数据是一种序列数据）输入 LSTM 层进行 IMDb 情绪分析。

Python 程序 Ch11_6.py 修改自 Ch11_3_2.py，只是将原来的一维卷积层和池化层后的 Dense 层改为堆叠一层 LSTM 层，如下所示：

```
model = Sequential()
model.add(Embedding(top_words, 32, input_length=max_words))
model.add(Dropout(0.25))
model.add(Conv1D(filters=32, kernel_size=3, padding="same",
                 activation="relu"))
model.add(MaxPooling1D(pool_size=2))
model.add(LSTM(100))
model.add(Dropout(0.25))
model.add(Dense(1, activation="sigmoid"))
```

上述 MaxPooling1D 层后已经改为 LSTM 层，从其执行结果可以看到准确度提升至 0.87（即 87%），如下所示：

```
25000/25000 [==============================] - 17s 665us/step
测试数据集的准确度 = 0.87
```

课后检测

1. 请说明什么是 IMDb 数据集、什么是 Embedding 层以及它们的用途。

2. 请简单说明如何使用 CNN 实现 IMDb 情绪分析。

3. 请说明 Keras 的 RNN 预建神经层有哪些、如何使用 Keras 打造循环神经网络以及 return_sequences 的参数是什么。

4. 请举例说明 SimpleRNN、LSTM 和 GRU 层如何计算参数的个数。

5. Python 程序 Ch11_3_1.py 使用了 Dropout 层，如果没有使用 Dropout 层，对测试数据集的准确度是否会有影响？

6. 请修改 Python 程序 Ch11_3_1a.py，将原来的一个 Dense 层改为两个 128 神经元的 Dense 层，然后重新评估测试数据集的准确度是否改变。

7. 请修改 Python 程序 Ch11_3_2.py，将原来的 100 个单词改成 500 个单词，然后重新评估测试数据集的准确度是否改变。

8. 请修改 Python 程序 Ch11_5_3.py，分别在 GRU 层后新增 Dense 层、堆叠两个 GRU 层并在 GRU 单元新增 Dropout 功能，然后重新评估 IMDb 情绪分析的准确度是否改变。

11

第12章

循环神经网络的
实现案例

12-1 案例：使用 LSTM 实现 MNIST 手写识别

卷积神经网络（CNN）在空间上执行卷积，循环神经网络（RNN）在时间序列数据上执行类似卷积的功能提取特征，这两种神经网络都是提取特征，都可以执行自动特征提取。

在实战上，我们只需将二维空间中的一个维度视为时间序列，就可以使用循环神经网络进行图片识别，本节将使用 LSTM 实现 MNIST 手写识别，如同 CNN 识别手写数字图片。

1. 使用 LSTM 实现 MNIST 的手写识别

Python 程序 Ch12_1.py 载入数据集与预处理，与第 8 章稍有不同，区别是这个 Python 程序不需要转换成四维张量，如下所示：

```python
(X_train, Y_train), (X_test, Y_test) = mnist.load_data()
X_train = X_train / 255
X_test = X_test / 255
Y_train = to_categorical(Y_train)
Y_test = to_categorical(Y_test)
```

上述代码在载入 MNIST 数据集后，只执行特征数据归一化和标签数据的 One-hot 编码，然后定义 LSTM 模型的代码，如下所示：

```python
model = Sequential()
model.add(LSTM(28, input_shape=(X_train.shape[1:]), activation="relu",
               return_sequences=True))
model.add(LSTM(28, activation="relu"))
model.add(Dropout(0.2))
model.add(Dense(32, activation="relu"))
model.add(Dropout(0.2))
model.add(Dense(10, activation="softmax"))
```

上述模型堆叠两层 LSTM 层，第一层 LSTM 层指定 input_shape 参数的输入数据形状，激活函数为 ReLU() 函数，return_sequences 参数值 True 代表返回全部序列数据，在中间有两层 Dropout 层，输出层有 10 个神经元并使用 Softmax() 函数进行多元分类，其模型摘要信息如下所示：

```
Layer (type)                 Output Shape              Param #
=================================================================
lstm_11 (LSTM)               (None, 28, 28)            6384
_____
lstm_12 (LSTM)               (None, 28)                6384
_____
dropout_22 (Dropout)         (None, 28)                0
_____
dense_20 (Dense)             (None, 32)                928
_____
dropout_23 (Dropout)         (None, 32)                0
_____
dense_21 (Dense)             (None, 10)                330
=================================================================
Total params: 14,026
Trainable params: 14,026
Non-trainable params: 0
_____
```

然后编译和训练模型，如下所示：

```
model.compile(loss="categorical_crossentropy", optimizer="adam",
              metrics=["accuracy"])
history = model.fit(X_train, Y_train, validation_split=0.2,
                    epochs=10, batch_size=128, verbose=2)
```

上述优化器为 adam，损失函数为 categorical_crossentropy()，训练周期为 10，批次尺寸为 128，其训练过程如下所示：

```
Train on 48000 samples, validate on 12000 samples
Epoch 1/10
 - 7s - loss: 1.4873 - acc: 0.4667 - val_loss: 0.6012 - val_acc: 0.7998
Epoch 2/10
 - 6s - loss: 0.6209 - acc: 0.7951 - val_loss: 0.3896 - val_acc: 0.8740
Epoch 3/10
 - 6s - loss: 0.4281 - acc: 0.8694 - val_loss: 0.2518 - val_acc: 0.9187
Epoch 4/10
 - 6s - loss: 0.3261 - acc: 0.9057 - val_loss: 0.2105 - val_acc: 0.9351
Epoch 5/10
 - 6s - loss: 0.2817 - acc: 0.9199 - val_loss: 0.2216 - val_acc: 0.9330
Epoch 6/10
 - 6s - loss: 0.2385 - acc: 0.9325 - val_loss: 0.1592 - val_acc: 0.9546
Epoch 7/10
 - 7s - loss: 0.2082 - acc: 0.9423 - val_loss: 0.1561 - val_acc: 0.9556
Epoch 8/10
 - 6s - loss: 0.1929 - acc: 0.9453 - val_loss: 0.1323 - val_acc: 0.9629
Epoch 9/10
 - 8s - loss: 0.1724 - acc: 0.9513 - val_loss: 0.1231 - val_acc: 0.9649
Epoch 10/10
 - 7s - loss: 0.1593 - acc: 0.9550 - val_loss: 0.1117 - val_acc: 0.9686
```

最后，我们可以使用测试数据集来评估模型，如下所示：

```
loss, accuracy = model.evaluate(X_test, Y_test)
print("测试数据集的准确度 = {:.2f}".format(accuracy))
```

从上述代码的执行结果可以看到准确度为 0.97（即 97%），如下所示：

```
10000/10000 [==============================] - 1s 79us/step
测试数据集的准确度 = 0.97
```

训练和验证损失趋势如图 12-1 所示。

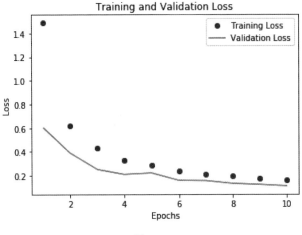

图12-1

训练和验证准确度趋势如图 12-2 所示。

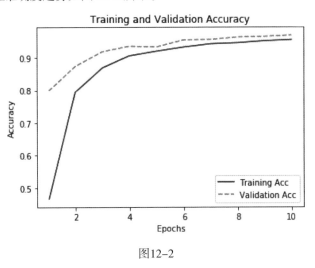

图12-2

2. 使用 sparse_categorical_crossentropy() 损失函数

对于多元分类问题，标签数据也可以不执行 One-hot 编码。如果标签数据执行了数据预处理的 One-hot 编码，损失函数使用 categorical_crossentropy()；如果标签数据是整数值（没有执行 One-hot 编码），如 0~9，可以使用 sparse_categorical_crossentropy() 损失函数。

Python 程序 Ch12_1a.py 修改自 Ch12_1.py，数据预处理并没有对标签数据 Y_train 和 Y_test 执行 One-hot 编码，其标签值是原来的整数值 0~9，所以，我们需要修改对应的损失函数，如下所示：

```
model.compile(loss="sparse_categorical_crossentropy",
              optimizer="adam", metrics=["accuracy"])
```

上述 compile() 函数已经改用 sparse_categorical_crossentropy() 损失函数，从其执行结果可以看到准确度为 0.97（即 97%），如下所示：

```
10000/10000 [==============================] - 1s 79us/step
测试数据集的准确度 = 0.97
```

12-2 案例：使用 LSTM 模型预测 Google 股价

LSTM 拥有长期记忆能力，可以让我们在时间序列数据上自动执行特征提取，因此可以使用 LSTM 根据 Google 前 60 天股价的序列数据预测今天的 Google 股价。

12-2-1 认识 Google 股价数据集

Google 股价数据集是从美国 Yahoo 金融网站下载的股价历史数据，其网址如下所示，网页显示内容如图 12-3 所示。

https://finance.yahoo.com/quote/GOOG/

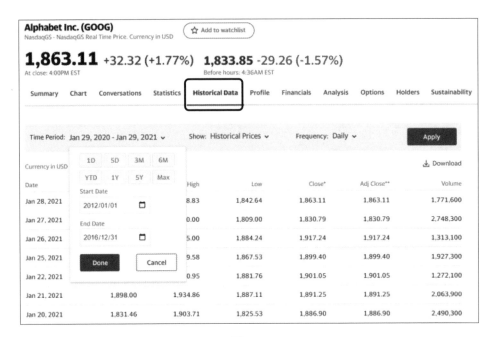

图12-3

在上述网页单击 Historical Data 标签，指定开始和结束时间，单击 Done 按钮，再单击 Apply 按钮，可以在下方显示股价历史数据，单击 Download 超链接，可以下载股价历史数据的 CSV 文件（已经更名的文件），如下所示。

- GOOG_Stock_Price_Train.csv：2012/01/01—2016/12/31 的 Google 股价历史数据。
- GOOG_Stock_Price_Test.csv：2017/01/01—2017/4/30 的 Google 股价历史数据。

1. 载入和查看 Google 股价的训练数据集：Ch12_2_1.py

我们可以使用 Pandas 载入和查看 Google 股价的训练数据集，如下所示：

```
df_train = pd.read_csv("GOOG_Stock_Price_Train.csv",
                       index_col="Date", parse_dates=True)
print(df_train.head())
```

上述代码使用 read_csv() 函数载入 CSV 文件 GOOG_Stock_Price_Train.csv，索引字段为 Date，然后显示前 5 条记录数据，如下所示：

	Open	High	Low	Close	Adj Close	Volume
Date						
2012-01-03	324.360352	331.916199	324.077179	330.555054	330.555054	7400800
2012-01-04	330.366272	332.959412	328.175537	331.980774	331.980774	5765200
2012-01-05	328.925659	329.839722	325.994720	327.375732	327.375732	6608400
2012-01-06	327.445282	327.867523	322.795532	322.909790	322.909790	5420700
2012-01-09	321.161163	321.409546	308.607819	309.218842	309.218842	11720900

上述字段，Open 为开盘股价，High 为最高股价，Low 为最低股价，Close 为收盘价，Adj Close 为调整后的收盘价，Volume 为成交量。

2. 产生训练所需的特征和标签数据集：Ch12_2_1a.py

因为预测 Google 股价使用的是 Adj Close 字段，我们需要从 DataFrame 对象取出此字段，并产生前 60 天股价数据的序列数据，如下所示：

```
df_train = pd.read_csv("GOOG_Stock_Price_Train.csv",
                            index_col="Date", parse_dates=True)
X_train_set = df_train.iloc[:, 4:5].values
X_train_len = len(X_train_set)
print("条数：", X_train_len)
```

上述代码载入 Google 股价的训练数据集后，取出第 5 个 Adj Close 字段的 NumPy 数组 X_train_set，然后显示数组的长度，即条数：1258 条，其执行结果如下所示：

```
条数：  1258
```

然后创建 create_dataset() 函数生成回看前几天股价的特征和标签数据，如下所示：

```
def create_dataset(ds, look_back=1):
    X_data, Y_data = [], []
    for i in range(len(ds)-look_back):
        X_data.append(ds[i:(i+look_back), 0])
        Y_data.append(ds[i+look_back, 0])

    return np.array(X_data), np.array(Y_data)
```

上述函数的第一个参数是 Google 股价的 NumPy 数组，第二个参数是回看的天数，以 60 天为例，使用 for 循环创建 len(ds)–look_back 条特征和标签数据，即 1258–60=1198 条。

X_data 列表是新增从变量 i 开始的 60 天股价列表项目，Y_data 是新增第 61 天股价的项目，也就是使用前 60 天股价来预测第 61 天的股价，最后返回 NumPy 数组的特征和标签数据集。现在，我们可以调用 create_dataset() 函数生成训练数据集，如下所示：

```
look_back = 60
X_train, Y_train = create_dataset(X_train_set, look_back)
print("回看天数:", look_back)
print("X_train Shape: ", X_train.shape)
print("Y_train Shape: ", Y_train.shape)
```

上述代码指定回看天数的 look_back 变量值为 60 天，然后调用 create_dataset() 函数生成训练数据集，其执行结果显示回看天数和训练数据集的形状，如下所示：

```
回看天数: 60
X_train.shape: (1198, 60)
Y_train.shape: (1198, )
```

然后，可以显示前两条特征数据和第一条标签数据，如下所示：

```
print(X_train[0])
print(X_train[1])
print(Y_train[0])
```

上述代码的执行结果如下所示：

```
[330.555054 331.980774 327.375732 322.90979  309.218842 309.556641
 310.95752  312.785645 310.475647 312.259064 314.410065 317.718536
 ...
 306.893951 306.00473  308.558136 310.500488 314.94162  314.698181
 317.922211 320.937622 319.218781 322.567017 321.419464 325.76123 ]
[331.980774 327.375732 322.90979  309.218842 309.556641 310.95752
 312.785645 310.475647 312.259064 314.410065 317.718536 291.101654
 ...
 306.00473  308.558136 310.500488 314.94162  314.698181 317.922211
 320.937622 319.218781 322.567017 321.419464 325.76123  322.109985]
322.109985
```

12

上述执行结果是前两条 60 天的股价列表，最后的标签数据 322.109985 是第 61 天的股价。

- X_train[0]：第 1 天至第 60 天的股价列表。
- X_train[1]：第 2 天至第 61 天的股价列表，最后一个就是第 61 天的 Y_train[0] 股价。

12-2-2　构建 LSTM 模型预测 Google 股价

本节将构建 LSTM 模型预测 Google 股价，使用的是前 60 天的股价，这是调用 12-2-1 节的 create_dataset() 函数生成训练所需的特征和标签数据。

1. 构建预测 Google 股价的 LSTM 模型

Python 程序 Ch12_2_2.py 首先导入所需的模块与包并指定随机种子数，如下所示：

```
from sklearn.preprocessing import MinMaxScaler
from keras.models import Sequential
from keras.layers import Dense, Dropout, LSTM

np.random.seed(10)
```

上述 MinMaxScaler 是著名 Sklearn 机器学习包的模块，可以执行特征标准化的归一化，然后载入 Google 股价的训练数据集并取出 Adj Close 字段的股价 NumPy 数组，如下所示：

```
df_train = pd.read_csv("GOOG_Stock_Price_Train.csv",
                       index_col="Date", parse_dates=True)
X_train_set = df_train.iloc[:, 4:5].values  # Adj Close 栏位
sc = MinMaxScaler()
X_train_set = sc.fit_transform(X_train_set)
```

上述代码创建 MinMaxScaler 对象 sc 后，调用 fit_transform() 函数执行特征标准化的归一化。在调用 create_dataset() 函数生成 X_train 和 Y_train 训练数据集后，我们需要将形状转换为大小为 (样本数 , 时步 , 特征) 的张量，如下所示：

```
X_train = np.reshape(X_train, (X_train.shape[0], X_train.shape[1], 1))
print("X_train.shape: ", X_train.shape)
```

```
print("Y_train.shape: ", Y_train.shape)
```

上述代码转换 X_train 数据集的形状，其执行结果如下所示：

```
X_train.shape:  (1198, 60, 1)
Y_train.shape:  (1198, )
```

然后定义 LSTM 模型，如下所示：

```
model = Sequential()
model.add(LSTM(50, return_sequences=True,
              input_shape=(X_train.shape[1], 1)))
model.add(Dropout(0.2))
model.add(LSTM(50, return_sequences=True))
model.add(Dropout(0.2))
model.add(LSTM(50))
model.add(Dropout(0.2))
model.add(Dense(1))
```

上述模型堆叠三层 LSTM 层，在第一层 LSTM 层指定 input_shape 参数的输入数据形状，前两层 LSTM 的 return_sequences 参数值 True 代表返回全部序列数据，在中间有三层 Dropout 层，输出层有一个神经元，因为是回归分析，所以没有激活函数，其模型摘要信息如下所示：

```
Layer (type)                 Output Shape              Param #
=================================================================
lstm_4 (LSTM)                (None, 60, 50)            10400
_____
dropout_4 (Dropout)          (None, 60, 50)            0
_____
lstm_5 (LSTM)                (None, 60, 50)            20200
_____
dropout_5 (Dropout)          (None, 60, 50)            0
_____
lstm_6 (LSTM)                (None, 50)                20200
_____
dropout_6 (Dropout)          (None, 50)                0
_____
dense_2 (Dense)              (None, 1)                 51
=================================================================
Total params: 50,851
Trainable params: 50,851
Non-trainable params: 0
```

然后编译和训练模型，如下所示：

```
model.compile(loss="mse", optimizer="adam")
model.fit(X_train, Y_train, epochs=100, batch_size=32)
```

上述优化器为 adam，损失函数为 mse()，训练周期为 100，批次尺寸为 32，其训练过程的最后几个周期如下所示：

```
1198/1198 [==============================] - 2s 1ms/step - loss: 0.0014
Epoch 94/100
1198/1198 [==============================] - 2s 1ms/step - loss: 0.0014
Epoch 95/100
1198/1198 [==============================] - 2s 1ms/step - loss: 0.0014
Epoch 96/100
1198/1198 [==============================] - 2s 1ms/step - loss: 0.0014
Epoch 97/100
1198/1198 [==============================] - 2s 2ms/step - loss: 0.0016
Epoch 98/100
1198/1198 [==============================] - 2s 1ms/step - loss: 0.0013
Epoch 99/100
1198/1198 [==============================] - 2s 1ms/step - loss: 0.0013
Epoch 100/100
1198/1198 [==============================] - 2s 1ms/step - loss: 0.0013
```

2. 使用已训练的 LSTM 模型预测 Google 股价

在训练 LSTM 模型后，我们准备使用模型来预测 Google 股价，使用的是 2017 年 1—3 月的测试数据 GOOG_Stock_Price_Test.csv，因为使用的是前 60 天的股价数据，所以预测 2017 年 4 月的 Google 股价。

同样地，我们需要调用 create_dataset() 函数生成特征和标签数据，首先载入 GOOG_Stock_Price_Test.csv，如下所示：

```
df_test = pd.read_csv("GOOG_Stock_Price_Test.csv")
X_test_set = df_test.iloc[:, 4:5].values
X_test, Y_test = create_dataset(X_test_set, look_back)
X_test = sc.transform(X_test)
X_test = np.reshape(X_test, (X_test.shape[0], X_test.shape[1], 1))
```

上述代码依次取出 adj Close 字段股价数据、调用 create_dataset() 函数生成特征和标签数据，执行归一化后，转换成大小为（样本数, 时步, 特征）的张量，接着，我们就可以调用 predict() 函数预测股价，如下所示：

```
X_test_pred = model.predict(X_test)
X_test_pred_price = sc.inverse_transform(X_test_pred)
```

上述代码的预测值是归一化后的值，所以调用 MinMaxScaler 对象 sc 的 inverse_transform() 函数将预测值转换回股价（这也是使用 MinMaxScaler 对象的原因），就可以绘制出 Google 真实和预测股价的趋势图，如下所示：

```python
import matplotlib.pyplot as plt

plt.plot(Y_test, color="red", label="Real Stock Price")
plt.plot(X_test_pred_price, color="blue", label="Predicted Stock Price")
plt.title("2017 Google Stock Price Prediction")
plt.xlabel("Time")
plt.ylabel("Google Time Price")
plt.legend()
plt.show()
```

上述代码中 Y_test 是测试数据集的真实股价，X_test_pred_price 是模型预测的股价，从其执行结果可以看到股价趋势图，预测股价有误差，但趋势线的方向类似且更加平滑，如图 12-4 所示。

图12-4

我们只需将 look_back 变量改为 30，即可绘制回看 30 天股价预测的趋势图，如图 12-5 所示。

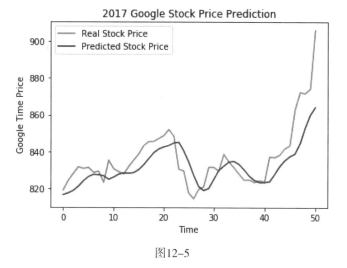

图12-5

12-3 案例：路透社数据集的 新闻主题分类

在第 11 章，我们分别使用 MLP、CNN、SimpleRNN、LSTM 和 GRU 执行 IMDb 情绪分析，这是一种二元分类，Keras 内置路透社数据集，可以创建模型分类新闻主题，属于一种多元分类问题。

12-3-1 认识路透社数据集与数据预处理

路透社数据集（Reuters Dataset）是英国路透社（Reuters）在 1980 年发布的简短新闻电讯，包含 46 种主题，每种主题至少有 10 个样本，不过，各主题的样本数并不是很平均，因此多元分类模型的准确度并不会太高。

在 Keras 内置的路透社数据集是一个精简版的新闻数据集，拥有 8982 条训练数据和 2246 条测试数据。

1. 载入和探索路透社数据集：Ch12_3_1.py

Keras 内置路透社数据集，首先需要导入 reuters，如下所示：

```
from keras.datasets import reuters
```

上述代码导入 Keras 内置路透社数据集后，就可以调用 load_data() 函数载入数据集，如下所示：

```
top_words = 10000
(X_train, Y_train), (X_test, Y_test) = reuters.load_data(
        num_words=top_words)
```

上述 load_data() 函数的参数 num_words 为指定取出数据集中前多少个最常出现的单词，不常见的单词会舍弃，此例中为 10000 个单词，如果是第一次载入数据集，请等待自动下载路透社数据集。

成功载入数据集后，就可以显示训练和测试数据集的形状，如下所示：

```
print("X_train.shape: ", X_train.shape)
print("Y_train.shape: ", Y_train.shape)
print("X_test.shape: ", X_test.shape)
print("Y_test.shape: ", Y_test.shape)
```

上述代码显示训练和测试数据集的形状，可以看到分别为 8982 条和 2246 条，每一条新闻内容是一个列表，其执行结果如下所示：

```
X_train.shape:  (8982, )
Y_train.shape:  (8982, )
X_test.shape:  (2246, )
Y_test.shape:  (2246, )
```

接着，我们可以显示训练数据集中的第一条新闻内容及其标签，如下所示：

```
print(X_train[0])
print(Y_train[0])
```

上述执行结果显示第一条新闻内容的整数值列表，其执行结果如下所示：

```
[1, 2, 2, 8, 43, 10, 447, 5, 25, 207, 270, 5, 3095, 111, 16, 369, 186, 90,
  67, 7, …
 258, 6, 272, 11, 15, 22, 134, 44, 11, 15, 16, 8, 197, 1245, 90, 67, 52,
29, 209, 30, 32, 132, 6, 109, 15, 17, 12]
```

上述新闻内容是一个列表，而且已经转换为**单词索引**，这是对应词库字典中各单词的索引值，然后显示对应标签数据，这是第 3 类，如下所示：

```
3
```

2. 解码显示路透社数据集的新闻内容：Ch12_3_1a.py

因为 Keras 内置路透社数据集已经转换为单词索引，我们需要使用词库字典来解码还原成英文单词，首先我们来看一看最大的单词索引值是多少，如下所示：

```
max_index = max(max(sequence) for sequence in X_train)
print("Max Index: ", max_index)
```

上述代码先找出每一条新闻内容的最大索引值列表，然后再从列表中找出最大值，可以看到最大值是 9999（载入时指定不超过 10000），其执行结果如下所示：

```
Max Index:  9999
```

解码新闻内容需要先创建新闻内容的解码字典，首先取得单词索引列表，如下所示：

```
word_index = reuters.get_word_index()
we_index = word_index["we"]
print("'we' index:", we_index)
```

上述代码调用 get_word_index() 函数取得单词索引字典（第一次调用会下载此列表），这是单词的键，对应索引的值，然后，我们就可以取得单词 we 的索引值 112，其执行结果如下所示：

```
'we' index: 112
```

现在，我们需要反转单词索引字典成为索引单词字典，如下所示：

```
decode_word_map = dict([(value, key) for (key, value)
                                in word_index.items()])
print(decode_word_map[we_index])
```

上述代码创建新字典，可以将每一个项目的键和值对调，然后，我们就可以解码

12

索引值 112，从其执行结果可以看到是单词 we，如下所示：

```
we
```

最后，我们可以解码显示第一条训练数据集的新闻内容，因为索引单词字典的前三个值 0~2 是保留索引，其值为 padding、start of sequence 和 unknown，所以新闻内容的索引列表单是从 4 开始的（需减 3），如下所示：

```
decoded_indices = [decode_word_map.get(i-3, "?")
                                for i in X_train[0]]
print(decoded_indices)
```

上述代码调用 get() 函数取得索引对应的单词，索引值需减 3，如果没有对应的索引，就是第二个参数的默认值 '?'，从其执行结果可以看到转换成的单词列表有很多 '?'，如下所示：

```
['?', '?', '?', 'said', 'as', 'a', 'result', 'of', 'its', 'december',
 'acquisition', 'of', 'space', …
'dlrs', 'from', '12', '5', 'mln', 'dlrs', 'it', 'said', 'cash', 'flow',
'per', 'share', 'this', 'year', 'should', 'be', '2', '50', 'to', 'three',
'dlrs', 'reuter', '3']
```

我们可以使用 join() 函数将列表连接成以空白字符连接的英文字符串，如下所示：

```
decoded_news = " ".join(decoded_indices)
print(decoded_news)
```

上述代码可以将列表转换为空白字符连接的字符串，其执行结果如下所示：

```
? ? ? said as a result of its december acquisition of space co it
expects earnings per share in 1987 of 1 15 to 1 30 dlrs per share up
from 70 cts in …
```

3. 路透社数据集的数据预处理：Ch12_3_1b.py

路透社数据集中的每一篇新闻内容是转换为索引值的整数值列表，首先我们需要将列表转换成张量，将列表都填充或剪裁为相同的单词数（即长度），也就是将列表转换成张量：（样本数，最大单词数）。

Python 程序使用 Keras 的 sequence 模块执行数据预处理，如下所示：

```
from keras.preprocessing import sequence
...
max_words = 200
X_train = sequence.pad_sequences(X_train, maxlen=max_words)
X_test = sequence.pad_sequences(X_test, maxlen=max_words)

print("X_train.shape: ", X_train.shape)
print("X_test.shape: ", X_test.shape)
```

上述变量 max_words 是要填充或剪裁为固定长度的单词数，然后调用 pad_sequences() 函数将第一个参数数据集的列表填充或剪裁为第二个参数的长度，即 200 个单词，从其执行结果可以看到转换后的张量形状，如下所示：

```
X_train.shape:  (8982, 200)
X_test.shape:  (2246, 200)
```

因为标签数据共有 46 类，所以需要执行 One-hot 编码，如下所示：

```
Y_train = to_categorical(Y_train, 46)
Y_test = to_categorical(Y_test, 46)
```

12-3-2　使用 MLP 实现路透社数据集的新闻主题分类

本节将使用 MLP 实现路透社数据集的新闻主题分类，因为载入数据集和预处理与第 12-3-1 节的 Ch12_3_1b.py 相同，所以不再重复列出和说明。

Python 程序 Ch12_3_2.py 定义 MLP 模型的代码，如下所示：

```
model = Sequential()
model.add(Embedding(top_words, 32, input_length=max_words))
model.add(Dropout(0.75))
model.add(Flatten())
```

```
model.add(Dense(64, activation="relu"))
model.add(Dropout(0.25))
model.add(Dense(64, activation="relu"))
model.add(Dropout(0.25))
model.add(Dense(46, activation="softmax"))
```

上述模型的第一层是 Embedding 层，接着是 Flatten 层，然后是两层激活函数为 ReLU() 的 Dense 层，在中间有三层 Dropout 层，输出层有 46 个神经元并使用 Softmax() 函数进行多元分类，其模型摘要信息如下所示：

```
Layer (type)                 Output Shape              Param #
=================================================================
embedding_13 (Embedding)     (None, 200, 32)           320000

dropout_32 (Dropout)         (None, 200, 32)           0

flatten_8 (Flatten)          (None, 6400)              0

dense_27 (Dense)             (None, 64)                409664

dropout_33 (Dropout)         (None, 64)                0

dense_28 (Dense)             (None, 64)                4160

dropout_34 (Dropout)         (None, 64)                0

dense_29 (Dense)             (None, 46)                2990
=================================================================
Total params: 736,814
Trainable params: 736,814
Non-trainable params: 0
```

然后编译和训练模型，如下所示：

```
model.compile(loss="categorical_crossentropy", optimizer="adam",
              metrics=["accuracy"])
history = model.fit(X_train, Y_train, validation_split=0.2,
                    epochs=12, batch_size=32, verbose=2)
```

上述优化器为 adam，损失函数为 categorical_crossentropy()，训练周期为 12，批次尺寸为 32，其训练过程如下所示：

```
Train on 7185 samples, validate on 1797 samples
Epoch 1/12
 - 5s - loss: 2.2570 - acc: 0.4235 - val_loss: 1.7669 - val_acc: 0.5159
Epoch 2/12
 - 3s - loss: 1.6966 - acc: 0.5578 - val_loss: 1.5552 - val_acc: 0.6116
Epoch 3/12
 - 3s - loss: 1.4635 - acc: 0.6193 - val_loss: 1.4445 - val_acc: 0.6299
Epoch 4/12
 - 3s - loss: 1.2840 - acc: 0.6692 - val_loss: 1.3540 - val_acc: 0.6656
Epoch 5/12
 - 3s - loss: 1.1300 - acc: 0.7044 - val_loss: 1.3000 - val_acc: 0.6906
Epoch 6/12
 - 3s - loss: 1.0046 - acc: 0.7410 - val_loss: 1.2663 - val_acc: 0.7006
Epoch 7/12
 - 3s - loss: 0.9046 - acc: 0.7635 - val_loss: 1.2587 - val_acc: 0.7117
Epoch 8/12
 - 3s - loss: 0.8405 - acc: 0.7779 - val_loss: 1.2288 - val_acc: 0.7268
Epoch 9/12
 - 3s - loss: 0.7774 - acc: 0.7915 - val_loss: 1.2532 - val_acc: 0.7162
Epoch 10/12
 - 3s - loss: 0.7203 - acc: 0.8074 - val_loss: 1.2436 - val_acc: 0.7301
Epoch 11/12
 - 3s - loss: 0.6889 - acc: 0.8136 - val_loss: 1.2802 - val_acc: 0.7251
Epoch 12/12
 - 3s - loss: 0.6476 - acc: 0.8283 - val_loss: 1.2839 - val_acc: 0.7273
```

最后，我们可以使用测试数据集评估模型，如下所示：

```
loss, accuracy = model.evaluate(X_test, Y_test)
print("测试数据集的准确度 = {:.2f}".format(accuracy))
```

从上述代码的执行结果可以看到准确度为 0.71（即 71%），如下所示：

```
2246/2246 [==============================] - 0s 21us/step
测试数据集的准确度 = 0.71
```

训练和验证损失趋势如图 12-6 所示。

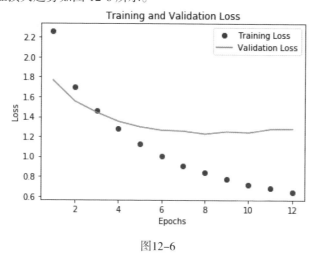

图12-6

训练和验证准确度趋势如图 12-7 所示。

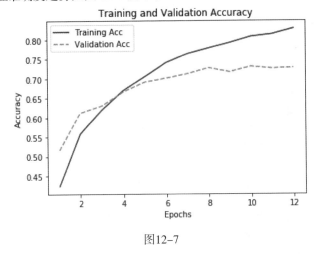

图12-7

12-3-3 使用 LSTM 实现路透社数据集的新闻主题分类

本节将使用 LSTM 实现路透社数据集的新闻主题分类，因为载入数据集和预处理与第 12-3-1 节的 Ch12_3_1b.py 相同，所以不再重复列出和说明。

Python 程序 Ch12_3_3.py 定义 LSTM 模型的代码，如下所示：

```
model = Sequential()
model.add(Embedding(top_words, 32, input_length=max_words))
model.add(Dropout(0.75))
model.add(LSTM(32, return_sequences=True))
model.add(LSTM(32))
model.add(Dropout(0.5))
model.add(Dense(46, activation="softmax"))
```

上述模型的第一层是 Embedding 层，接着堆叠两层 LSTM 层，在第一层 LSTM 层指定 return_sequences 参数值 True 返回全部序列数据，在中间有两层 Dropout 层，输出层有 46 个神经元并且使用 Softmax() 函数进行多元分类，其模型摘要信息如下所示：

```
Layer (type)                    Output Shape              Param #
=================================================================
embedding_12 (Embedding)        (None, 200, 32)           320000
_____
dropout_30 (Dropout)            (None, 200, 32)           0
_____
lstm_7 (LSTM)                   (None, 200, 32)           8320
_____
lstm_8 (LSTM)                   (None, 32)                8320
_____
dropout_31 (Dropout)            (None, 32)                0
_____
dense_26 (Dense)                (None, 46)                1518
=================================================================
Total params: 338,158
Trainable params: 338,158
Non-trainable params: 0
```

然后编译和训练模型，如下所示：

```
model.compile(loss="categorical_crossentropy", optimizer="rmsprop",
              metrics=["accuracy"])
history = model.fit(X_train, Y_train, validation_split=0.2,
                    epochs=40, batch_size=32, verbose=2)
```

上述优化器为 rmsprop，损失函数为 categorical_crossentropy()，训练周期为 40，批次尺寸为 32，其训练过程如下所示：

```
Train on 7185 samples, validate on 1797 samples
Epoch 1/40
 - 23s - loss: 2.3744 - acc: 0.4132 - val_loss: 1.8944 - val_acc: 0.4847
Epoch 2/40
 - 21s - loss: 1.9329 - acc: 0.4795 - val_loss: 1.8397 - val_acc: 0.4897
Epoch 3/40
 - 21s - loss: 1.8480 - acc: 0.4973 - val_loss: 1.8272 - val_acc: 0.4802
Epoch 4/40
 - 21s - loss: 1.7696 - acc: 0.5134 - val_loss: 1.7201 - val_acc: 0.5281
Epoch 5/40
 - 21s - loss: 1.7429 - acc: 0.5265 - val_loss: 1.6747 - val_acc: 0.5387

    ...

Epoch 37/40
 - 21s - loss: 1.1579 - acc: 0.7216 - val_loss: 1.3018 - val_acc: 0.6900
Epoch 38/40
 - 21s - loss: 1.1646 - acc: 0.7180 - val_loss: 1.3241 - val_acc: 0.6906
Epoch 39/40
 - 21s - loss: 1.1465 - acc: 0.7190 - val_loss: 1.2707 - val_acc: 0.7006
Epoch 40/40
 - 21s - loss: 1.1432 - acc: 0.7225 - val_loss: 1.3276 - val_acc: 0.6956
```

最后，我们可以使用测试数据集评估模型，如下所示：

```
loss, accuracy = model.evaluate(X_test, Y_test)
print("测试数据集的准确度 = {:.2f}".format(accuracy))
```

从上述代码的执行结果可以看到准确度为 0.69（即 69%），如下所示：

```
2246/2246 [==============================] - 1s 492us/step
测试数据集的准确度 = 0.69
```

训练和验证损失趋势如图 12-8 所示。

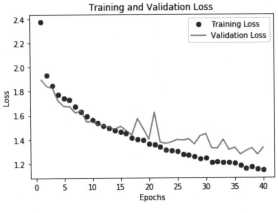

图12-8

训练和验证准确度趋势如图 12-9 所示。

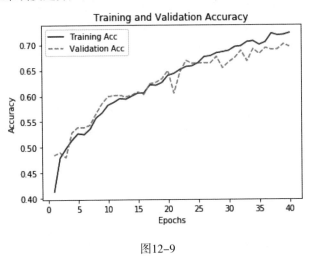

图12-9

第13章

数据预处理与
数据增强

13-1 文字数据预处理

Keras 的 keras.preprocessing.text 模块提供相关函数，可以帮助我们进行深度学习模型所需的文字数据预处理。

13-1-1　分割文字数据 —— 断词

文字数据预处理的第一步是将文字内容分割成一序列的单词（Words，这个被分割出的单词也被称为 Token），这种操作称为**断词**（Tokenization）。

1. 分割文字数据：Ch13_1_1.py

Keras 可以使用 text_to_word_sequence() 函数将文字内容分割成一序列的单词，首先需要导入此函数（Python 程序 Ch13_1_1.py），如下所示：

```
from keras.preprocessing.text import text_to_word_sequence
```

然后，将文件的字符串分割成英文单词，如下所示：

```
doc = "Keras is an API designed for human beings, not machines."
words = text_to_word_sequence(doc)
print(words)
```

上述代码定义文件内容的 doc 变量后，数据类型为字符串，然后调用 text_to_word_sequence() 函数执行断词操作，参数为文件内容，默认使用空白字符分割为英文单词，再将其转换成小写英文单词，并且过滤掉标点符号，从其执行结果可以看到分割成一序列的小写英文单词列表，如下所示：

```
['keras', 'is', 'an', 'api', 'designed', 'for', 'human', 'beings', 'not', 'machines']
```

如果不是使用空白字符分割，我们可以使用 split 参数定义分割字符串的符号。例如，分割以 "," 符号分隔的字符串（Python 程序 Ch13_1_1a.py），如下所示：

```
doc = "Pregnancies, Glucose, BloodPressure, SkinThickness, Insulin, Outcome"
```

318

```
words = text_to_word_sequence(doc, lower=False, split=",")
print(words)
```

上述 text_to_word_sequence() 函数的常用参数说明如下。

- **text 参数**：指定要分割为单词的字符串，即第一个参数。
- **filters 参数**：指定需要过滤掉哪些字符，默认值为 !"#$%&()*+, -./:;<=>?@[\]^_`{|}~\t\n。
- **lower 参数**：布尔值，是否自动转换为小写英文字母，默认值为 True。
- **split 参数**：指定分割的字符串，默认值为空白字符。

从其执行结果可以看到分割的结果为没有转换成小写英文字母的单词列表，如下所示：

```
['Pregnancies', 'Glucose', 'BloodPressure', 'SkinThickness', 'Insulin', 'Outcome']
```

2. 计算文字数据的单词数：Ch13_1_1b.py

当成功将文字数据分割成英文单词后，我们就可以使用 Python 的集合（Set）类型计算出文字内容的单词数，如下所示：

```
doc = "This is a book. That is a pen."

words = set(text_to_word_sequence(doc))
vocab_size = len(words)
print(vocab_size)
```

上述代码首先调用 text_to_word_sequence() 函数将句子分割成单词后，使用 set() 将分割的单词列表有顺序性地创建成集合，而集合中的元素是唯一且不可重复的，因此执行结果的单词数为 6，如下所示：

```
6
```

13-1-2 Tokenizer API

如果训练数据是多份文件的大量文字数据，那么 Keras 提供的 Tokenizer 对象能够帮助我们执行文件的大量文字数据预处理。

1. 显示文字数据的摘要信息：Ch13_1_2.py

首先在 Python 程序中导入 Tokenizer 对象和定义 3 份文件列表，如下所示：

```
from keras.preprocessing.text import Tokenizer
docs = ["Keras is an API designed for human beings, not machines.",
        "Easy to learn and easy to use." ,
        "Keras makes it easy to turn models into products."]
```

然后，我们可以创建 Tokenizer 对象，如下所示：

```
tok = Tokenizer()
tok.fit_on_texts(docs)
print(tok.document_count)
```

上述代码调用 fit_on_texts() 函数执行文字数据预处理，参数是文件列表，在完成文字数据预处理后，可以使用 document_count 属性取得文件数，其执行结果是 3 份文件，如下所示：

```
3
```

接着，显示文字数据预处理后每一个单词的出现次数：

```
print(tok.word_counts)
```

执行结果如下所示：

```
OrderedDict([('keras', 2), ('is', 1), ('an', 1), ('api', 1), ('designed',
1), ('for', 1), ('human', 1), ('beings', 1), ('not', 1), ('machines', 1),
('easy', 3), ('to', 3), ('learn', 1), ('and', 1), ('use', 1), ('makes', 1),
('it', 1), ('turn', 1), ('models', 1), ('into', 1), ('products', 1)])
```

然后，使用 word_index 属性显示单词索引：

```
print(tok.word_index)
```

执行结果如下所示：

13

```
{'easy': 1, 'to': 2, 'keras': 3, 'is': 4, 'an': 5, 'api': 6, 'designed':
7, 'for': 8, 'human': 9, 'beings': 10, 'not': 11, 'machines': 12, 'learn':
13, 'and': 14, 'use': 15, 'makes': 16, 'it': 17, 'turn': 18, 'models': 19,
'into': 20, 'products': 21}
```

最后，我们可以显示各单词在几份文件中出现的次数：

```
print(tok.word_docs)
```

上述代码使用 word_docs 属性显示其执行结果，如下所示：

```
defaultdict(<class 'int'>, {'api': 1, 'beings': 1, 'not': 1, 'human': 1,
'designed': 1, 'an': 1, 'keras': 2, 'is': 1, 'machines': 1, 'for': 1, 'to':
2, 'and': 1, 'learn': 1, 'use': 1, 'easy': 2, 'products': 1, 'into': 1,
'makes': 1, 'it': 1, 'models': 1, 'turn': 1})
```

2. 文字数据索引化：Ch13_1_2a.py

Tokenizer 对象可以对文字数据使用各单词的索引值执行文字数据索引化，如下所示：

```
words = tok.texts_to_sequences(docs)
print(words)
```

上述代码调用 texts_to_sequences() 函数将多份文件转换为嵌套列表，每一份文件可以转换为单词索引值的整数列表，其执行结果如下所示：

```
[[3, 4, 5, 6, 7, 8, 9, 10, 11, 12], [1, 2, 13, 14, 1, 2, 15], [3, 16, 17,
1, 2, 18, 19, 20, 21]]
```

13-2 案例：IMDb 网络电影数据预处理

第 11 章的 IMDb 情绪分析使用的是 Keras 内置数据集，数据已经索引化，事实上，我们可以自行对原始数据使用 Python 代码处理为情绪分析所需的训练数据。

1. 下载 IMDb 网络电影数据

IMDb 网络电影数据的免费下载网址如下所示：

https://ai.stanford.edu/~amaas/data/sentiment/

从上述网址选择 Large Movie Review Dataset v1.0 并下载名为 aclImdb_v1.tar.gz 的压缩文件，然后使用解压缩软件解压两次，首先解压缩为 aclImdb_v1.tar，再解压缩为下列目录结构的文件与目录，如图 13-1 所示。

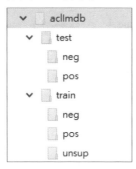

图13-1

上述 train 目录是训练数据集，test 目录是测试数据集，neg 子目录是负面评价，pos 子目录是正面评价（unsup 为无标签的数据），在各目录下都有 12500 个后缀名为 .txt 的文本文件。

2. IMDb 网络电影数据预处理

Python 程序 Ch13_2.py 执行 IMDb 网络电影数据预处理，首先导入所需的模块与包以及 IMDb 数据解压缩所在目录的变量，如下所示：

```
import re
from os import listdir
from keras.preprocessing import sequence
from keras.preprocessing.text import Tokenizer

path = "/Data/aclImdb/"
```

然后，我们就可以扫描目录，找出所有文本文件的文件列表，如下所示：

```
fList = [path + "train/pos/" + x for x in listdir(path + "train/pos")] + \
        [path + "train/neg/" + x for x in listdir(path + "train/neg")] + \
```

```
    [path + "test/pos/" + x for x in listdir(path + "test/pos")] + \
    [path + "test/neg/" + x for x in listdir(path + "test/neg")]
```

上述代码依次扫描 train 的 pos 和 neg 子目录、test 的 pos 和 neg 子目录，然后创建 remove_tags() 函数删除 HTML 标签的符号，如下所示：

```
def remove_tags(text):
    TAG = re.compile(r'<[^>]+>')
    return TAG.sub('', text)
```

上述函数使用正则表达式删除文字内容中的 HTML 标签符号，接着创建标签和评论文字列表，如下所示：

```
input_label = ([1] * 12500 + [0] * 12500) * 2
input_text  = []
```

上述 input_label 是对应前述文件列表的 pos 和 neg 子目录，依次是 12500 个正面评论、12500 个负面评论，重复两次分别是训练和测试数据集，然后开始读取文本文件的内容，如下所示：

```
for fname in fList:
    with open(fname, encoding="utf8") as ff:
        input_text += [remove_tags(" ".join(ff.readlines()))]
print(input_text[5])
print(input_label[5])
```

上述 for 循环依次读取文件列表中的文本文件，在删除 HTML 标签后，新增评论内容至 input_text 列表，完成后，显示第 5 条的文字内容和标签，其执行结果如下所示：

```
This isn't the comedic Robin Williams, nor is it the quirky/insane Robin
 Williams of recent thriller fame. This is a hybrid of the classic drama
 without
...
a watch, though it's definitely not Friday/Saturday night fare.It rates
 a 7.7/10 from...the Fiend :.
1
```

现在，我们可以将文字内容分割为单词，创建词索引，如下所示：

```
tok = Tokenizer(num_words=2000)
tok.fit_on_texts(input_text[:25000])
print("文件数: ", tok.document_count)
print({k: tok.word_index[k] for k in list(tok.word_index)[:10]})
```

上述代码创建 Tokenizer 对象，参数为字典的字数 2000，然后调用 fit_on_texts() 函数，使用前 25000 份训练数据创建词索引字典，可以显示共处理 25000 份文件和词索引字典的前 10 条，如下所示：

```
文件数:  25000
{'the': 1, 'and': 2, 'a': 3, 'of': 4, 'to': 5, 'is': 6, 'in': 7, 'it': 8,
 'i': 9, 'this': 10}
```

接着，使用词索引字典将文字内容转换为整数列表，即可创建训练和测试数据集，如下所示：

```
X_train = tok.texts_to_sequences(input_text[:25000])
X_test  = tok.texts_to_sequences(input_text[25000:])
Y_train = input_label[:25000]
Y_test  = input_label[25000:]
```

上述代码调用 texts_to_sequences() 函数将文字内容转换为数字列表，然后，将序列数据填充成相同长度，如下所示：

```
X_train = sequence.pad_sequences(X_train, maxlen=100)
X_test  = sequence.pad_sequences(X_test,  maxlen=100)
print("X_train.shape: ", X_train.shape)
print("X_test.shape: ", X_test.shape)
```

上述代码将序列数据填成相同长度 100，最后显示训练和测试数据集的形状，如下所示：

```
X_train.shape:  (25000, 100)
X_test.shape:  (25000, 100)
```

Python 程序 Ch13_2a.py 修改自 Ch11_3_1.py，可以使用上述数据预处理创建的训练和测试数据集，以 MLP 实现 IMDb 情绪分析。

13-3 图片载入与预处理

Keras 的 keras.preprocessing.image 模块可以帮助我们进行深度学习模型所需的图片数据预处理，轻松将图片文件转换为 NumPy 数组。

13-3-1 载入图片文件

Keras 使用 load_img() 函数载入图片文件，首先导入此函数（Python 程序 Ch13_3_1.py），如下所示：

```
from keras.preprocessing.image import load_img
```

然后载入名为 penguins.png 的图片文件，创建的是 PIL（Python Imaging Library）的 PngImageFile 对象，如下所示：

```
img = load_img("penguins.png")
```

上述代码调用 load_img() 函数载入图片文件后，就可以依次显示此图片的相关信息，如下所示：

```
print(type(img))
print(img.format)
print(img.mode)
print(img.size)
```

上述代码依次显示图片类型、格式、模式（彩色或黑白）和尺寸，其执行结果如下所示：

```
<class 'PIL.PngImagePlugin.PngImageFile'>
PNG
RGB
(505, 763)
```

同样地，我们可以使用 Matplotlib 包显示这张图片，如下所示：

```
import matplotlib.pyplot as plt
```

13

```
plt.axis("off")
plt.imshow(img)
```

上述代码的执行结果是显示一张图片（注意，此图片是一张彩色图片，因为本书是黑白印刷，所以看不出来），如图 13-2 所示。

```
<matplotlib.image.AxesImage at 0x18bf766cc50>
```

图13-2

13-3-2 将图片转换为 NumPy 数组

在载入图片文件后，我们可以使用 img_to_array() 函数将图片转换为 NumPy 数组，反过来，也可以使用 array_to_img() 函数将 NumPy 数组转换为图片，首先在 Python 程序导入这两个函数，如下所示：

```
from keras.preprocessing.image import img_to_array
from keras.preprocessing.image import array_to_img
```

1. 将图片转换为 NumPy 数组：Ch13_3_2.py

Python 程序在调用 load_img() 函数载入图片文件后，就可以将图片转换为 NumPy 数组，如下所示：

```
img_array = img_to_array(img)
```

```
print(img_array.dtype)
print(img_array.shape)
```

上述代码调用 img_to_array() 函数将图片转换为 NumPy 数组，其执行结果可以显示类型和形状，如下所示：

```
float32
(763, 505, 3)
```

然后，我们可以调用 array_to_img() 函数，将 NumPy 数组反过来转换为 Image 对象的图片，如下所示：

```
img2 = array_to_img(img_array)
print(type(img2))
```

从上述代码的执行结果可以看到类型是 PIL.Image.Image 对象，如下所示：

```
<class 'PIL.Image.Image'>
```

2. 载入灰度图片和调整图片尺寸：Ch13_3_2a.py

Keras 的 load_img() 函数可以指定参数将彩色图片自动载入为灰度图片，如下所示：

```
img = load_img("penguins.png", grayscale=True,
               target_size=(227, 227))
```

上述函数的 grayscale 参数值为 True，表示 load_img() 函数会自动将载入图片从彩色转换为灰度，target_size 参数更改图片尺寸为（227, 227），从其执行结果可以看到一张正方形的灰度图片，如图 13-3 所示。

图13-3

13-3-3　存储图片文件

Keras 可以使用 save_img() 函数将图片的 NumPy 数组存储为图片文件，首先在 Python 程序导入此函数（Python 程序 Ch13_3_3.py），如下所示：

```
from keras.preprocessing.image import save_img
```

现在，我们可以依次载入图片，转换为 NumPy 数组和存储为图片文件，此例是将彩色图片文件转换存储为灰度图片文件，如下所示：

```
img = load_img("penguins.png", grayscale=True)
img_array = img_to_array(img)
save_img("penguins_grayscale.jpg", img_array)
```

上述代码首先调用 load_img() 函数载入灰度图片，调用 img_to_array() 函数转换为 NumPy 数组，最后调用 save_img() 函数存储为图片文件。

13-4　数据增强

数据增强在 Keras 中是指**图片增强**（Image Argumentation），当训练数据集的图片数不足时，我们可以使用图片增强技术增加图片的数据量。

13-4-1　Keras 的图片增强 API

基本上，一张图片经过旋转、缩放、调整比例和翻转等处理后，对于人类的眼睛来说，仍然可以轻松识别出是同一张图片。但对于深度学习模型来说，这些处理过的图片就是一张全新图片。

图片增强是将数据集中现有的图片经过剪裁、旋转、翻转和缩放等操作进行修改，以便创造出更多图片来增加训练数据量，可以弥补训练模型时数据量不足的问题。

在 Keras 中，用 ImageDataGenerator 对象执行图片增强，首先在 Python 程序中导入 ImageDataGenerator 类（Python 程序 Ch13_4_1.py），如下所示：

```
from keras.preprocessing.image import ImageDataGenerator
```

上述代码在导入类后，就可以载入 koala.png 图片，如下所示：

```
img = load_img("koala.png")
x = img_to_array(img)
x = x.reshape((1, ) + x.shape)
print(x.shape)
```

上述代码在转换为 NumPy 数组后，还需要转换为四维张量，即（1, 707, 505, 3），其中第一个是样本数 1，其执行结果如下所示：

```
(1, 707, 505, 3)
```

然后，我们可以创建 ImageDataGenerator 对象，如下所示：

```
datagen = ImageDataGenerator(
            rotation_range=40,
            width_shift_range=0.2,
            height_shift_range=0.2,
            shear_range=0.2,
            zoom_range=0.2,
            horizontal_flip=True)
```

上述参数是各种影像处理操作，其进一步说明请参阅第 13-4-2 节，接着，我们需要使用 flow() 函数生成图片流，如下所示：

```
i = 0
for batch_img in datagen.flow(x, batch_size=1,
                              save_to_dir="preview",
                              save_prefix="pen",
                              save_format="jpeg"):
    plt.axis("off")
    plt.imshow(batch_img[0].astype("int"))
    plt.show()
    i += 1
    if i >= 10:
        break
```

上述 for 循环依次调用 datagen.flow() 函数生成 10 张图片，第 1 个参数 x 是要增强的原始图片，batch_size 参数指定每一个批次产生几张增强图片，之后 3 个以 save 开头的参数是存储增强图片至指定目录，其说明如下。

- save_to_dir 参数：指定存储图片文件的目录名称。
- save_prefix 参数：存储图片文件名称的字头。
- save_format 参数：存储图片文件的格式。

for 循环中的 datagen.flow() 函数可以返回 batch_img 列表（数量是 batch_size 参数值），batch_img[0] 就是第一张图片，在转换为整数后，显示此图片，最后的 if 条件控制产生 10 张图片，其执行结果可以依次显示这 10 张增强图片，同时在 preview 目录存储这 10 张增强图片，如图 13-4 所示。

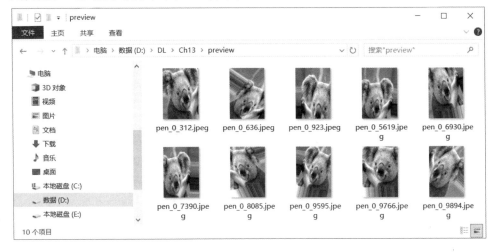

图13-4

13-4-2 图片增强 API 的图像处理参数

ImageDataGenerator 对象的参数是指定图片增强使用翻转、旋转、剪裁、放大缩小、偏移等图像处理操作，本节就来测试这些常用的图像处理参数。

1. 随机旋转图片：Ch13_4_2.py

随机旋转（Random Rotations）可以随机产生不同旋转角度的增强图片，如下所示：

```
datagen = ImageDataGenerator(rotation_range=40)
```

上述 rotation_range 参数值为角度范围，40 代表最多旋转 40°，其执行结果如图

13-5 所示。

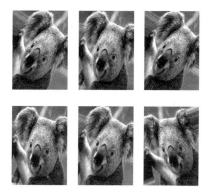

图13-5

2. 随机位移图片：Ch13_4_2a.py

随机位移（Random Shifts）可以随机生成距离图片中心点水平和垂直不同位移量的增强图片，如下所示：

```
datagen = ImageDataGenerator(width_shift_range=0.2,
                             height_shift_range=0.2)
```

上述 width_shift_range 和 height_shift_range 参数值为水平和垂直的位移范围，0.2 是指长度和宽度可以最多位移 20%，其执行结果如图 13-6 所示。

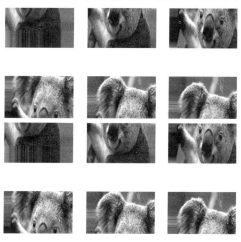

图13-6

3. 随机推移变换图片：Ch13_4_2b.py

随机推移变换（Random Shears）是固定垂直轴，随机推移变形产生增强图片，如图 13-7 所示。

图 13-7 是推移变换，在 ImageDataGenerator 对象中使用 shear_range 参数，如下所示：

图13-7

```
datagen = ImageDataGenerator(shear_range=15,
                             fill_mode="constant")
```

上述 shear_range 参数为推移变换强度，而 fill_mode 参数指定变形时的填充方式，constant 为固定值，其执行结果如图 13-8 所示。

图13-8

从图 13-8 中可以看到上下方填充的三角形黑色，这是垂直轴固定，以逆时针推移变换图片不同角度时所生成的图片。

4. 随机缩放图片：Ch13_4_2c.py

随机缩放（Random Zooms）可以随机生成不同缩放比例的增强图片，如下所示：

```
datagen = ImageDataGenerator(zoom_range=0.2)
```

上述 zoom_range 参数值为缩放范围的浮点数，其范围为 [1-zoom_range, 1+zoom_range]，其执行结果如图 13-9 所示。

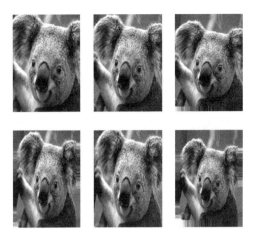

图13-9

5. 随机翻转图片 Ch13_4_2d.py

随机翻转（Random Flips）可以随机生成图片水平和垂直翻转的增强图片，如下所示：

```
datagen = ImageDataGenerator(horizontal_flip=True,
                             vertical_flip=True)
```

上述 horizontal_flip 和 vertical_flip 参数值决定是否水平和垂直翻转，True 为随机翻转，其执行结果如图 13-10 所示。

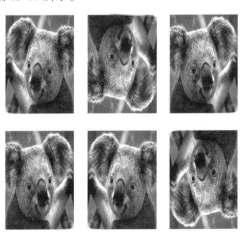

图13-10

13-5　案例：Cifar-10 数据集的小数据量图片分类

当我们需要使用小数据量来训练图片分类模型时，为了提升分类结果的准确度，我们可以使用图片增强来增加训练数据量。本节的 Python 程序是使用 Cifar-10 数据集的部分数据来训练图片分类模型。

13-5-1　取出 Cifar-10 数据集的部分训练数据

在第 9-1 节已经讲解过 Cifar-10 数据集的图片分类，10 个分类中，每一类有 60000 张图片，将其分成 50000 张训练数据集和 10000 张测试数据集。我们准备只取出 10000 张图片来训练图片分类模型。

Python 程序 Ch13_5_1.py 首先载入 Cifar-10 数据集，如下所示：

```
(X_train, Y_train), (X_test, Y_test) = cifar10.load_data()
```

因为我们只准备取出前 10000 张图片，为了增加随机性，所以创建打乱随机数据的 randomize() 函数，可以打乱参数的两个 NumPy 数组，如下所示：

```
def randomize(a, b):
    permutation = list(np.random.permutation(a.shape[0]))
    shuffled_a = a[permutation]
    shuffled_b = b[permutation]

    return shuffled_a, shuffled_b
```

上述函数首先调用 np.random.permutation() 函数生成随机的索引值列表，然后使用此列表打乱并返回两个 NumPy 数组。接着，调用 randomize() 函数打乱训练数据集，如下所示：

```
X_train, Y_train = randomize(X_train, Y_train)
```

现在，我们可以取出训练数据集的前 20% 数据，也就是 10000 张图片，如下所示：

```
X_train_part = X_train[:10000]
Y_train_part = Y_train[:10000]
```

```
print(X_train_part.shape, Y_train_part.shape)
```

上述代码可以分割出打乱后 X_train 和 Y_train 数据集的前 10000 张图片，其执行结果可以显示分割训练数据集的形状，如下所示：

```
(10000, 32, 32, 3) (10000, 1)
```

最后，我们可以显示数据集中每一类有几条数据，如下所示：

```
unique, counts = np.unique(Y_train_part, return_counts=True)
print(dict(zip(unique, counts)))
```

上述代码调用 np.unique() 函数返回 Y_train_part 数据集每一种类别的计数，可以显示 0~9 各类的图片数，如下所示：

```
{0: 1024, 1: 1008, 2: 999, 3: 1023, 4: 1004, 5: 978, 6: 993, 7: 999, 8:
986, 9: 986}
```

13-5-2   没有使用图片增强的小数据量图片分类

Python 程序 Ch13_5_2.py 使用第 13-5-1 节分割出的前 10000 张图片训练图片分类模型，本节程序并没有使用 Keras 图片增强 API。 CNN 模型使用两组卷积层和池化层，如下所示：

```
Layer (type)                    Output Shape              Param #
=================================================================
conv2d_45 (Conv2D)              (None, 32, 32, 32)        896
_____
max_pooling2d_45 (MaxPooling    (None, 16, 16, 32)        0
_____
conv2d_46 (Conv2D)              (None, 16, 16, 64)        18496
_____
max_pooling2d_46 (MaxPooling    (None, 8, 8, 64)          0
_____
dropout_60 (Dropout)            (None, 8, 8, 64)          0
_____
flatten_22 (Flatten)            (None, 4096)              0
_____
dense_43 (Dense)                (None, 256)               1048832
_____
dropout_61 (Dropout)            (None, 256)               0
_____
dense_44 (Dense)                (None, 10)                2570
=================================================================
Total params: 1,070,794
Trainable params: 1,070,794
Non-trainable params: 0
```

编译和训练模型的代码如下所示：

```
model.compile(loss="categorical_crossentropy", optimizer="adam",
              metrics=["accuracy"])
history = model.fit(X_train_part, Y_train_part,
                    validation_data=(X_test, Y_test),
                    epochs=10, batch_size=32, verbose=2)
```

上述优化器为 adam，损失函数为 categorical_crossentropy()，训练周期为 10，批次尺寸为 32，其训练过程如下所示：

```
Train on 10000 samples, validate on 10000 samples
Epoch 1/10
 - 18s - loss: 1.8885 - acc: 0.3066 - val_loss: 1.5517 - val_acc: 0.4420
Epoch 2/10
 - 18s - loss: 1.5528 - acc: 0.4381 - val_loss: 1.3753 - val_acc: 0.5104
Epoch 3/10
 - 18s - loss: 1.4167 - acc: 0.4893 - val_loss: 1.3109 - val_acc: 0.5244
Epoch 4/10
 - 18s - loss: 1.3225 - acc: 0.5265 - val_loss: 1.2281 - val_acc: 0.5595
Epoch 5/10
 - 18s - loss: 1.2242 - acc: 0.5551 - val_loss: 1.2199 - val_acc: 0.5623
Epoch 6/10
 - 18s - loss: 1.1621 - acc: 0.5872 - val_loss: 1.1778 - val_acc: 0.5719
Epoch 7/10
 - 18s - loss: 1.0904 - acc: 0.6136 - val_loss: 1.1129 - val_acc: 0.6052
Epoch 8/10
 - 18s - loss: 1.0439 - acc: 0.6296 - val_loss: 1.1127 - val_acc: 0.6072
Epoch 9/10
 - 18s - loss: 0.9944 - acc: 0.6440 - val_loss: 1.0927 - val_acc: 0.6140
Epoch 10/10
 - 18s - loss: 0.9367 - acc: 0.6678 - val_loss: 1.0603 - val_acc: 0.6257
```

最后，我们可以使用测试数据集评估模型，如下所示：

```
loss, accuracy = model.evaluate(X_test, Y_test)
print("测试数据集的准确度 = {:.2f}".format(accuracy))
```

从上述代码的执行结果可以看到准确度只有 0.63（即 63%），因为训练数据量小，分类结果并不是十分理想，如下所示：

```
10000/10000 [==============================] - 3s 313us/step
测试数据集的准确度 = 0.63
```

训练和验证损失趋势如图 13-11 所示。

训练和验证准确度趋势如图 13-12 所示。

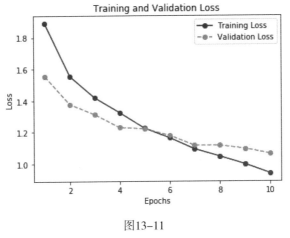

图13-11

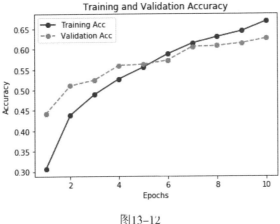

图13-12

13-5-3　使用图片增强的小数据量图片分类

Python 程序 Ch13_5_3.py 使用和第 13-5-2 节相同的 CNN 模型，只是使用了图片增强 API 来增加训练图片的数据量（本节程序请使用 Google Colaboratory 云服务或 GPU 执行，请耐心等待执行结果），如下所示：

```
train_datagen = ImageDataGenerator(
        rescale=1. / 255,
        width_shift_range=0.1,
        height_shift_range=0.1,
        shear_range=0.1,
        zoom_range=0.1,
```

```
        horizontal_flip=True)
```

```
train_generator = train_datagen.flow(
        X_train_part, Y_train_part,
        batch_size=16)
```

上述 ImageDataGenerator 对象使用 rescale 参数执行数据归一化，其他参数请参阅 13-4-2 节的讲解，然后调用 flow() 函数生成训练图片的数据流，batch_size 参数为 16 （图片数量）。注意，因为需要生成增强图片，训练模型不使用 fit() 函数，而是调用 fit_generator() 函数，如下所示：

```
history = model.fit_generator(
        train_generator,
        steps_per_epoch=10000,
        epochs=14, verbose=2,
        validation_data=(X_test, Y_test))
```

上述 fit_generator() 函数调用第一个参数的 train_generator 来生成训练图片，steps_per_epoch 参数指定每一个训练周期调用几次 train_generator 来生成图片，此例中为 10000×16，所以每一个训练周期会生成 160000 张训练图片，其训练过程如下所示：

```
Epoch 1/14
 - 95s - loss: 1.4039 - acc: 0.4942 - val_loss: 1.0585 - val_acc: 0.6388
Epoch 2/14
 - 93s - loss: 1.1391 - acc: 0.5955 - val_loss: 1.0231 - val_acc: 0.6414
Epoch 3/14
 - 92s - loss: 1.0471 - acc: 0.6289 - val_loss: 0.9413 - val_acc: 0.6735
Epoch 4/14
 - 94s - loss: 0.9901 - acc: 0.6478 - val_loss: 0.8812 - val_acc: 0.6905
Epoch 5/14
 - 93s - loss: 0.9491 - acc: 0.6642 - val_loss: 0.9204 - val_acc: 0.6855
Epoch 6/14
 - 93s - loss: 0.9167 - acc: 0.6752 - val_loss: 0.8754 - val_acc: 0.6975
Epoch 7/14
 - 94s - loss: 0.8949 - acc: 0.6830 - val_loss: 0.8769 - val_acc: 0.6948
Epoch 8/14
 - 91s - loss: 0.8677 - acc: 0.6923 - val_loss: 0.8548 - val_acc: 0.7123
Epoch 9/14
 - 92s - loss: 0.8501 - acc: 0.7006 - val_loss: 0.9097 - val_acc: 0.6915
Epoch 10/14
 - 92s - loss: 0.8361 - acc: 0.7057 - val_loss: 0.8597 - val_acc: 0.7034
Epoch 11/14
 - 93s - loss: 0.8214 - acc: 0.7101 - val_loss: 0.8604 - val_acc: 0.7147
Epoch 12/14
 - 94s - loss: 0.8128 - acc: 0.7145 - val_loss: 0.8369 - val_acc: 0.7193
Epoch 13/14
 - 92s - loss: 0.8010 - acc: 0.7187 - val_loss: 0.8576 - val_acc: 0.7097
Epoch 14/14
 - 94s - loss: 0.7889 - acc: 0.7223 - val_loss: 0.8492 - val_acc: 0.7189
```

最后，我们可以使用测试数据集评估模型，如下所示：

```
loss, accuracy = model.evaluate(X_test, Y_test)
print(" 测试数据集的准确度 = {:.2f}".format(accuracy))
```

从上述代码的执行结果可以看到准确度提升至 0.72（即 72%），如下所示：

```
10000/10000 [==============================] - 1s 66us/step
测试数据集的准确度 = 0.72
```

训练和验证损失趋势如图 13-13 所示。

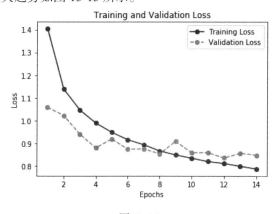

图13-13

训练和验证准确度趋势如图 13-14 所示。

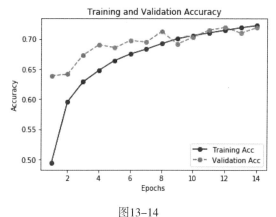

图13-14

13

课后检测

1. 请简单说明 Keras 的文字数据预处理。
2. 请举例说明 Keras 如何载入图片文件并转换为 NumPy 数组。
3. 请说明什么是数据增强。
4. 请举例说明如何使用 Keras 的图片增强 API。
5. 请在网络上搜索和下载一张彩色图片，然后参考第 13-3-2 节创建 Python 程序将图片转换为灰度图片。
6. 请在网络上搜索并下载一张图片，然后参考第 13-4-2 节创建 Python 程序来测试图片增强 API 的常用图像处理参数。

13

第14章

调整深度学习模型

14-1 识别出模型的过度拟合问题

过度拟合是指模型对于训练数据集的分类或预测有很高的准确度，但是对于测试数据集的准确度就很差，这表示模型对于训练数据集的数据有过度拟合问题。

Tips　　用过度拟合对比实际生活，如同一位自信过头到了自负程度的同事或同学，在公司或班级的小圈子内自认卓越非凡，成绩名列前茅（准确度高），但是，跳出这个小圈子之后四处碰壁，才发现一山更比一山高（准确度低）。

1. 为什么模型会产生过度拟合

第 4-3-3 节已经讲解了随着训练循环次数的增加（即训练周期增加），神经网络会因为过多的训练而过度学习，造成神经网络创建的预测模型缺乏**泛化性**，这就是过度拟合。

Tips　　基本上，深度学习模型的最优化和泛化性的差异如下。

- **最优化**（Optimization）：最优化是找出能最小化训练数据损失的模型参数，即找出模型的最优权重。

- **泛化性**（Generalization）：模型对于未知且从没有看过的数据也能有很好的预测性。

在实战上，我们训练模型时常常会遇到过度拟合的问题，其背后隐藏的原因是我们真正需要的模型比我们训练出来的模型要简单。也就是说，我们训练出来的模型太复杂了，记住了太多训练数据集的噪声，所以对于没有看过的数据，误差率就会大幅上升。

2. 如何识别出模型过度拟合的问题

14

基本上，我们可以从模型的训练和验证准确度与损失图的趋势识别出是否有过度拟合的问题。以训练和验证准确度图来说，训练数据集在反复学习后，损失会逐渐下降，准确度会上升，如图 14-1 所示。

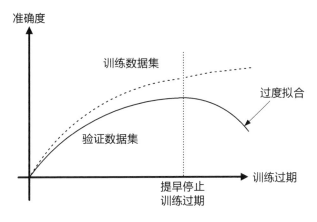

图14-1

因为验证数据集不是训练数据,所以在训练初期通常准确度会比较差,其验证准确度的趋势会有多种情况,如下所示。

- 验证数据集和训练数据集相同,都是准确度上升,损失逐渐下降,并且逐步接近训练准确度的那条线,这是我们最希望的训练成果。
- 验证数据集的准确度不会上升,损失也不太会下降,和准确度的那条线一直维持一定差距,如果差距过大,表示模型过度拟合相当严重。
- 验证数据集的准确度不但没有上升,反而下降,这是训练次数太多造成的过度拟合,我们可以**提早停止训练周期**,详见第 14-2-1 节和第 14-5 节的讲解。

14-2 避免低度拟合与过度拟合

因为训练模型的主要目的就是找出最优化的模型参数,即权重。我们除了需要避免过度拟合(模型缺乏泛化性),还要避免低度拟合(模型根本无法使用)。

14-2-1 避免过度拟合

当训练模型造成过度拟合时,表示模型已经过度学习,在实战上,我们有多种方法可以避免模型产生过度拟合。

1. 增加训练数据集的数据量

最简单的避免过度拟合的方法是增加训练数据,事实上,增加训练数据的目的是增加训练数据的**多样性**，因为多样性的训练数据可以避免模型过度拟合。

例如，创建模型分类猫和狗的图片，如果训练数据的图片只有大型犬，当模型预测一只属于小型犬的博美犬，就可能被误判成猫，所以，尽可能增加小型犬和不同种类的训练数据，让训练数据更多样性，如此就可以减少误判，避免模型过度拟合大型犬，以为狗只有大型犬。

2. 使用数据增强技术

如果实际增加训练数据有困难，我们可以使用数据增强技术，以现有的训练数据集为模板，使用剪裁、旋转、缩放、位移和翻转等方式增加额外的训练数据。例如，现有的狗图片大多是面向左方，我们可以使用数据增强，增加水平翻转成面向右方的狗图片，便会增加训练数据集的数据量。

3. 降低模型的复杂度

一般来说，过度拟合表示我们训练出来的模型太复杂，所以降低模型的复杂度，让模型结构变得更简单可以避免过度拟合，如下所示。

- 从模型中删除一些隐藏层的神经层。
- 在神经层减少神经元数。

4. 使用 Dropout 层

Dropout 层可以随机忽略神经层的神经元集合，也就是随机将权重归零，在模型增加 Dropout 层也是一种避免过度拟合的好方法，如下所示。

- 在模型增加更多的 Dropout 层。
- 在 Dropout 层增加权重归零的比例。例如，从 0.5 增加至 0.75。

5. 提早停止训练周期

如果是因为训练周期太多所造成的过度拟合，我们除了手动减少训练周期外，也可以使用 Keras API 的 EarlyStopping，当准确度不再提升时，提早停止训练周期，详见第 14-5 节的讲解。

6. L1 和 L2 正则化

L1 和 L2 正则化是一种**权重衰减**（Weight Decay）观念，也就是惩罚权重，因为当模型产生过度拟合时，权重往往也会变得特别大，为了避免权重变得太大，我们可以在计算预测值和真实目标值的损失时，加上一个惩罚项。假设预测值 Y' 的计算为 Y'=W×X，W 为权重，X 为训练数据，真实值为 Y，如下所示：

L1 正则化：损失 = $(Y'-Y)^2$+wd*Abs(W)

L2 正则化： 损失 $=(Y'-Y)^2+wd*(W)^2$

上述 L1 和 L2 正则化的差异只在最后的惩罚项，L1 是权重 W 的绝对值，L2 是权重 W 的平方，wd 是权重衰减率。换句话说，当权重变得太大时，因为加上了权重衰减的惩罚项，损失也会加大；损失大，反向传播的权重更新调整也多，而权重衰减可以避免这种情况。

Keras API 使用 regularizers 对象创建 L1 和 L2 正则化，首先在 Python 程序中导入 regularizers，如下所示：

```
from keras import regularizers
```

然后，我们可以创建 L1、L2 和同时使用 L1 与 L2 正则化的 reqularizers 对象，如下所示：

```
regularizers.l1(0.01)
regularizers.l2(0.01)
regularizers.l1_l2(l1=0.01, l2=0.01)
```

上述 0.01 是权重衰减率的超参数（Hyperparameters）。我们可以在 Keras 的 Dense、Conv2D 和 LSTM 等神经层使用 L1 和 L2 正则化，如下所示：

```
model.add(Conv2D(64, kernel_size=(3, 3), padding="same",
                 activation="relu",
                 kernel_regularizer=regularizers.l2(0.02),
                 bias_regularizer=regularizers.l2(0.02)))
```

上述 Conv2D 层使用 kernel_regularizer 和 bias_regularizer 参数指定 L2 正则化，其说明如下。

■ kernel_regularizer 参数：指定损失函数的 L1/L2 正则化。

■ bias_regularizer 参数：指定偏移量的 L1/L2 正则化。

Python 程序 Ch14_2_1.py 修改自 Ch9_1_2.py 的 Cifar-10 图片识别（请使用 Google Colaboratory 云服务执行此程序），在模型的两个 Conv2D 层都使用了 L2 正则化，从其执行结果可以看到准确度提升至 0.73（即 73%，原来为 71%），如下所示：

```
10000/10000 [==============================] - 1s 76us/step
测试数据集的准确度 = 0.73
```

14-2-2　避免低度拟合

模型低度拟合表示训练完的模型根本无法胜任工作，这是因为训练数据集的准确度都很差，模型根本就没有学会。同样地，我们有多种方法可以避免低度拟合。

1. 提高模型的复杂度

基本上，我们需要提高模型的复杂度来避免低度拟合，这是因为我们的训练数据太复杂，但是模型太简单，以至于根本没有能力学会这些数据。在实战上，我们有多种方法来提高模型的复杂度，如下所示。

- 增加模型的神经层数。
- 在每一层神经层增加神经元数。
- 使用不同的神经层种类。

2. 减少 Dropout 层

当模型产生低度拟合时，我们需要删除过多的 Dropout 层，或降低 Dropout 层随机归零的比例。例如，50% 归零的 Dropout 层如果造成低度拟合，我们可以降低为30%，甚至降低为 20%；如果还是不行，就直接删除 Dropout 层。

3. 在样本数据增加更多的特征数

对于训练数据集的样本数据，我们可以增加更多特征数来避免低度拟合，更多的特征数可以帮助模型更容易进行分类。例如，使用高度和宽度的尺寸特征来进行分类，如果再加上额外的色彩特征，就可以帮助模型分类得更好。

同理，创建预测股票价格的模型，原来只有收盘价的特征，如果模型低度拟合，我们可以增加开盘价、最高价、最低价和成交量等额外特征，帮助模型能够更容易地预测股价。

14-3　加速神经网络的训练——选择优化器

14

在解决了模型过度拟合问题后，我们还需要面对神经网络训练时间太长的问题，此时，可以选择和自定义优化器加速神经网络的训练。

14-3-1   认识优化器

优化器（Optimizer）的功能是更新神经网络的权重，让损失函数的误差值最小化，以便找出神经网络的最优权重。在做法上，优化器使用反向传播计算出每一层权重需要分担损失的梯度后，使用梯度下降法更新神经网络每一个神经层的权重最小化损失函数，其基本公式如下：

$$W_1 = W_0 - 学习率 \ast 梯度$$

上述公式是将权重 W_0 更新至 W_1，为了加速神经网络的训练，我们可以从学习率（Learning Rate）的步长和使用多少数据量计算梯度来改进优化器的效能。另一种方式是增加一些参数，如动量，如下所示：

$$W_1 = W_0 - （学习率 \ast 梯度 + 动量）$$

上述公式增加动量（Momentum）参数来改进优化器，事实上，目前众多优化器就是在学习率和动量等超参数上进行调整，可以加速神经网络的训练，使其更快收敛（Converge）。

1. Keras 优化器的超参数：SGD

Keras 最基本的优化器是 SGD，Keras 的 SGD 是指最小批次量梯度下降（Mini-Batch Gradient Descent，MBGD），每一次迭代使用批次数的样本数量计算梯度，而且对每一个参数都使用相同的学习率进行更新。

SGD 的问题是如果学习率太小，收敛速度会很慢，并且很容易找到局部最优解，而不是全域最优解。在 Python 程序创建优化器需要导入 optimizers，如下所示：

```
from keras import optimizers
```

```
opt_sgd = optimizers.SGD(lr=0.01, momentum=0.0, decay=0.0)
```

上述代码创建 SGD 对象，其参数是优化器的**超参数**（Hyperparameters），常用超参数的说明如下。

- ■ **lr 参数**：学习率，其值是大于 0 的浮点数。
- ■ **momentum 参数**：动量，其值是大于 0 的浮点数。
- ■ **decay 参数**：学习率衰减系数，它是每一次参数更新后的衰减比率，其值是大于 0 的浮点数。

上述动量与学习率衰减系数的进一步说明，请参阅后续各小节。

2. 动量

动量源于物理学的惯性，在同一个方向会加速，更改方向会减速，其公式如下所示：

$$V_1 = - lr * 梯度 + V_0 * momentum$$

$$W_1 = W_0 + V_1$$

上述 V_1 是这一次的更新量，V_0 是上一次的更新量，lr 是前述学习率的超参数，momentum 是前述动量的超参数，此时有两种情况，如下所示。

- 梯度方向和上一次更新量的方向**相同**，可以从上一次更新量得到加速作用。
- 梯度方向和上一次更新量的方向**相反**，可以从上一次更新量得到减速作用。

动量如同将一颗球放到斜坡上，推一下球，会往下滚，如果没有阻力就会越滚越快，有阻力就会减速。换句话说，在梯度方向不变的维度速度会加快，梯度方向改变的维度速度会变慢，不仅可以加快收敛，还可以减少收敛时发生的震荡。

3. 学习率衰减系数

学习率衰减系数是指学习率会随着每一次的参数更新而逐渐减少，换句话说，刚开始的训练使用大步长，随着训练增加，越来越接近最小值时，学习率的步长也会越变越小，如下所示：

$$lr_1 = lr_0 * 1.0 / (1.0 + decay * 更新次数)$$

上述公式的 decay 是前述学习率衰减系数的超参数，可以看出随着更新次数增加（分母变大），学习率 lr 会越来越小，因为在接近最小值时步长变小，收敛时的震荡也会变小。

4. 自适应性学习率

Keras 的 Adagrad、Adadelta、RMSprop 和 Adam 都是一种自适应性学习率的优化器。自适应性（Adaptive）是指按照目前的条件或环境，可以自动根据条件及环境进行调整，以便达到更好的适应性。

基本上，自适应性学习率是指每一个参数更新都会使用数学公式计算出定制化更新的学习率，如下所示。

- Adagrad：针对每一个参数定制化学习率，能够依据梯度自动调整学习率，在训练初期梯度比较小时（比较平坦），能够作较大的更新；在训练后期梯度比较大时（比较陡峭），能够作较小的更新，问题是 Adagrad 公式的分母会不断累积，造成学习率急剧下降，而最终变得非常小。
- Adadelta：Adadelta 修改 Adagrad 公式的分母部分，换成了过去梯度平方的衰减平均值，可以改进 Adagrad 学习率急剧下降的问题。

- RMSProp：RMSProp 和 Adadelta 都是为了解决 Adagrad 学习率急剧下降的问题，RMSProp 的做法是增加一个衰减系数，能够以之前每一次梯度的变化情况来自动更新学习率，缓解 Adagrad 学习率急剧下降的问题。
- Adam：Adam 是 Adagrad 与 momentum 的综合体，保留 Adagrad 依据梯度自动调整学习率和 momentum 对梯度方向的惯性调整，而且会执行偏差校正，让学习率都有一个确定范围，所以能够更平稳地进行参数更新。

14-3-2 使用自定义的 Keras 优化器

一般来说，Keras 最常用的优化器有 SGD、Adam 和 RMSprop 3 种，大部分情况下，Adam 和 RMSprop 基本上差不多。整体而言，Adam 性能最好，所以本书大部分示例都使用 Adam 优化器。

如果神经网络模型在编译时需要自定义优化器的超参数，我们需要在 compile() 函数的 optimizer 参数使用优化器对象，并不能使用优化器名称字符串 "sgd" "adam" "rmsprop"。例如，创建 SGD 对象 opt_sgd 后，在 compile() 函数的 optimizer 参数指定优化器对象 opt_sgd，如下所示：

```
model.compile(loss="categorical_crossentropy",
              optimizer=opt_sgd,
              metrics=["accuracy"])
```

本节的 Python 程序 Ch14_3_2~2b.py 修改自 Ch9_1_2.py，分别改用 SGD、Adam 和 RMSprop 3 种自定义优化器执行 Cifar-10 图片识别（请使用 Google Colaboratory 云服务执行这些程序），图片识别的准确度都提升至 0.73（即 73%）。

1. 使用 SGD 优化器：Ch14_3_2.py

Python 程序使用自定义参数的 SGD 优化器，如下所示：

```
from keras import optimizers
...
opt_sgd = optimizers.SGD(lr=0.05, decay=1e-6, momentum=.09)
model.compile(loss="categorical_crossentropy", optimizer=opt_sgd,
              metrics=["accuracy"])
```

上述代码导入 optimizers 后，创建 SGD 对象指定学习率、学习率衰减系数和动量，然后在 compile() 函数指定优化器为 opt_sgd，从其执行结果可以看到准确度为 0.73

（即 73%），如下所示：

```
10000/10000 [==============================] - 1s 61us/step
测试数据集的准确度 = 0.73
```

2. 使用 Adam 优化器：Ch14_3_2a.py

Python 程序使用自定义参数的 Adam 优化器，如下所示：

```
from keras import optimizers
...
opt_adam = optimizers.Adam(lr=0.001, decay=1e-6)
model.compile(loss="categorical_crossentropy", optimizer=opt_adam,
              metrics=["accuracy"])
```

上述代码导入 optimizers 后，创建 Adam 对象指定学习率和学习率衰减系数，然后在 compile() 函数指定优化器为 opt_adam，从其执行结果可以看到准确度为 0.73（即73%），如下所示：

```
10000/10000 [==============================] - 1s 63us/step
测试数据集的准确度 = 0.73
```

3. 使用 RMSprop 优化器：Ch14_3_2b.py

Python 程序使用自定义参数的 RMSprop 优化器，如下所示：

```
from keras import optimizers
...
opt_rms = optimizers.RMSprop(lr=0.001, decay=1e-6)
model.compile(loss="categorical_crossentropy", optimizer=opt_rms,
              metrics=["accuracy"])
```

上述代码导入 optimizers 后，创建 RMSprop 对象指定学习率和学习率衰减系数，然后在 compile() 函数指定优化器为 opt_rms，从其执行结果可以看到准确度为 0.73（即 73%），如下所示：

```
10000/10000 [==============================] - 1s 62us/step
测试数据集的准确度 = 0.73
```

加速神经网络的训练——批标准化

批标准化是一种帮助神经网络训练得更快的优化方法，是除了优化器外，另一种加速神经网络训练的选择。

14-4-1 认识批标准化

批标准化（Batch Normalization，BN）和第 4-6-2 节的特征标准化相似，当我们将样本数据经特征标准化输入神经网络后，虽然输入的数据已经标准化，但是在调整权重更新参数值后，有可能在神经网络中再次让数据变得太大或太小，这个问题在原始论文称为**内部协变量位移**（Internal Covariate Shift）。

当神经网络内部的数据再次变得太大或太小时，看起来好像没有问题，但是经过激活函数后，问题就会出现。例如，Tanh() 函数的输出范围是 –1~1，如果数据太大或太小，其输出值将永远停留在 –1 或 1，表示神经网络对这些数据已经没有任何敏感度，如图 14-2 所示。

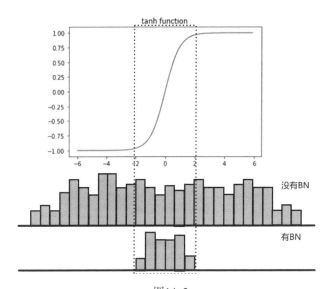

图14–2

在图 14-2 中，当数据再次变得太大或太小时，数据分布的范围也就变得更大，如果没有批标准化，分布在激活函数敏感区域之间的数据量会变得很少，当经过 Tanh() 激活函数，大部分的输出值都是饱和值 1 或 –1，表示数据的多样性已经消失。

351

如果使用批标准化，数据范围会再次标准化至激活函数的敏感区域，经过 Tanh() 激活函数后，输出值在每一个区间都会有值，表示分布更加平均，如此才能将有价值的数据传递至下一层神经层。

就批标准化的整体来说，几乎都会让神经网络变得更好，其优点如下。

- 加速神经网络的训练，可以更快收敛。
- 在优化器可以使用更大的学习率，并且让初始化权重更加简单。
- 缓解梯度消失，在神经层也能够使用更多种激活函数。

14-4-2 在 MLP 使用 BN 层

在 MLP 使用 BN 层是位于 Dense 层之后，激活函数层之前（我们需要使用独立的 Activation 激活函数层），如图 14-3 所示。

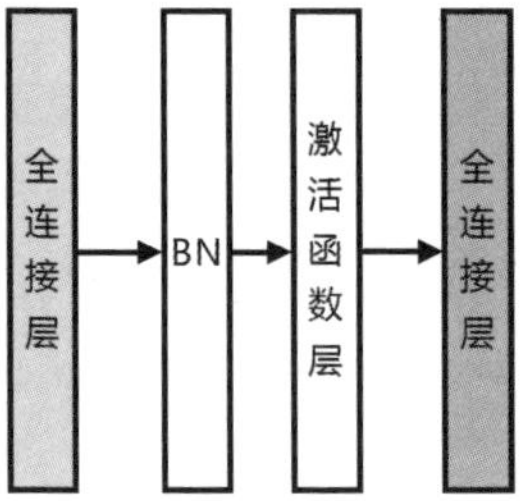

图 14-3 中的 BN 层位于 Dense 层之后，激活函数层之前。注意，**这个 Dense 层没有指定激活函数的参数和使用偏移量。** Python 程序 Ch14_4_2.py 修改自 Ch6_2_3.py 的泰坦尼克号生存分析，程序首先导入 BatchNormalization 和 Activation 层，如下所示：

图14-3

```
from keras.layers import Dense, BatchNormalization,
Activation
```

在定义模型的两个隐藏层 Dense 层后都加上 BatchNormalization 的 BN 层，接着是 Activation 层的激活函数 ReLU()，如下所示：

```
model = Sequential()
model.add(Dense(11, input_dim=X_train.shape[1], use_bias=False))
model.add(BatchNormalization())
model.add(Activation("relu"))
model.add(Dense(11, use_bias=False))
model.add(BatchNormalization())
model.add(Activation("relu"))
model.add(Dense(1, activation="sigmoid"))
```

上述前两个 Dense 层都没有 activation 参数，use_bias 参数值 False 表示不使用偏移量，因为执行标准化，偏移量并不起作用，只会增加计算量。

依次新增 BatchNormalization 和 Activation 层，激活函数为 ReLU() 函数，其模型

摘要信息如下所示：

```
Layer (type)                   Output Shape        Param #
=================================================================
dense_62 (Dense)               (None, 11)          99
_____
batch_normalization_9 (Batch   (None, 11)          44
_____
activation_9 (Activation)      (None, 11)          0
_____
dense_63 (Dense)               (None, 11)          121
_____
batch_normalization_10 (Batc   (None, 11)          44
_____
activation_10 (Activation)     (None, 11)          0
_____
dense_64 (Dense)               (None, 1)           12
=================================================================
Total params: 320
Trainable params: 276
Non-trainable params: 44
```

然后编译和训练模型，验证数据集直接使用测试数据集，如下所示：

```
model.compile(loss="binary_crossentropy", optimizer="adam",
              metrics=["accuracy"])
history = model.fit(X_train, Y_train, verbose=2,
                    validation_data=(X_test, Y_test),
                    epochs=34, batch_size=10)
```

上述优化器为 adam，损失函数为 binary_crossentropy()，训练周期为 34，批次尺寸为 10，其训练过程如下所示：

```
Train on 1045 samples, validate on 264 samples
Epoch 1/34
 - 1s - loss: 0.7353 - acc: 0.4967 - val_loss: 0.6218 - val_acc: 0.7045
Epoch 2/34
 - 0s - loss: 0.5967 - acc: 0.7091 - val_loss: 0.5485 - val_acc: 0.7424
Epoch 3/34
 - 0s - loss: 0.5367 - acc: 0.7579 - val_loss: 0.5054 - val_acc: 0.7727
Epoch 4/34
 - 0s - loss: 0.5072 - acc: 0.7789 - val_loss: 0.4777 - val_acc: 0.7917
 ...
Epoch 32/34
 - 0s - loss: 0.4579 - acc: 0.7971 - val_loss: 0.4325 - val_acc: 0.8182
Epoch 33/34
 - 0s - loss: 0.4649 - acc: 0.8000 - val_loss: 0.4313 - val_acc: 0.8258
Epoch 34/34
 - 0s - loss: 0.4679 - acc: 0.8019 - val_loss: 0.4299 - val_acc: 0.8258
```

最后，我们可以使用测试数据集评估模型，如下所示：

```
loss, accuracy = model.evaluate(X_test, Y_test)
print("测试数据集的准确度 = {:.2f}".format(accuracy))
```

从上述代码的执行结果可以看到准确度提升至 0.83（即 83%），如下所示：

```
264/264 [==============================] - 0s 0us/step
测试数据集的准确度 = 0.83
```

训练和验证损失趋势如图 14-4 所示。

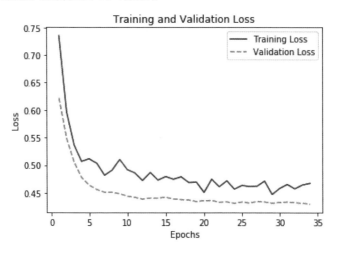

图14-4

训练和验证准确度趋势如图 14-5 所示。

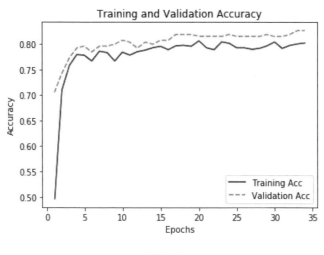

图14-5

14-4-3 　在 CNN 使用 BN 层

在 CNN 使用 BN 层和 Dense 层相似，BN 层位于 Conv2D 层之后，激活函数层之前。同样地，在 Conv2D 层没有指定激活函数和使用偏移量。

Python 程序 Ch14_4_3.py 修改自 Ch9_1_2.py 的 Cifar-10 图片识别（使用 Google Colaboratory 云服务执行此程序），首先导入 BatchNormalization 和 Activation 层，如下所示：

```
from keras.layers import Dropout, BatchNormalization, Activation
```

在定义模型的两个 Conv2D 层后都加上 BatchNormalization 的 BN 层，接着是 Activation 层的激活函数 ReLU()，如下所示：

```
model = Sequential()
model.add(Conv2D(32, kernel_size=(3, 3), padding="same",
                 input_shape=X_train.shape[1:], use_bias=False))
model.add(BatchNormalization())
model.add(Activation("relu"))
model.add(MaxPooling2D(pool_size=(2, 2)))
model.add(Conv2D(64, kernel_size=(3, 3), padding="same",
                 use_bias=False))
model.add(BatchNormalization())
model.add(Activation("relu"))
model.add(MaxPooling2D(pool_size=(2, 2)))
model.add(Dropout(0.25))
model.add(Flatten())
model.add(Dense(512, activation="relu"))
model.add(Dropout(0.5))
model.add(Dense(10, activation="softmax"))
```

上述两个 Conv2D 层都没有 activation 参数，use_bias 参数值 False 代表不使用偏移量，然后依次新增 BatchNormalization 和 Activation 层，激活函数为 ReLU() 函数，其模型摘要信息如下所示：

14

```
Layer (type)                    Output Shape            Param #
=================================================================
conv2d_7 (Conv2D)               (None, 32, 32, 32)       864

batch_normalization_15 (Batc    (None, 32, 32, 32)       128

activation_15 (Activation)      (None, 32, 32, 32)       0

max_pooling2d_7 (MaxPooling2    (None, 16, 16, 32)       0

conv2d_8 (Conv2D)               (None, 16, 16, 64)       18432

batch_normalization_16 (Batc    (None, 16, 16, 64)       256

activation_16 (Activation)      (None, 16, 16, 64)       0

max_pooling2d_8 (MaxPooling2    (None, 8, 8, 64)         0

dropout_8 (Dropout)             (None, 8, 8, 64)         0

flatten_4 (Flatten)             (None, 4096)             0

dense_70 (Dense)                (None, 512)              2097664

dropout_9 (Dropout)             (None, 512)              0

dense_71 (Dense)                (None, 10)               5130
=================================================================
Total params: 2,122,474
Trainable params: 2,122,282
Non-trainable params: 192
```

然后编译和训练模型，验证数据集直接使用测试数据集，如下所示：

```
model.compile(loss="categorical_crossentropy", optimizer="adam",
              metrics=["accuracy"])
history = model.fit(X_train, Y_train,
                    validation_data=(X_test, Y_test),
                    epochs=20, batch_size=128, verbose=2)
```

上述优化器为 adam，损失函数为 categorical_crossentropy()，训练周期为 20，批次尺寸为 128，其训练过程如下所示：

```
Train on 50000 samples, validate on 10000 samples
Epoch 1/20
 - 7s - loss: 1.7922 - acc: 0.3649 - val_loss: 1.3903 - val_acc: 0.5031
Epoch 2/20
 - 5s - loss: 1.4051 - acc: 0.4843 - val_loss: 1.4130 - val_acc: 0.4766
Epoch 3/20
 - 5s - loss: 1.2830 - acc: 0.5363 - val_loss: 1.1109 - val_acc: 0.6093
Epoch 4/20
 - 5s - loss: 1.1965 - acc: 0.5686 - val_loss: 1.0812 - val_acc: 0.6212
Epoch 5/20
 - 5s - loss: 1.1445 - acc: 0.5936 - val_loss: 1.0062 - val_acc: 0.6507
Epoch 6/20
 - 5s - loss: 1.0990 - acc: 0.6096 - val_loss: 1.0951 - val_acc: 0.6177
   ...
Epoch 18/20
 - 5s - loss: 0.8061 - acc: 0.7173 - val_loss: 0.7634 - val_acc: 0.7398
Epoch 19/20
 - 5s - loss: 0.7946 - acc: 0.7181 - val_loss: 0.8501 - val_acc: 0.7040
Epoch 20/20
 - 5s - loss: 0.7738 - acc: 0.7245 - val_loss: 0.7408 - val_acc: 0.7421
```

最后，我们可以使用测试数据集评估模型，如下所示：

```
loss, accuracy = model.evaluate(X_test, Y_test)
print(" 测试数据集的准确度 = {:.2f}".format(accuracy))
```

从上述代码的执行结果可以看到准确度提升至 0.74（即 74%），如下所示：

```
10000/10000 [==============================] - 1s 78us/step
测试数据集的准确度 = 0.74
```

训练和验证损失趋势如图 14-6 所示。

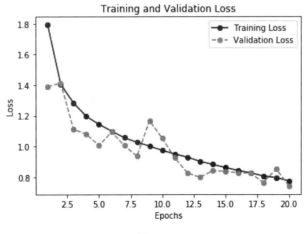

图14-6

训练和验证准确度趋势如图 14-7 所示。

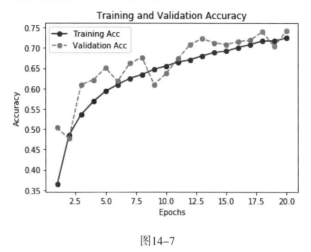

图14-7

14-5 在正确的时间点停止模型训练

当 Python 程序训练神经网络时,指定太多的训练周期会造成过度拟合,太少可能会造成低度拟合。如何选择一个最佳的训练周期数是一个大问题,特别是那些需要庞大训练周期的神经网络训练。

Keras API 提供能够提早停止模型训练的 EarlyStopping 类,可以帮助我们在正确的时间点停止模型训练。不过,在说明前需要先了解 Keras API 的 Callback 抽象类。

1. 使用 Keras 的 Callback 抽象类:Ch14_5.py

Keras 的 Callback 抽象类可以在 fit() 函数训练模型时,与训练过程进行沟通,监控模型训练。这个 Python 程序修改自 Ch5_2_2.py 的糖尿病预测,使用 Callback 抽象类存储训练过程中的准确度和损失值,首先导入 Callback 抽象类,如下所示:

```
from keras.callbacks import Callback

class fitHistory(Callback):
    def on_train_begin(self, logs={}):
        self.acc = []
        self.losses = []
```

```
def on_batch_end(self, batch, logs={}):
    self.acc.append(logs.get("acc"))
    self.losses.append(logs.get('loss'))
```

上述代码声明继承自 Callback 类的 fitHistory 类，在训练开始的 on_train_begin()
函数初始化 acc 和 losses 属性存储准确度和损失值，在 on_batch_end() 结束批次训练函
数新增此周期的准确度和损失值至列表，然后创建 fitHistory 对象 history，如下所示：

```
history = fitHistory()
model.fit(X, Y, batch_size=64, epochs=5, verbose=0,
          callbacks=[history])
```

上述 fit() 函数使用 callbacks 参数指定调用的 Callback 对象列表 [history]，在训练
完成后可以显示存储的准确度和损失值，如下所示：

```
print("条数：", len(history.acc))
print(history.acc)
print("条数：", len(history.losses))
print(history.losses)
```

上述执行结果可以显示条数（ $768/64 \times 5=60$ ）以及每一个批次的准确度和损失值
列表，如下所示：

```
条数：  60
[0.71875, 0.71875, 0.375, 0.46875, 0.359375, 0.359375, 0.484375, 0.640625,
 0.671875, 0.671875, 0.734375, 0.5625, 0.5625, 0.71875, 0.765625, 0.625,
...
0.609375, 0.625, 0.671875, 0.640625, 0.609375]
条数：  60
[4.49854, 3.7109423, 9.668702, 7.098141, 4.923333, 1.8054886, 0.74963945,
 2.1499362, 0.8741386, 1.1248333, 0.6338283, 0.81042635,
...
0.67399406, 0.6606995, 0.69301414, 0.65022147, 0.7213286, 0.6918027]
```

2. 提前停止模型训练：Ch14_5a.py

Python 程序修改自 Ch5_2_4c.py 的糖尿病预测，使用 EarlyStopping 类提前停
止模型训练，这是一种 Keras 内置的 Callback 类。首先导入 EarlyStopping 类，创建
EarlyStopping 对象，如下所示：

第
14
章

调整深度学习模型

```
from keras.callbacks import EarlyStopping
```

```
es = EarlyStopping(monitor="val_loss", mode="min",
                   verbose=1)
```

上述代码创建 EarlyStopping 对象 es，其参数说明如下。

- **monitor 参数**：指定监测的停止训练标准，如果监测的表现没有改进，就会停止训练，此例中为监测验证损失。
- **mode 参数**：评估表现有改进的标准，值是最小值 min 或最大值 max，默认值 auto 可以自动判断，此例中为监测验证损失没有再减少（最小值）。
- **verbose 参数**：值 1 可以显示停止训练在哪一个训练周期。

然后在 fit() 函数的 callbacks 参数列表指定 EarlyStopping 对象 es，如下所示：

```
history = model.fit(X_train, Y_train, validation_split=0.2,
                    epochs=30, batch_size=10,
                    verbose=0, callbacks=[es])
```

从上述代码的执行结果可以看到在第 14 次的训练周期停止模型训练，如下所示：

```
Epoch 00014: early stopping
```

> **Tips**　　**请注意！** fit() 函数指定 callbacks 参数的 EarlyStopping 对象时，一定需要同时指定 validation_split 或 validation_data 参数的验证数据集。

3. 延迟提前停止模型训练：Ch14_5b.py

在实战上，当第一次出现训练表现没有改进的信号时，并不一定代表这就是提前停止模型训练的最佳时间点。因为模型可能在稍微变差后，再次进入更好的状态，此时，我们可以使用 patience 参数指定延迟提前停止模型训练的训练周期数，此例中设置为 5，如下所示：

```
es = EarlyStopping(monitor="val_loss", mode="min",
                   verbose=1, patience=5)
```

从上述代码的执行结果可以看到在第 18 次的训练周期停止模型训练，如下所示：

```
Epoch 00018: early stopping
```

4. 使用准确度的表现提前停止模型训练：Ch14_5c.py

同样地，我们也可以改用准确度作为条件判断是否提前停止模型训练，如下所示：

```
es = EarlyStopping(monitor="val_acc", mode="max",
                   verbose=1, patience=5)
```

上述 monitor 参数是 val_acc 验证准确度，因为是准确度，所以 mode 参数是 max，从其执行结果可以看到，在第 23 次的训练周期停止模型训练，如下所示：

```
Epoch 00023: early stopping
```

14-6 在模型训练时自动存储最优权重

第 14 章 调整深度学习模型

Keras 的 EarlyStopping 对象当评估表现的条件成立时自行停止模型训练。例如，停止条件是验证数据集的损失不再减少，但是，符合此条件的周期不一定就是模型的最优权重。

为了在模型训练时能够自动存储最优权重，我们需要使用 Keras API 的 ModelCheckpoint 类，这也是一种内置 Callback 类。

1. 自动存储最优权重：Ch14_6.py

Python 程序可以使用 ModelCheckpoint 对象自动存储训练过程中的最优权重，首先导入 ModelCheckpoint 类和创建 ModelCheckpoint 对象，如下所示：

```
from keras.callbacks import ModelCheckpoint
```

```
mc = ModelCheckpoint("best_model.h5", monitor="val_acc",
                     mode="max", verbose=1,
                     save_best_only=True)
```

14

上述代码创建 ModelCheckpoint 对象 mc，第一个参数是存储权重文件的名称，monitor、mode 和 verbose 参数和 EarlyStopping 类相同，save_best_only 参数值 True 是只存储最优权重，只有比目前的最优权重更好，才会存储权重文件。

然后在 fit() 函数的 callbacks 参数列表指定 ModelCheckpoint 对象 mc，如下所示：

```
history = model.fit(X_train, Y_train, validation_split=0.2,
            epochs=20, batch_size=10,
            verbose=0, callbacks=[mc])
```

从上述代码的执行结果可以看出在第 1~3、5、7~9、11 和 13 次训练周期都存储了最优权重，如下所示：

```
Epoch 00001: val_acc improved from -inf to 0.48551, saving model to best_model.h5

Epoch 00002: val_acc improved from 0.48551 to 0.65217, saving model to best_model.h5

Epoch 00003: val_acc improved from 0.65217 to 0.72464, saving model to best_model.h5

Epoch 00004: val_acc did not improve from 0.72464

Epoch 00005: val_acc improved from 0.72464 to 0.77536, saving model to best_model.h5

Epoch 00006: val_acc did not improve from 0.77536

Epoch 00007: val_acc improved from 0.77536 to 0.77536, saving model to best_model.h5

Epoch 00008: val_acc improved from 0.77536 to 0.79710, saving model to best_model.h5

Epoch 00009: val_acc improved from 0.79710 to 0.79710, saving model to best_model.h5

Epoch 00010: val_acc did not improve from 0.79710

Epoch 00011: val_acc improved from 0.79710 to 0.80435, saving model to best_model.h5

Epoch 00012: val_acc did not improve from 0.80435

Epoch 00013: val_acc improved from 0.80435 to 0.81159, saving model to best_model.h5

Epoch 00014: val_acc did not improve from 0.81159

Epoch 00015: val_acc did not improve from 0.81159
```

在 Python 程序的同一目录可以看到权重文件 best_model.h5。

2. 在模型载入最优权重文件：Ch14_6a.py

因为 ModelCheckpoint 对象只会存储最优权重，并没有模型结构，Python 程序需要自行创建神经网络模型 model 后，再调用 load_weights() 函数载入模型的权重，如下所示：

```
model.load_weights("best_model.h5")
```

3. 同时使用 EarlyStopping 和 ModelCheckpoint 对象:Ch14_6b.py

在 Python 程序中可以同时使用 EarlyStopping 和 ModelCheckpoint 对象，如下所示：

```
es = EarlyStopping(monitor="val_loss", mode="min",
                   verbose=1)
filename = "weights-{epoch:02d}-{val_acc:.2f}.h5"
mc = ModelCheckpoint(filename, monitor="val_acc",
                     mode="max", verbose=1,
                     save_best_only=True)
```

上述代码分别创建 EarlyStopping 和 ModelCheckpoint 对象，ModelCheckpoint 对象的第一个参数是 filename 变量，这是权重文件名的变量，如下所示：

```
filename = "weights-{epoch:02d}-{val_acc:.2f}.h5"
```

上述文件名包含训练周期数和验证准确度 val_acc，可以将训练过程中的所有最优权重都存储成文件。

然后在 fit() 函数的 callbacks 参数列表指定 es 和 mc 对象，如下所示：

```
history = model.fit(X_train, Y_train, validation_split=0.2,
                    epochs=20, batch_size=10,
                    verbose=0, callbacks=[es, mc])
```

从上述代码的执行结果可以看到在第 14 次的训练周期停止模型训练，如下所示：

```
Epoch 00014: early stopping
```

在 Python 程序目录中共存储了 7 个最优权重文件，如图 14-8 所示。

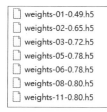

图14-8

1. 请说明如何识别出模型是过度拟合还是低度拟合。
2. 请举例说明有几种方法可以避免过度拟合，有几种方法可以避免低度拟合。
3. 什么是 L1 和 L2 正则化？什么是优化器？什么是批标准化？
4. 请简单说明 EarlyStopping 和 ModelCheckpoint 类的用途。
5. 请从第 6、9 和 12 章分别找一个神经网络示例，然后使用第 14-2-1 节的 L1 和 L2 正则化重新执行模型训练。
6. 请继续第 5 题，使用第 14-4 节的批标准化重新执行模型训练。
7. 请从第 6、9 和 12 章分别找一个神经网络示例，然后分别改用 SGD、Adam 和 RMSprop 3 种自定义优化器重新执行模型训练。
8. 请继续第 7 题，使用 EarlyStopping 和 ModelCheckpoint 类提前停止模型训练并存储最优权重。

第15章

预训练模型与
迁移学习

15-1 Keras 内置的预训练模型

Keras 应用程序（Applications）是一些 Keras 内置已经成功完成训练的深度学习模型，除了模型结构，还包含预训练的权重，所以也称为预训练模型。

1. 预训练模型的种类

目前 Keras 内置可用的预训练模型如下所示：

```
Xception
VGG16
VGG19
ResNet, ResNetV2, ResNeXt
InceptionV3
InceptionResNetV2
MobileNet
MobileNetV2
DenseNet
NASNet
```

上述可用的预训练模型都是 ImageNet 竞赛的冠亚军模型。例如，2014 年的亚军 Oxford VGG、2014 年的冠军 Google Inception 和 2015 年的 Microsoft ResNet 等。

2. 在 Python 程序中使用 Keras 预训练模型

Python 程序可以马上使用这些预训练模型进行预测、特征提取和微调模型，其权重在使用模型时会自动下载，并存储在 C:\ 用户 \< 用户名称 >\.keras\models\ 目录。

基本上，Keras 的每一种预训练模型都有对应的模块，如 MobileNet，如下所示：

```
from keras.applications.mobilenet import MobileNet
```

上述代码导入 MobileNet 对象后，就可以创建 MobileNet 模型，如下所示：

```
model = MobileNet(weights="imagenet", include_top=True)
```

上述模型的主要参数有两个，其说明如下。

■ **weights 参数**：模型使用的权重，参数值 imagenet 是使用 ImageNet 的预训练权重，其训练数据集有 100 万张图片，分类成 1000 种类别。参数值为 None，就只使用模型结构，需要自行训练权重。

- include_top 参数：是否包含模型顶部的完全连接层。这是指平坦层后的分类神经层，参数值 True 代表包含分类神经层；参数值 False 则代表不包含分类神经层。模型只有特征提取的神经层，我们可以自行新增所需的分类神经层，称为**迁移学习**（Transfer Learning），详见第 15-3 节的说明。

Tips　**请注意!** 深度学习模型结构的神经层如果使用垂直排列，输入层则位于模型结构图的最底层，然后如同栈一般往上堆叠其他神经层，所以最上方才是输出层，模型顶部是指位于上方的神经层。以 CNN 来说，就是位于顶部的分类神经层，称为**分类器**（Classifier）。

15-2　使用预训练模型进行图片分类预测

现在，我们可以使用第 13-3 节的 load_img() 函数载入现成图片文件，在转换为 NumPy 数组并执行预处理后，就可以使用预训练模型进行图片分类预测。

1. 使用 MobileNet 预训练模型：Ch15_2.py

首先需要导入相关模块和包，如下所示：

```
from keras.preprocessing.image import img_to_array
from keras.preprocessing.image import load_img
from keras.applications.mobilenet import MobileNet
from keras.applications.mobilenet import preprocess_input
from keras.applications.mobilenet import decode_predictions
```

上述代码的最后 3 行是导入 MobileNet 对象、数据预处理的 preprocess_input() 函数和解码预测结果的 decode_predictions() 函数。然后创建 MobileNet 模型，如下所示：

```
model = MobileNet(weights="imagenet", include_top=True)
```

上述代码创建 MobileNet 对象，使用 ImageNet 权重且包含顶部神经层，接着载入测试的考拉图片，如下所示：

15

```
img = load_img("koala.png", target_size=(224, 224))
x = img_to_array(img)
print("x.shape: ", x.shape)
```

上述 load_img() 函数载入图片文件 koala.png 并调整为（224, 224）尺寸后，调用 img_to_array() 函数转换为 NumPy 数组，显示其形状，其执行结果如下所示：

```
x.shape:  (224, 224, 3)
```

请注意！ 如果是第一次执行 Python 程序，默认会自动下载 MobileNet 模型结构和权重文件，这需要花一些时间。如果下载失败或文件有错误，就会造成 Python 程序执行错误。

不过，只要文件存在，Keras 都不会自动重新下载，请自行至存储的目录删除模型结构和权重文件，后缀名是 .h5，如图 15-1 所示。

图15-1

请在上述目录删除对应预训练模型的 .h5 文件，MobileNet 就是 mobilenet_1_0_224_tf.h5。

接着，我们需要将图片的 NumPy 数组转换为四维张量（1, 244, 244, 3），并处理成模型所需的输入数据格式，如下所示：

```
img = x.reshape((1, x.shape[0], x.shape[1], x.shape[2]))
img = preprocess_input(img)
print("img.shape: ", img.shape)
```

上述代码调用 preprocess_input() 函数执行预训练模型的数据预处理，将图片的 NumPy 数组处理为模型所需的输入数据，可以看到现在 NumPy 数组的形状，如下所示：

```
img.shape:  (1, 224, 224, 3)
```

最后，我们可以使用模型进行模型分类预测并解码预测结果，如下所示：

```
Y_pred = model.predict(img)
label = decode_predictions(Y_pred)
result = label[0][0]
print("%s (%.2f%%)" % (result[1], result[2]*100))
```

上述代码调用 predict() 函数进行预测后，调用 decode_predictions() 函数解码预测结果，label[0][0] 是最可能的结果，最后显示预测结果是 100% 树袋熊 koala，如下所示：

```
koala (100.00%)
```

2. 使用 ResNet50 预训练模型：Ch15_2a.py

ResNet50 预训练模型的使用和 MobileNet 十分相似，如下所示：

```
# 创建 ResNet50 模型
model = ResNet50(weights="imagenet", include_top=True)
# 载入测试图片
img = load_img("koala.png", target_size=(224, 224))
x = img_to_array(img)        # 转换为 Numpy 数组
print("x.shape: ", x.shape)
# Reshape (1, 224, 224, 3)
img = x.reshape((1, x.shape[0], x.shape[1], x.shape[2]))
# 数据预处理
img = preprocess_input(img)
print("img.shape: ", img.shape)
# 使用模型进行预测
Y_pred = model.predict(img)
# 解码预测结果
label = decode_predictions(Y_pred)
result = label[0][0]    # 取得最可能的结果
```

```
print("%s (%.2f%%)" % (result[1], result[2]*100))
```

上述代码的执行结果是 99.93% 树袋熊 koala，如下所示：

```
x.shape:  (224, 224, 3)
img.shape:  (1, 224, 224, 3)
koala (99.93%)
```

3. 使用 InceptionV3 预训练模型：Ch15_2b.py

InceptionV3 预训练模型的使用也和 MobileNet 十分相似，不过，输入的图片尺寸为（299, 299），如下所示：

```
# 创建 InceptionV3 模型
model = InceptionV3(weights="imagenet", include_top=True)
# 载入测试图片
img = load_img("koala.png", target_size=(299, 299))
x = img_to_array(img)      # 转换为 Numpy 数组
print("x.shape: ", x.shape)
# Reshape (1, 299, 299, 3)
img = x.reshape((1, x.shape[0], x.shape[1], x.shape[2]))
# 数据预处理
img = preprocess_input(img)
print("img.shape: ", img.shape)
# 使用模型进行预测
Y_pred = model.predict(img)
# 解码预测结果
label = decode_predictions(Y_pred)
result = label[0][0]     # 取得最可能的结果
print("%s (%.2f%%)" % (result[1], result[2]*100))
```

上述代码的执行结果是 91.51% 树袋熊 koala，如下所示：

```
x.shape:  (299, 299, 3)
img.shape:  (1, 299, 299, 3)
koala (91.51%)
```

4. 使用 VGG16 预训练模型：Ch15_2c.py

VGG16 预训练模型的使用也和 MobileNet 十分相似，如下所示：

```python
# 创建 VGG16 模型
model = VGG16(weights="imagenet", include_top=True)
# 载入测试图片
img = load_img("koala.png", target_size=(224, 224))
x = img_to_array(img)       # 转换为 Numpy 数组
print("x.shape: ", x.shape)
# Reshape (1, 224, 224, 3)
img = x.reshape((1, x.shape[0], x.shape[1], x.shape[2]))
# 数据预处理
img = preprocess_input(img)
print("img.shape: ", img.shape)
# 使用模型进行预测
Y_pred = model.predict(img)
# 解码预测结果
label = decode_predictions(Y_pred)
result = label[0][0]    # 取得最可能的结果
print("%s (%.2f%%)" % (result[1], result[2]*100))
```

上述代码的执行结果是 100% 树袋熊 koala，如下所示：

```
x.shape:   (224, 224, 3)
img.shape:  (1, 224, 224, 3)
koala (100.00%)
```

15-3 认识迁移学习

在学习过程中，我们常常会将之前任务学习到的知识直接套用在当前任务上，这就是迁移学习。迁移学习是一种机器学习技术，可以将原来针对指定任务创建的已训练模型直接更改任务来训练出解决其他相关任务的模型，如图 15-2 所示。

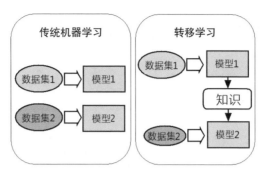

图15-2

　　上述传统机器学习有两个任务，我们需要准备两组数据集训练出两个模型。如果是相关任务，我们可以使用迁移学习，首先使用第一个数据集训练出第一个模型，然后将第一个模型学习到的部分权重（即知识）转移至第二个相关任务。如此，我们只需少量第二个数据集就可以训练出第二个模型。

　　对于深度学习的卷积神经网络来说，神经网络可以分成如下两部分。

- **卷积基**（Convolutional Base）： 使用多组卷积和池化层开始的神经层，可以执行特征提取。
- **分类器**（Classifier）： 在卷积基后是使用 Dense 全连接层创建的分类器。

　　迁移学习之所以有用，是因为越前面的卷积层，其学到的特征是一种越泛化的特征，**这些特征并不会因为不同的训练数据集而训练出不同的结果**，所以学到的特征，可以迁移至其他相关的图片分类问题，如图 15-3 所示。

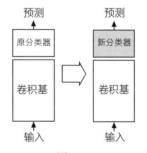

图15-3

　　图 15-3 中的卷积神经网络保留原来特征提取部分的卷积基，我们只需更改位于顶部的分类器，就可以使用迁移学习解决其他相关的图片分类问题。

15

15-4 案例：MNIST 手写识别的迁移学习

MNIST 手写识别迁移学习使用的是 Keras 内置的 MNIST 数据集，在创建 CNN 模型后，使用前 5 个手写数字图片（0~4）学习到的手写数字图片的特征，迁移到后 5 个手写数字图片（5~9）的分类识别。

Python 程序 Ch15_4.py 的开头导入相关模块和包，并且指定随机种子数，如下所示：

```
import numpy as np
from keras.datasets import mnist
from keras.models import Sequential
from keras.layers import Dense, Flatten, Conv2D, MaxPooling2D, Dropout
from keras.utils import to_categorical

seed = 7
np.random.seed(seed)
```

然后调用 load_data() 函数载入 MNIST 数据集，如下所示：

```
(X_train, Y_train), (X_test, Y_test) = mnist.load_data()
```

因为训练分成两部分，首先训练前 5 个数字，接着再训练后 5 个数字。所以，我们需要创建两组训练和测试数据集，第一组是数字小于 5，第二组是数字大于等于 5，如下所示：

```
X_train_lt5 = X_train[Y_train < 5]
Y_train_lt5 = Y_train[Y_train < 5]
X_test_lt5 = X_test[Y_test < 5]
Y_test_lt5 = Y_test[Y_test < 5]

X_train_gte5 = X_train[Y_train >= 5]
Y_train_gte5 = Y_train[Y_train >= 5] - 5
X_test_gte5 = X_test[Y_test >= 5]
Y_test_gte5 = Y_test[Y_test >= 5] - 5
```

上述第二组 Y_train_gte5 和 Y_test_gte5 的最后将数据集减 5，就是将原来的标签值 5~9 改为 0~4，然后将图片转换为四维张量和浮点数类型，如下所示：

```
X_train_lt5 = X_train_lt5.reshape(
        (X_train_lt5.shape[0], 28, 28, 1)).astype("float32")
X_test_lt5 = X_test_lt5.reshape(
        (X_test_lt5.shape[0], 28, 28, 1)).astype("float32")
X_train_gte5 = X_train_gte5.reshape(
        (X_train_gte5.shape[0], 28, 28, 1)).astype("float32")
X_test_gte5 = X_test_gte5.reshape(
        (X_test_gte5.shape[0], 28, 28, 1)).astype("float32")
```

接着是数据预处理，首先训练和测试数据集，因为是固定范围，所以执行数据归一化，将数据从 0~255 转换为 0~1，如下所示：

```
X_train_lt5 = X_train_lt5 / 255
X_test_lt5 = X_test_lt5 / 255
X_train_gte5 = X_train_gte5 / 255
X_test_gte5 = X_test_gte5 / 255
```

然后是标签数据的预处理，对值 0~4 执行 One-hot 编码，如下所示：

```
Y_train_lt5 = to_categorical(Y_train_lt5, 5)
Y_test_lt5 = to_categorical(Y_test_lt5, 5)
Y_train_gte5 = to_categorical(Y_train_gte5, 5)
Y_test_gte5 = to_categorical(Y_test_gte5, 5)
```

现在，我们可以定义 CNN 模型，使用两组卷积和池化层，如下所示：

```
model = Sequential()
model.add(Conv2D(8, kernel_size=(3, 3),
                    input_shape=(28, 28, 1), activation="relu"))
model.add(MaxPooling2D(pool_size=(2, 2)))
model.add(Conv2D(8, kernel_size=(3, 3), activation="relu"))
model.add(MaxPooling2D(pool_size=(2, 2)))
model.add(Flatten())
model.add(Dense(64, activation="relu"))
model.add(Dropout(0.25))
```

```
model.add(Dense(5, activation="softmax"))
model.summary()
```

上述代码定义模型后，显示模型摘要信息，其执行结果如下所示：

```
Layer (type)                 Output Shape              Param #
=================================================================
conv2d_95 (Conv2D)           (None, 26, 26, 8)         80
_____
max_pooling2d_6 (MaxPooling2 (None, 13, 13, 8)         0
_____
conv2d_96 (Conv2D)           (None, 11, 11, 8)         584
_____
max_pooling2d_7 (MaxPooling2 (None, 5, 5, 8)           0
_____
flatten_1 (Flatten)          (None, 200)               0
_____
dense_1 (Dense)              (None, 64)                12864
_____
dropout_1 (Dropout)          (None, 64)                0
_____
dense_2 (Dense)              (None, 5)                 325
=================================================================
Total params: 13,853
Trainable params: 13,853
Non-trainable params: 0
```

接着编译和训练模型，如下所示：

```
model.compile(loss="categorical_crossentropy", optimizer="adam",
              metrics=["accuracy"])
history = model.fit(X_train_lt5, Y_train_lt5, validation_split=0.2,
                    epochs=5, batch_size=128, verbose=2)
```

上述优化器为 adam，损失函数为 categorical_crossentropy()，训练周期为 5，批次尺寸为 128，其训练过程如下所示：

```
Train on 24476 samples, validate on 6120 samples
Epoch 1/5
 - 6s - loss: 0.4147 - acc: 0.8814 - val_loss: 0.0882 - val_acc: 0.9722
Epoch 2/5
 - 3s - loss: 0.0967 - acc: 0.9698 - val_loss: 0.0572 - val_acc: 0.9825
Epoch 3/5
 - 3s - loss: 0.0638 - acc: 0.9806 - val_loss: 0.0461 - val_acc: 0.9859
Epoch 4/5
 - 3s - loss: 0.0504 - acc: 0.9850 - val_loss: 0.0345 - val_acc: 0.9908
Epoch 5/5
 - 3s - loss: 0.0409 - acc: 0.9875 - val_loss: 0.0290 - val_acc: 0.9897
```

在完成前 5 个手写数字图片的模型训练后，就可以评估模型，如下所示：

```
loss, accuracy = model.evaluate(X_test_lt5, Y_test_lt5)
print("测试数据集的准确度 = {:.2f}".format(accuracy))
```

从上述代码的执行结果可以看到准确度为 0.99（即 99%），如下所示：

15

```
5139/5139 [==============================] - 0s 82us/step
测试数据集的准确度 = 0.99
```

　　现在，我们已经完成前 5 个手写数字图片的模型训练，可以将两组卷积和池化层学习到的特征保留下来作为基底神经层，然后迁移至后 5 个数字图片的分类识别学习。

　　因为是使用相同模型结构训练后 5 个手写数字图片，在做法上，我们冻结卷积基的两组卷积和池化层，只训练分类器的两个 Dense 全连接层，训练后 5 个手写数字图片，如图 15-4 所示。

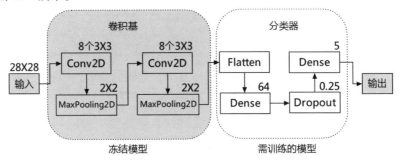

图15-4

　　为了确认需冻结的神经层索引范围，先使用 for 循环显示模型各神经层的信息，如下所示：

```
print(len(model.layers))
for i in range(len(model.layers)):
    print(i, model.layers[i])
```

　　上述代码使用 len() 函数显示 model.layers 模型神经层数后，for 循环可以显示每一层神经层的索引和对象，其执行结果如下所示：

```
8
0 <keras.layers.convolutional.Conv2D object at 0x0000026E425DA9E8>
1 <keras.layers.pooling.MaxPooling2D object at 0x0000026E42613B38>
2 <keras.layers.convolutional.Conv2D object at 0x0000026E4990E6D8>
3 <keras.layers.pooling.MaxPooling2D object at 0x0000026E4262F390>
4 <keras.layers.core.Flatten object at 0x0000026E4262F978>
5 <keras.layers.core.Dense object at 0x0000026E4227DEF0>
6 <keras.layers.core.Dropout object at 0x0000026E42294390>
7 <keras.layers.core.Dense object at 0x0000026E422B2B38>
```

从上述执行结果可以看到模型共有 8 层，我们需要冻结模型的 0~3 层，如下所示：

```
for i in range(4):
    model.layers[i].trainable = False
```

上述代码使用 for 循环冻结模型的 0~3 层，所谓冻结，就是指定该层的 trainable 属性值为 False，即不训练这些神经层的权重。换句话说，第二次的模型训练只会训练 4~7 层的两个 Dense 全连接层。

注意，我们仍然需要再次编译模型，然后才能训练第二个转移学习的分类模型，如下所示：

```
model.compile(loss="categorical_crossentropy", optimizer="adam",
              metrics=["accuracy"])
history = model.fit(X_train_gte5, Y_train_gte5, validation_split=0.2,
                    epochs=5, batch_size=128, verbose=2)
```

上述优化器为 adam，损失函数为 categorical_crossentropy()，训练周期为 5，批次尺寸为 128，其训练过程如下所示：

```
Train on 23523 samples, validate on 5881 samples
Epoch 1/5
 - 3s - loss: 0.6968 - acc: 0.7763 - val_loss: 0.2242 - val_acc: 0.9376
Epoch 2/5
 - 2s - loss: 0.2496 - acc: 0.9201 - val_loss: 0.1326 - val_acc: 0.9623
Epoch 3/5
 - 2s - loss: 0.1730 - acc: 0.9464 - val_loss: 0.1066 - val_acc: 0.9689
Epoch 4/5
 - 2s - loss: 0.1394 - acc: 0.9571 - val_loss: 0.0880 - val_acc: 0.9740
Epoch 5/5
 - 2s - loss: 0.1182 - acc: 0.9629 - val_loss: 0.0758 - val_acc: 0.9759
```

在完成后 5 个手写数字图片的模型训练后，就可以评估模型，如下所示：

```
loss, accuracy = model.evaluate(X_test_gte5, Y_test_gte5)
print("测试数据集的准确度 = {:.2f}".format(accuracy))
```

从上述代码的执行结果可以看到准确度为 0.98（即 98%），如下所示：

```
4861/4861 [==============================] - 0s 99us/step
测试数据集的准确度 = 0.98
```

15-5 案例：预训练模型的迁移学习

本节将使用内置 Cifar-10 数据集的图片，分别创建 ResNet50 和 MobileNet 预训练模型的迁移学习，一样是识别 Cifar-10 数据集的彩色图片。

Tips　　**请注意！** 因为需要调整放大 Cifar-10 数据集的图片尺寸，计算机内存需 16GB 以上，否则 Python 程序执行时会卡顿。

15-5-1　调整 Cifar-10 数据集的图片尺寸

虽然 Cifar-10 训练数据集有 50000 张图片，受限于计算机的内存容量，Python 程序无法将全部图片都在内存中放大成（200, 200）来创建训练数据集，我们只能取出部分 Cifar-10 图片创建训练数据集，在第 15-5-2 节是取出前 5000 张，第 15-5-3 节取出前 7500 张。

Python 程序 Ch15_5_1.py 讲解如何调整 Cifar-10 数据集的图片尺寸，我们只准备取出部分 Cifar-10 数据集的图片并将图片在内存中放大为（200, 200），程序使用和 Ch13_5_1.py 相同的方式打乱 NumPy 数组后，取出前 500 张训练数据集的图片（以 500 张为例），如下所示：

```
X_train = X_train[:500]
Y_train = Y_train[:500]
```

然后将训练数据集的图片尺寸放大为（200, 200），如下所示：

```
from PIL import Image
...
X_train_new = np.array(
    [np.asarray(Image.fromarray(X_train[i]).resize(
        (200, 200))) for i in range(0, len(X_train))])
```

上述代码导入 Image 对象和 NumPy 包，np.array() 函数是将 NumPy 数组的列表创建成新的训练数据集，这是调用 Image.fromarray() 函数将 NumPy 数组的每一张图片转换为 Image 对象后，再调用 resize() 函数调整尺寸为（200, 200），最后使用

15

np.asarray() 再转换回 NumPy 数组。

最后，使用 Matplotlib 绘制出前 6 张放大的图片，如下所示：

```
fig = plt.figure(figsize=(10, 7))
sub_plot= 230
for i in range(0, 6):
    ax = plt.subplot(sub_plot+i+1)
    ax.imshow(X_train_new[i], cmap="binary")
    ax.set_title("Label: " + str(Y_train[i]))

plt.show()
```

从上述代码的执行结果可以看到图片尺寸已经放大为（200,200），如图 15-5 所示。

图15-5

15-5-2　ResNet50 预训练模型的迁移学习

Python 程序使用 Keras 预训练模型创建迁移学习有如下两种方法。

（1）使用预训练模型的卷积基（include_top=False）调用 predict() 函数将训练数据集输出为 NumPy 数组的特征数据后，创建一个全新的分类模型，然后使用卷积基输出的特征数据作为输入数据来训练模型。**注意，这种方法不能使用图片增强。**

（2）直接在预训练模型的卷积基新增 Dense 层的分类器，然后使用训练数据集进行训练，因为数据会经过整个卷积基，需要花费更多计算和训练时间，但是可以使用图片增强。

本节 ResNet50 预训练模型的迁移学习是使用第一种方法，Python 程序 Ch15_5_2.py 使用第 15-5-1 节的方法取出前 5000 张图片，即 10% 训练和 10% 测试数据集，如下所示：

```
X_train = X_train[:5000]
Y_train = Y_train[:5000]
X_test = X_test[:1000]
Y_test = Y_test[:1000]
```

同样地，需要执行标签数据的 One-hot 编码，如下所示：

```
Y_train = to_categorical(Y_train, 10)
Y_test = to_categorical(Y_test, 10)
```

接着载入 ResNet50 模型，include_top 参数值为 False，input_shape 参数为输入图片的形状，如下所示：

```
resnet_model = ResNet50(weights="imagenet",
                        include_top=False,
                        input_shape=(200, 200, 3))
```

然后使用 ResNet50 模型预测训练数据集输出 train_features 特征数据，如下所示：

```
X_train_new = np.array(
    [np.asarray(Image.fromarray(X_train[i]).resize(
        (200, 200))) for i in range(0, len(X_train))])
X_train_new = X_train_new.astype("float32")
train_input = preprocess_input(X_train_new)
train_features = resnet_model.predict(train_input)
```

上述代码依次调整 X_train 数据集的图片尺寸并执行数据预处理后，调用 predict() 函数输出 train_features 特征数据，因为 ResNet50 模型没有分类器，其输出的特征数据就是准备之后输入分类器进行分类的训练数据。

同样，我们可以使用 ResNet50 模型预测测试数据集输出 test_features 特征数据，如下所示：

```
X_test_new = np.array(
    [np.asarray(Image.fromarray(X_test[i]).resize(
            (200, 200))) for i in range(0, len(X_test))])
X_test_new = X_test_new.astype("float32")
test_input = preprocess_input(X_test_new)
test_features = resnet_model.predict(test_input)
```

现在，我们可以定义一个分类器的神经网络，如下所示：

```
model = Sequential()
model.add(GlobalAveragePooling2D(
        input_shape=train_features.shape[1:]))
model.add(Dropout(0.5))
model.add(Dense(10, activation="softmax"))
```

上述模型使用 GlobalAveragePooling2D 池化层取代 Flatten 平坦层创建分类器，其目的是减少模型的参数量，在 Dropout 层后的输出层有 10 个神经元并使用 Softmax() 函数进行多元分类，然后就可以编译和训练模型，如下所示：

```
model.compile(loss="categorical_crossentropy", optimizer="adam",
                metrics=["accuracy"])
history = model.fit(train_features, Y_train,
                    validation_data=(test_features, Y_test),
                    epochs=14, batch_size=32, verbose=2)
```

上述优化器为 adam，损失函数为 categorical_crossentropy()，训练数据集为 train_features，训练周期为 14，批次尺寸为 32，其训练过程如下所示：

15

```
Train on 5000 samples, validate on 1000 samples
Epoch 1/14
 - 5s - loss: 1.5921 - acc: 0.4720 - val_loss: 0.9523 - val_acc: 0.6820
Epoch 2/14
 - 2s - loss: 0.9826 - acc: 0.6616 - val_loss: 0.8584 - val_acc: 0.7060
Epoch 3/14
 - 2s - loss: 0.8516 - acc: 0.7022 - val_loss: 0.8355 - val_acc: 0.7180
Epoch 4/14
 - 2s - loss: 0.7702 - acc: 0.7290 - val_loss: 0.7692 - val_acc: 0.7490
Epoch 5/14
 - 2s - loss: 0.7393 - acc: 0.7414 - val_loss: 0.7426 - val_acc: 0.7500
Epoch 6/14
 - 2s - loss: 0.6680 - acc: 0.7648 - val_loss: 0.7684 - val_acc: 0.7420
Epoch 7/14
 - 2s - loss: 0.6612 - acc: 0.7710 - val_loss: 0.7812 - val_acc: 0.7250
Epoch 8/14
 - 2s - loss: 0.6455 - acc: 0.7742 - val_loss: 0.7325 - val_acc: 0.7560
Epoch 9/14
 - 2s - loss: 0.6359 - acc: 0.7728 - val_loss: 0.7146 - val_acc: 0.7580
Epoch 10/14
 - 2s - loss: 0.5925 - acc: 0.7874 - val_loss: 0.8045 - val_acc: 0.7270
Epoch 11/14
 - 2s - loss: 0.6025 - acc: 0.7894 - val_loss: 0.7138 - val_acc: 0.7640
Epoch 12/14
 - 2s - loss: 0.5937 - acc: 0.7868 - val_loss: 0.7335 - val_acc: 0.7520
Epoch 13/14
 - 2s - loss: 0.5661 - acc: 0.8000 - val_loss: 0.7228 - val_acc: 0.7620
Epoch 14/14
 - 2s - loss: 0.5590 - acc: 0.7972 - val_loss: 0.7330 - val_acc: 0.7600
```

最后，我们可以使用 test_features 特征数据评估模型，如下所示：

```
loss, accuracy = model.evaluate(test_features, Y_test)
print("测试数据集的准确度 = {:.2f}".format(accuracy))
```

从上述代码的执行结果可以看到准确度为 0.76（即 76%），如下所示：

```
1000/1000 [==============================] - 0s 296us/step
测试数据集的准确度 = 0.76
```

训练和验证损失趋势如图 15-6 所示。

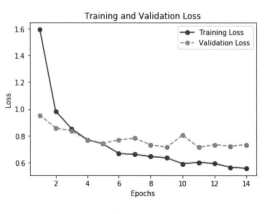

图15-6

训练和验证准确度趋势如图 15-7 所示。

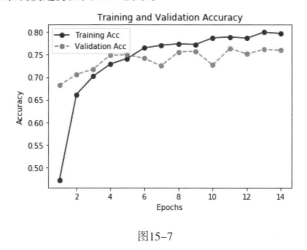

图15-7

15-5-3 MobileNet 预训练模型的迁移学习

MobileNet 预训练模型的迁移学习使用 15-5-2 节介绍的第二种方法创建迁移学习，我们准备直接在 MobileNet 预训练模型的卷积基新增全新的 Dense 层分类器。

Python 程序 Ch15_5_3.py 使用相同方式取出并放大训练和测试数据集的 Cifar-10 图片，分别取出 7500 张和 2000 张，这部分的代码不再重复说明，其定义模型的代码如下所示：

```
model = Sequential()
model.add(mobilenet_model)
model.add(Dropout(0.5))
model.add(GlobalAveragePooling2D())
model.add(Dropout(0.5))
model.add(Dense(10, activation="softmax"))
model.summary()
```

上述模型的第一层新增 MobileNet 预训练模型的卷积基后，使用 GlobalAveragePooling2D 池化层取代 Flatten 平坦层，其目的是减少模型的参数量，在中间有两层 Dropout 层，输出层有 10 个神经元并使用 Softmax() 函数进行多元分类，其模型摘要信息如下所示：

15

```
Layer (type)                    Output Shape              Param #
=================================================================
mobilenet_1.00_224 (Model)      (None, 7, 7, 1024)        3228864
_____
dropout_1 (Dropout)             (None, 7, 7, 1024)        0
_____
global_average_pooling2d_1 (    (None, 1024)              0
_____
dropout_2 (Dropout)             (None, 1024)              0
_____
dense_1 (Dense)                 (None, 10)                10250
=================================================================
Total params: 3,239,114
Trainable params: 3,217,226
Non-trainable params: 21,888
```

　　然后，需要冻结 MobileNet 预训练模型的卷积基，也就是在训练时不更新这些神经层的权重，如下所示：

```
mobilenet_model.trainable = False
```

　　上述代码将卷积基的 trainable 属性值设为 False，然后就可以编译和训练模型，如下所示：

```
model.compile(loss="categorical_crossentropy", optimizer="adam",
              metrics=["accuracy"])
history = model.fit(train_input, Y_train,
                    validation_data=(test_input, Y_test),
                    epochs=17, batch_size=32, verbose=2)
```

　　上述优化器为 adam，损失函数为 categorical_crossentropy()，训练数据集为 train_input，训练周期为 17，批次尺寸为 32，其训练过程如下所示：

```
Train on 7500 samples, validate on 2000 samples
Epoch 1/17
 - 29s - loss: 1.9232 - acc: 0.3867 - val_loss: 1.2453 - val_acc: 0.5605
Epoch 2/17
 - 25s - loss: 1.2745 - acc: 0.5693 - val_loss: 1.1573 - val_acc: 0.5905
Epoch 3/17
 - 25s - loss: 1.0961 - acc: 0.6295 - val_loss: 1.2703 - val_acc: 0.5575
Epoch 4/17
 - 25s - loss: 1.0233 - acc: 0.6503 - val_loss: 1.1482 - val_acc: 0.5930
    ...
Epoch 14/17
 - 25s - loss: 0.9189 - acc: 0.6888 - val_loss: 1.0288 - val_acc: 0.6460
Epoch 15/17
 - 25s - loss: 0.9098 - acc: 0.6920 - val_loss: 1.0443 - val_acc: 0.6455
Epoch 16/17
 - 25s - loss: 0.9027 - acc: 0.6900 - val_loss: 1.0476 - val_acc: 0.6250
Epoch 17/17
 - 25s - loss: 0.9207 - acc: 0.6880 - val_loss: 0.9589 - val_acc: 0.6690
```

15

最后，我们可以使用 test_input 数据集评估模型，如下所示：

```
loss, accuracy = model.evaluate(test_input, Y_test)
print(" 测试数据集的准确度 = {:.2f}".format(accuracy))
```

从上述代码的执行结果可以看到准确度为 0.67（即 67%）。因为数据量不大，以致准确度并不理想，如下所示：

```
2000/2000 [==============================] - 6s 3ms/step
测试数据集的准确度 = 0.67
```

训练和验证损失趋势如图 15-8 所示。

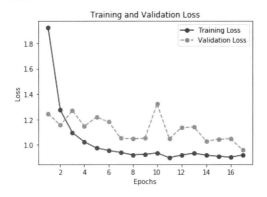

图15-8

训练和验证准确度趋势如图 15-9 所示。

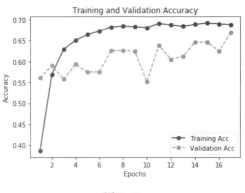

图15-9

课后检测

1. 请说明什么是 Keras 内置的预训练模型。
2. 请举例说明 Python 程序如何使用 Keras 的预训练模型。
3. 请说明什么是迁移学习。
4. 请说明使用 Keras 预训练模型创建迁移学习有哪两种方法。
5. 请在网络上搜索和下载一张图片，然后参考第 15-2 节创建 Python 程序，可以使用 MobileNet、ResNet50、InceptionV3 和 VGG16 预训练模型进行图片分类预测。
6. 请修改 Python 程序 Ch15_5_3.py，参考第 13-4 节 Keras 图片增强增加训练数据的图片。

15

第16章

Functional API 与
模型可视化

16-1 深度学习模型可视化

Keras 除了调用 summary() 函数显示模型摘要信息外，还可以将模型输出为图片文件，或在 Jupyter Notebook 中直接显示模型图。

1. 安装模型可视化所需的软件与包

在 Windows 10 计算机安装模型可视化所需软件与包的步骤如下。

Step 1　请使用下列 URL 网址下载 Graphviz 工具的安装程序 graphviz-2.38.msi，如图 16-1 所示。

https://graphviz.gitlab.io/_pages/Download/Download_windows.html

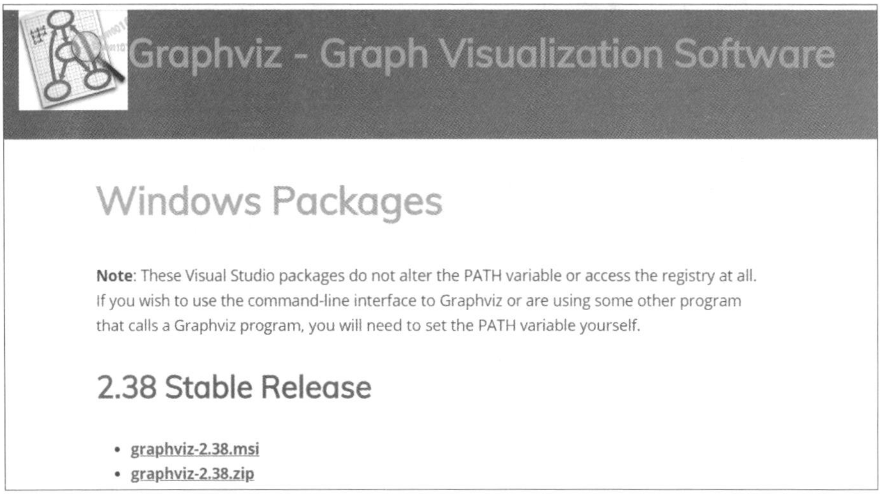

图16-1

Step 2　执行下载 graphviz-2.38.msi 安装程序，根据向导单击 Next 按钮安装 Graphviz 工具后，将安装路径 C:\Program Files (x86)\Graphviz2.38\bin\ 新增至 PATH 环境变量。

Step 3　打开 Anaconda Prompt 命令提示符窗口，输入下列指令安装 pydot、graphviz 和 pydotplus 包（安装 pydot 时就会一并安装 graphviz），如下所示：

```
(base) C:\Users\JOE>conda install pydot Enter
(base) C:\Users\JOE>conda install -c conda-forge pydotplus Enter
```

2. 将深度学习模型存储为图片文件：Ch16_1.py

Python 程序使用 plot_model() 函数将深度学习模型存储为图片文件，如下所示：

```
from keras.utils import plot_model
```

```
plot_model(model, to_file="Ch16_1.png", show_shapes=True)
```

上述代码导入 plot_model() 函数后，使用此函数将模型存储为图片文件，第一个参数是 model 模型，to_file 参数是存储的文件名称（图片文件与程序存在同一个文件夹内），show_shapes 参数值 True 显示输入 / 输出的 Shape 形状，如图 16-2 所示。

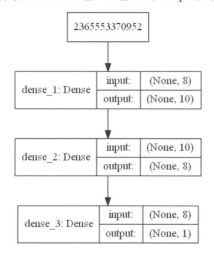

图16-2

3. 在 Jupyter Notebook 显示模型图：Ch16_1a.ipynb

在 Jupyter Notebook 可以直接显示模型图，首先导入相关模块与包，如下所示：

```
from IPython.display import SVG
from keras.utils.vis_utils import model_to_dot
```

```
SVG(model_to_dot(model).create(prog="dot", format="svg"))
```

将上述代码导入 SVG 和 model_to_dot，然后创建参数 model 模型的 pydot.Graph 对象，就可以在 Jupyter Notebook 显示模型图，其格式是 SVG，如图 16-3 所示。

16

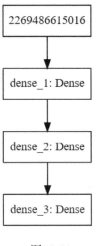

图16-3

16-2 取得神经层信息与中间层可视化

当定义和训练完神经网络模型后，如果需要，我们可以显示神经层训练结果的权重。如果是 CNN，还可以可视化中间层输出的特征图和滤波器。

16-2-1 取得模型各神经层名称与权重

当定义模型后，我们就可以显示各神经层的名称和输出／输入张量。如果已经训练好模型，我们还可以显示神经层的权重。

1. 显示各神经层名称和输出／输入张量：Ch16_2_1.py

Python 程序在定义和 Ch8_3_3.py 相同的 CNN 神经网络后，就可以显示模型有几层和各神经层的名称，如下所示：

```
print("神经层数：", len(model.layers))
for i in range(len(model.layers)):
    print(i, model.layers[i].name)
```

上述代码使用 len() 函数取得 model.layers 的神经层数后，使用 for 循环取出每一层的神经层对象，可以使用 name 属性显示神经层名称，其执行结果如下所示：

16

```
神经层数： 9
0 conv2d_1
1 max_pooling2d_1
2 conv2d_2
3 max_pooling2d_2
4 dropout_1
5 flatten_1
6 dense_1
7 dropout_2
8 dense_2
```

在神经层对象可以使用 input 属性取得输入此神经层的张量，如下所示：

```
print(" 每一层的输入张量： ")
for i in range(len(model.layers)):
    print(i, model.layers[i].input)
```

上述 for 循环显示每一层神经层的输入张量，其执行结果如下所示：

```
每一层的输入张量：
0 Tensor("conv2d_1_input_1:0", shape=(?, 28, 28, 1), dtype=float32)
1 Tensor("conv2d_1_1/Relu:0", shape=(?, 28, 28, 16), dtype=float32)
2 Tensor("max_pooling2d_1_1/MaxPool:0", shape=(?, 14, 14, 16),
  dtype=float32)
3 Tensor("conv2d_2_1/Relu:0", shape=(?, 14, 14, 32), dtype=float32)
4 Tensor("max_pooling2d_2_1/MaxPool:0", shape=(?, 7, 7, 32),
  dtype=float32)
5 Tensor("dropout_1/cond/Merge:0", shape=(?, 7, 7, 32), dtype=float32)
6 Tensor("flatten_1_1/Reshape:0", shape=(?, ?), dtype=float32)
7 Tensor("dense_1/Relu:0", shape=(?, 128), dtype=float32)
8 Tensor("dropout_2_1/cond/Merge:0", shape=(?, 128), dtype=float32)
```

然后使用 output 属性取得神经层的输出张量，如下所示：

```
print(" 每一层的输出张量： ")
for i in range(len(model.layers)):
    print(i, model.layers[i].output)
```

上述 for 循环显示每一层神经层的输出张量，其执行结果如下所示：

每一层的输出张量：

```
0 Tensor("conv2d_1_1/Relu:0", shape=(?, 28, 28, 16), dtype=float32)
1 Tensor("max_pooling2d_1_1/MaxPool:0", shape=(?, 14, 14, 16),
  dtype=float32)
2 Tensor("conv2d_2_1/Relu:0", shape=(?, 14, 14, 32), dtype=float32)
3 Tensor("max_pooling2d_2_1/MaxPool:0", shape=(?, 7, 7, 32),
  dtype=float32)
4 Tensor("dropout_1/cond/Merge:0", shape=(?, 7, 7, 32), dtype=float32)
5 Tensor("flatten_1_1/Reshape:0", shape=(?, ?), dtype=float32)
6 Tensor("dense_1/Relu:0", shape=(?, 128), dtype=float32)
7 Tensor("dropout_2_1/cond/Merge:0", shape=(?, 128), dtype=float32)
8 Tensor("dense_2/Softmax:0", shape=(?, 10), dtype=float32)
```

2. 取得 MLP 各神经层的权重：Ch16_2_1a.py

因为需要取得权重，Python 程序需要先载入模型结构与权重文件 titanic.h5，如下所示：

```
model = load_model("titanic.h5")
```

上述代码载入第 6-2-3 节的 MLP 神经网络，在编译后，可以显示模型各神经层权重的形状，如下所示：

```
for i in range(len(model.layers)):
    print(i, model.layers[i].name, ":")
    weights = model.layers[i].get_weights()
    for j in range(len(weights)):
        print("==>", j, weights[j].shape)
```

上述嵌套 for 循环的外层显示神经层名称，调用 get_weights() 函数取得此层的权重后，在内层 for 循环显示权重的形状，其执行结果如下所示：

```
0 dense_97 :
==> 0 (9, 11)
==> 1 (11, )
1 dense_98 :
==> 0 (11, 11)
==> 1 (11, )
2 dense_99 :
==> 0 (11, 1)
==> 1 (1, )
```

上述执行结果中，共有 3 层 Dense 层，各层的索引 0 为权重，1 为偏移量。

3. 取得 CNN 各神经层的权重：Ch16_2_1b.py

因为需要取得权重，Python 程序需要先载入模型结构与权重文件 mnist.h5，如下所示：

```
model = load_model("mnist.h5")
```

上述代码载入第 8-3-3 节的 CNN 神经网络，在编译后，可以显示模型各神经层权重的形状，嵌套 for 循环和 Ch16_2_1a.py 完全相同，其执行结果如下所示：

```
0 conv2d_1 :
==> 0 (5, 5, 1, 16)
==> 1 (16, )
1 max_pooling2d_1 :
2 conv2d_2 :
==> 0 (5, 5, 16, 32)
==> 1 (32, )
3 max_pooling2d_2 :
4 dropout_2 :
5 flatten_1 :
6 dense_51 :
==> 0 (1568, 128)
==> 1 (128, )
7 dropout_3 :
8 dense_52 :
==> 0 (128, 10)
==> 1 (10, )
```

上述执行结果中，有 Conv2D、MaxPooling2D 和 Dense 层，各层索引 0 为权重，1 为偏移量。

4. 取得 RNN、LSTM 和 GRU 神经层的权重：Ch16_2_1c~e.py

因为需要取得权重，Python 程序 Ch16_2_1c.py 是直接载入模型结构与权重文件 imdb_rnn.h5，如下所示：

```
model = load_model("imdb_rnn.h5")
```

上述代码载入第 11-5-1 节的 RNN 神经网络，在编译后，可以显示模型 SimpleRNN 神经层权重的形状，如下所示：

```
print(2, model.layers[2].name, ":")
weights = model.layers[2].get_weights()
for i in range(len(weights)):
    print("==>", i, weights[i].shape)
```

上述代码显示第三层 SimpleRNN 层的名称后，使用 get_weights() 函数取得此层的权重，就可以在 for 循环显示权重的形状，其执行结果如下所示：

```
2 simple_rnn_1 :
==> 0 (32, 32)
==> 1 (32, 32)
==> 2 (32, )
```

上述执行结果显示 SimpleRNN 层的权重，索引 0 为 W 权重，1 为 U 权重，2 是偏移量。Python 程序 Ch16_2_1d.py 是 LSTM，其执行结果如下所示：

```
2 lstm_1 :
==> 0 (32, 128)
==> 1 (32, 128)
==> 2 (128, )
```

上述执行结果显示 LSTM 层的权重，索引 0 为 W 权重，1 为 U 权重，2 为偏移量，128=32 × 4 依次是输入门、遗忘门、单元状态和输出门的权重。Python 程序 Ch16_2_1e.py 是 GRU，其执行结果如下所示：

```
2 gru_1 :
==> 0 (32, 96)
==> 1 (32, 96)
==> 2 (96, )
```

上述执行结果显示 GRU 层的权重，索引 0 为 W 权重，1 为 U 权重，2 为偏移量，96=32 × 3 分别是更新门、重置门和输出门的权重。

16-2-2 可视化 CNN 的滤波器

对于卷积神经网络 CNN，我们还可以可视化 CNN 中间层的滤波器，即显示滤波器权重的图片。

1. 第 1 层 Conv2D 层滤波器可视化：Ch16_2_2.py

因为需要取得滤波器的权重，Python 程序是直接载入模型结构与权重文件 mnist.h5，如下所示：

```
model = load_model("mnist.h5")
```

上述代码载入第 8-3-3 节的 CNN 神经网络，在编译后，可以显示模型第一层 Conv2D 层的滤波器形状，如下所示：

```
print(model.layers[0].get_weights()[0].shape)
```

上述程序调用 get_weights() 函数取出索引值 0 的权重，并显示其形状，从其执行结果可以看到，滤波器尺寸为 5×5，共 16 个，如下所示：

```
(5, 5, 1, 16)
```

然后使用 Matplotlib 绘制出第一个 Conv2D 层的 16 个滤波器图片，如下所示：

```
weights = model.layers[0].get_weights()[0]
for i in range(16):
    plt.subplot(4, 4, i+1)
    plt.imshow(weights[:, :, 0, i], cmap="gray",
               interpolation="none")
    plt.axis("off")
```

上述代码的执行结果可以显示 16 个滤波器图片，如图 16-4 所示。

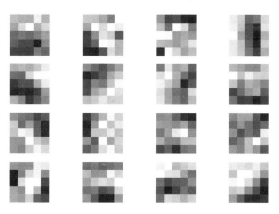

图16-4

16

2. 第 2 层 Conv2D 层滤波器可视化：Ch16_2_2a.py

Python 程序和 Ch16_2_2.py 相似，只不过显示的是第二层 Conv2D 层的滤波器，如下所示：

```
weights = model.layers[2].get_weights()[0]
for i in range(32):
    plt.subplot(6, 6, i+1)
    plt.imshow(weights[:, :, 0, i], cmap="gray",
               interpolation="none")
    plt.axis("off")
```

上述代码的执行结果可以显示 32 个滤波器图片，如图 16-5 所示。

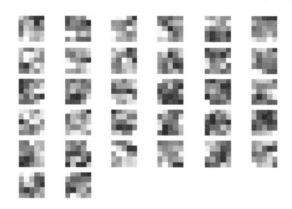

图16-5

16-2-3 可视化 CNN 中间层输出的特征图

我们除了可视化 CNN 滤波器的图片外，还可以显示卷积和池化层经过激活函数后输出的特征图。

1. 绘制出第一层卷积层输出的特征图：Ch16_2_3.py

在 Python 程序载入模型结构与权重文件 mnist.h5 且编译后，可以使用 Sequential 模型创建一个输出特征图所需的 Conv2D 层，如下所示：

```
model_test = Sequential()
model_test.add(Conv2D(16, kernel_size=(5, 5), padding="same",
                      input_shape=(28, 28, 1), activation="relu"))
```

上述代码创建 model_test 模型（此模型只有一层 Conv2D 层）后，使用 set_weights() 函数指定此神经层的权重，也就是 CNN 第一层 Conv2D 层的权重，因为 len(model_test.layers) 的值为 1，如下所示：

```
for i in range(len(model_test.layers)):
    model_test.layers[i].set_weights(model.layers[i].get_weights())
```

上述 for 循环复制 mnist.h5 文件的权重至 model_test 模型后，就可以使用此模型预测训练数据集的第一张图片，如下所示：

```
output = model_test.predict(X_train[0].reshape(1, 28, 28, 1))
```

上述代码将输入数据转换为（1, 28, 28, 1）张量后，调用 predict() 函数产生第一层 Conv2D 层经过激活函数输出的特征图，同样地，我们可以使用 Matplotlit 绘制出输出的特征图，如下所示：

```
plt.figure(figsize=(10, 8))
for i in range(0, 16):
    plt.subplot(4, 4, i+1)
    plt.imshow(output[0, :, :, i], cmap="gray")
    plt.axis("off")
```

上述代码的执行结果可以显示 16 张 Conv2D 层输出的特征图，如图 16-6 所示。

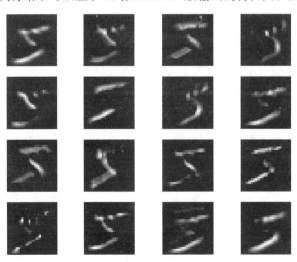

图16-6

Python 程序 Ch16_2_3a.py 和 Ch16_2_3.py 相同，只不过是改用 Functional API 创

建一层 Conv2D 层的 model_test 模型，如下所示：

```
from keras.models import Model
layer_name = "conv2d_1"
model_test = Model(inputs=model.input,
                   outputs=model.get_layer(layer_name).output)
```

因为 Functional API 是重组 CNN 模型现有的 Conv2D 神经层，所以并不需要再指定神经层的权重。

2. 绘制出第一层池化层输出的特征图：Ch16_2_3b.py

Python 程序和 Ch16_2_3.py 相似，差别在于显示的是第一层池化层经过激活函数后输出的特征图，首先使用 Sequential() 创建一个输出特征图所需的 Conv2D 和 MaxPooling2D 的 model_test 模型，如下所示：

```
model_test = Sequential()
model_test.add(Conv2D(16, kernel_size=(5, 5), padding="same",
                      input_shape=(28, 28, 1), activation="relu"))
model_test.add(MaxPooling2D(pool_size=(2, 2)))
for i in range(len(model_test.layers)):
    model_test.layers[i].set_weights(model.layers[i].get_weights())
```

上述 for 循环指定这两层神经层对应原 CNN 的权重后，就可以生成第一个 MaxPooling2D 层输出的特征图，然后使用 Matplotlib 绘出池化层输出的 16 张特征图，如图 16-7 所示。

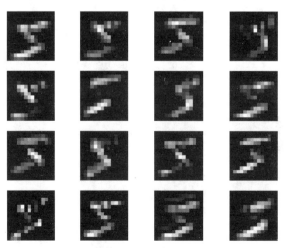

图16-7

Python 程序 Ch16_2_3c.py 和 Ch16_2_3b.py 相同，只不过是改用 Functional API 创建 model_test 模型。

16-3　再谈 Functional API

在第 9-2-2 节已经介绍过 Keras 的 Functional API，而且使用 Functional API 创建 MLP 和自编码器。第 16-4 和第 16-5 节将进一步介绍 Functional API 如何创建共享层模型、多输入模型和多输出模型。

在实战上，Sequential 模型就可以创建大部分深度学习模型，但是，Functional API 不仅可以使用更灵活的方式创建现有的 Sequential 模型，还可以让我们重组已训练的 Sequential 模型来扩充神经网络的应用。例如，第 16-2-3 节 Python 程序 Ch16_2_3a.py 和 Ch16_2_3c.py 的 model_test 模型。

1. 使用 Functional API 创建 CNN 模型：Ch16_3.py

Functional API 一样可以打造 MNIST 手写数字图片识别的 CNN 模型（修改自 Ch8_3_3.py），如下所示：

```
mnist_input = Input(shape=(28, 28, 1),
                    name="input")
conv1 = Conv2D(16, kernel_size=(5, 5), padding="same",
               activation="relu", name="conv1")(mnist_input)
pool1 = MaxPooling2D(pool_size=(2, 2),
                     name="pool1")(conv1)
conv2 = Conv2D(32, kernel_size=(5, 5), padding="same",
               activation="relu", name="conv2")(pool1)
pool2 = MaxPooling2D(pool_size=(2, 2),
                     name="pool2")(conv2)
drop1 = Dropout(0.5, name="drop1")(pool2)
flat = Flatten(name="flat")(drop1)
hidden1 = Dense(128, activation="relu", name="hidden1")(flat)
drop2 = Dropout(0.5, name="drop2")(hidden1)
output = Dense(10, activation="softmax",
               name="output")(drop2)
model = Model(inputs=mnist_input, outputs=output)
```

16

上述代码的各神经层使用 name 参数指定神经层名称，其创建的 CNN 模型如图 16-8 所示。

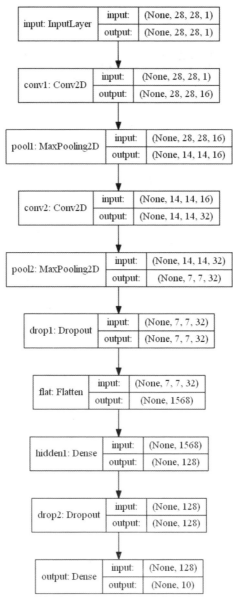

图16-8

3. 使用 Functional API 创建 LSTM 模型：Ch16_3a.py

同样地，Functional API 也可以实现 LSTM 模型的 IMDb 情绪分析（修改自

Ch11_5_2.py），如下所示：

```
imdb_input = Input(shape=(100, ), dtype="int32",
                   name="imdb_input")
embed = Embedding(top_words, 32, input_length=max_words,
                   name="embed")(imdb_input)
drop1 = Dropout(0.25, name="drop1")(embed)
lstm = LSTM(32, name="lstm")(drop1)
drop2 = Dropout(0.25, name="drop2")(lstm)
output = Dense(1, activation="sigmoid",
                   name="output")(drop2)
model = Model(inputs=imdb_input, outputs=output)
```

上述代码创建的 LSTM 模型图如图 16-9 所示。

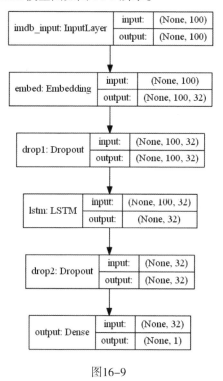

图16-9

16-4 共享层模型

共享层（Shared Layers）就是多个神经层共享一个神经层的输出。例如，在模型创建多个神经层共享同一个输入层，或共享同一个特征提取层。

16-4-1 共享输入层

共享输入层（Shared Input Layer）是指一个神经层的输出可以同时让多个神经层作为输入。例如，创建两组卷积层和池化层共享同一个输入层（Python 程序 Ch16_4_1.py），如下所示：

```
shared_input = Input(shape=(64, 64, 1))
```

上述代码创建输入层后，创建第一个共享 shared_input 输入层的卷积和池化层，如下所示：

```
conv1 = Conv2D(32, kernel_size=3, activation="relu")(shared_input)
pool1 = MaxPooling2D(pool_size=(2, 2))(conv1)
flat1 = Flatten()(pool1)
```

接着是第二个共享 shared_input 输入层的卷积和池化层，如下所示：

```
conv2 = Conv2D(16, kernel_size=5, activation="relu")(shared_input)
pool2 = MaxPooling2D(pool_size=(2, 2))(conv2)
flat2 = Flatten()(pool2)
```

因为目前神经网络共有两组卷积和池化层共享同一个输入层，也就是拥有两个分支，但是分类器只有一个，我们需要合并这两组卷积和池化层，如下所示：

```
merge = concatenate([flat1, flat2])
```

上述 concatenate() 函数合并参数的神经层列表创建合并层，此例中是两个神经层，最后创建分类器的 Dense 层，如下所示：

```
hidden1 = Dense(10, activation="relu")(merge)
output = Dense(1, activation="sigmoid")(hidden1)
```

16

```
model = Model(inputs=shared_input, outputs=output)
```

上述代码创建拥有共享输入层的模型，其模型图在输入层之后有两个分支，然后再合并两个分支至合并层后，连接最后输出的分类器，如图 16-10 所示。

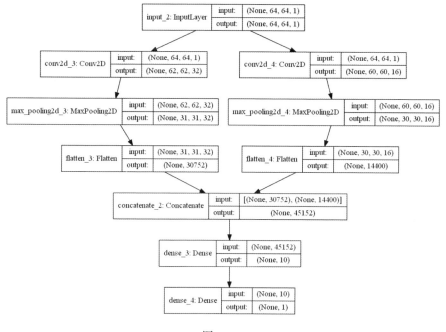

图16-10

16-4-2　共享特征提取层

共享特征提取层（Shared Feature Extraction Layer）是指模型中有多个并发子模型的解释层，可以分别解释共享特征提取层所提取出的特征。例如，使用两组不同层数的 Dense 层解释 LSTM 提取出的特征（Python 程序 Ch16_4_2.py），如下所示：

```
model_input = Input(shape=(100, 1))
lstm = LSTM(32)(model_input)
```

上述代码创建输入层和 LSTM 特征提取层后，新增第一个共享特征提取层的解释层（一个 Dense 层），如下所示：

```
extract1 = Dense(16, activation="relu")(lstm)
```

然后创建第二个共享特征提取层的解释层（3个 Dense 层），如下所示：

```
dense1 = Dense(16, activation="relu")(lstm)
dense2 = Dense(32, activation="relu")(dense1)
extract2 = Dense(16, activation='relu')(dense2)
```

接着合并两个共享特征提取层的解释层，如下所示：

```
merge = concatenate([extract1, extract2])
```

上述代码使用 concatenate() 函数创建合并参数神经层列表的合并层，最后创建模型输出的 Dense 层，如下所示：

```
output = Dense(1, activation="sigmoid")(merge)
model = Model(inputs=model_input, outputs=output)
```

上述代码创建拥有共享特征提取层的模型，其模型图在 LSTM 层后拥有两个分支，然后合并两个分支至合并层，最后是输出层，如图 16-11 所示。

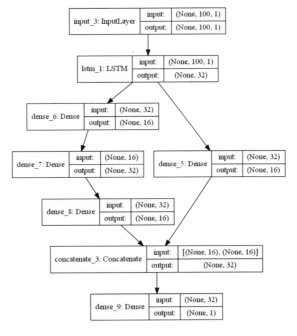

图16-11

16-5 多输入与多输出模型

Keras 的 Sequential 模型只能创建单一输入和单一输出层的神经网络，如果是多输入或多输出层的复杂模型，我们需要使用 Functional API 来创建。

16-5-1 多输入模型

多输入模型（Multiple Input Model）是指模型拥有多个输入层。例如，我们准备创建一个图片分类模型，同时可以分类灰度图片和彩色图片，所以模型有两个输入层，一个是灰度图片，一个是彩色图片（Python 程序 Ch16_5_1.py），如下所示：

```
input1 = Input(shape=(28, 28, 1))
conv11 = Conv2D(16, (3, 3), activation="relu")(input1)
pool11 = MaxPooling2D(pool_size=(2, 2))(conv11)
conv12 = Conv2D(32, (3, 3), activation="relu")(pool11)
pool12 = MaxPooling2D(pool_size=(2, 2))(conv12)
flat1 = Flatten()(pool12)
```

上述代码创建第一个灰度图片的输入层、卷积层和池化层，然后是第二个彩色图片的输入层、卷积层和池化层，如下所示：

```
input2 = Input(shape=(28, 28, 3))
conv21 = Conv2D(16, (3, 3), activation="relu")(input2)
pool21 = MaxPooling2D(pool_size=(2, 2))(conv21)
conv22 = Conv2D(32, (3, 3), activation="relu")(pool21)
pool22 = MaxPooling2D(pool_size=(2, 2))(conv22)
flat2 = Flatten()(pool22)
```

下面调用 concatenate() 函数合并两个神经层后，送入最后的分类器（4 个 Dense 层），如下所示：

```
merge = concatenate([flat1, flat2])
dense1 = Dense(512, activation="relu")(merge)
dense2 = Dense(128, activation="relu")(dense1)
```

16

```
dense3 = Dense(32, activation="relu")(dense2)
output = Dense(10, activation="softmax")(dense3)
model = Model(inputs=[input1, input2], outputs=output)
```

　　上述 Model() 函数的 inputs 参数是列表，因为是两个输入层的多输入模型，其模型图如图 16-12 所示。

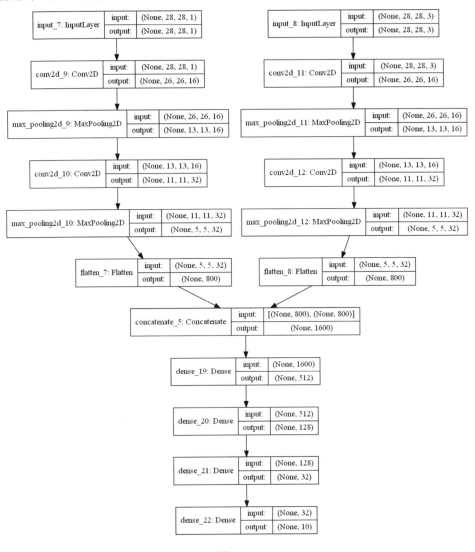

图16-12

16-5-2　　多输出模型

多输出模型（Multiple Output Model）拥有多个输出层。例如，我们准备创建一个图片分类和自编码器的多输出模型，第一个输出层是分类器，第二个输出层是解码器（Python 程序 Ch16_5_2.py），如下所示：

```
model_input = Input(shape = (784, ))
dense1 = Dense(512, activation="relu")(model_input)
dense2 = Dense(128, activation="relu")(dense1)
dense3 = Dense(32, activation ="relu")(dense2)
```

上述代码创建 MLP 神经网络后，新增第一个输出层的分类器（一个 Dense 层），如下所示：

```
output = Dense(10, activation="softmax")(dense3)
```

接着创建第二个输出层，这是自编码器的解码器，如下所示：

```
up_dense1 = Dense(128, activation="relu")(dense3)
up_dense2 = Dense(512, activation="relu")(up_dense1)
decoded_outputs = Dense(784)(up_dense2)
```

然后定义多输出模型，可以看到 Model() 函数的第二个参数是列表，如下所示：

```
model = Model(model_input, [output, decoded_outputs])
```

上述代码可以创建多输出模型，其模型图如图 16-13 所示。

Python 程序 Ch16_5_2a.py 是另一个多输出模型的示例，这是使用 Functional API 创建多输出模型，可以同时显示 CNN 中间层的两组 Conv2D 和 MaxPooling2D 层经过激活函数输出的特征图，如下所示：

```
layer_outputs = [layer.output for layer in model.layers[:4]]
model_test = Model(inputs=model.input,
                   outputs=layer_outputs)
```

上述代码将 CNN 的卷积和池化层一一取出来创建成列表后，即可使用 Functionall API 创建拥有 4 个输出的多输出模型。

16

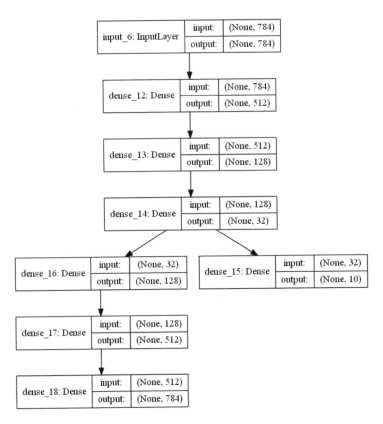

图16-13

课后检测

1. 请说明 Keras 如何将深度学习模型存储为图片文件以及在 Jupyter Notebook 中如何显示模型图。
2. 请举例说明什么是 Functional API 的共享层模型。
3. 请说明共享输入层和共享特征提取层有什么不同。
4. 请举例说明什么是 Functional API 的多输入和多输出模型。
5. 请参阅第 16-2-1 节的说明安装模型可视化所需的软件与包。
6. 请参考第 16-2-3 节创建 Python 程序，分别绘制出第二层卷积和池化层输出的特征图。